U0309781

高职高专网络技术专业岗位能力构建系列教程

网络数据库技术
——SQL Server 2008

杨桦 陈斌 郎川萍 编著

清华大学出版社

北京

内 容 简 介

本书比较系统地介绍了 SQL Server 2008 的功能。既讲解理论知识，也分析案例。案例有针对知识点的单独案例，也有全书贯穿使用的综合案例。主要内容包括 SQL Server 2008 概述、数据库及其创建管理、表及其创建管理、索引、数据的完整性、Transact SQL 语言、查询、数据更新、视图、事务处理、存储过程、触发器、数据传换服务、备份和还原数据库、数据规范化等内容。

本书可作为高职院校网络数据库课程教材，也可作为学习、设计、使用关系型数据库人士的参考用书。

图书在版编目（CIP）数据

网络数据库技术：SQL Server 2008/杨桦，陈斌，郎川萍编著. —北京：清华大学出版社，2014(2017.1 重印)
高职高专网络技术专业岗位能力构建系列教程
ISBN 978-7-302-34178-9

Ⅰ.①网…　Ⅱ.①杨…　②陈…　③郎…　Ⅲ.①关系数据库系统—高等职业教育—教材　Ⅳ.TP311.138

中国版本图书馆 CIP 数据核字(2013)第 243361 号

责任编辑：张　弛
封面设计：刘艳芝
责任校对：李　梅
责任印制：李红英

出版发行：清华大学出版社
　　　　　网　　　址：http://www.tup.com.cn，http://www.wqbook.com
　　　　　地　　　址：北京清华大学学研大厦 A 座　　　　　邮　　编：100084
　　　　　社 总 机：010-62770175　　　　　　　　　　　　邮　　购：010-62786544
　　　　　投稿与读者服务：010-62776969，c-service@tup.tsinghua.edu.cn
　　　　　质量反馈：010-62772015，zhiliang@tup.tsinghua.edu.cn
　　　　　课件下载：http://www.tup.com.cn，010-62795764
印 装 者：虎彩印艺股份有限公司
经　　销：全国新华书店
开　　本：185mm×260mm　　　印　　张：17.25　　　字　　数：411 千字
版　　次：2014 年 1 月第 1 版　　　印　　次：2017 年 1 月第 4 次印刷
印　　数：2401～2900
定　　价：36.00 元

产品编号：051159-01

高职高专网络技术专业岗位能力构建系列教程

编写委员会

主　任　陈潮填

副主任　吴教育　　谢赞福

委　员　王树勇　　石　硕　　张蒲生　　卓志宏

汪海涛　　黄世旭　　田　均　　顾　荣

陈　剑　　黄君羡　　秦彩宁　　郭　琳

陈明忠　　乔俊峰　　李伟群　　胡　燏

石蔚彬　　李振军　　温海燕　　张居武

出 版 说 明

　　信息技术是当今世界社会经济发展的重要驱动力,网络技术对信息社会发展的重要性更是不言而喻。随着互联网技术的普及和推广,人们日常学习和工作越来越依赖于网络。目前,各行各业都处在全面网络化和信息化建设进程中,对网络技能型人才的需求也与日俱增,计算机网络行业已成为技术人才稀缺的行业之一。为了培养适应现代信息技术发展的网络技能型人才,高职高专院校网络技术及相关专业的课程建设与改革就显得尤为重要。

　　近年来,众多高职高专院校对人才培养模式、专业建设、课程建设、师资建设、实训基地建设等进行了大量的改革与探索,以适应社会对高技能人才的培养要求。在网络专业建设中,从网络工程、网络管理岗位需求出发进行课程规划和建设,是网络技能型人才培养的必由之路。基于此,我们组织高校教育教学专家、专业负责人、骨干教师、企业管理人员和工程技术人员对相应的职业岗位进行调研、剖析,并成立教材编写委员会,对课程体系进行重新规划,编写本系列教程。

　　本系列教程的编写委员会成员由从事高职高专教育的专家,高职院校主管教学的院长、系主任、教研室主任等组成,主要编撰者都是院校网络专业负责人或相应企业的资深工程师。

　　本系列教程采用项目导向、任务驱动的教学方法,以培养学生的岗位能力为着眼点,面向岗位设计教学项目,融教、学、做为一体,力争做到学得会、用得上。在讲授专业技能和知识的同时,也注重学生职业素养、科学思维方式与创新能力的培养,并体现新技术、新工艺、新标准。本系列教程对应的岗位能力包括计算机及网络设备营销能力、计算机设备的组装与维护能力、网页设计能力、综合布线设计与施工能力、网络工程实施能力、网站策划与开发能力、网络安全管理能力及网络系统集成能力等。

　　为了满足教师教学的需要,我们免费提供教学课件、习题解答、素材库等,以及其他辅助教学的资料。

　　后续,我们会密切关注网络技术和教学的发展趋势,以及社会就业岗位的新需求和变化,及时对系列教程进行完善和补充,吸纳新模式、适用的课程教材。同时,非常欢迎专家、教师对本系列教程提出宝贵意见,也非常欢迎专家、教师积极参与我们的教材建设,群策群力,为我国高等职业教育提供优秀的、有鲜明特色的教材。

高职高专网络技术专业岗位能力构建系列教程编写委员会

清华大学出版社

2011 年 4 月

Foreword 前 言

一、关于本书

对于任何一个企业而言,信息和数据都是至关重要的。现在,关系型数据库是最常用的一种储存数据的方式,除了储存数据之外,还可以高效管理数据库。SQL Server 作为一个关系型数据库管理系统越来越受到不同企事业单位的欢迎,市场占有额也随之扩展,从业人员的需求也随之增长。

高职学生更注重实际动手操作能力。本书能使学生通过理实一体的学习,掌握利用 SQL Server 进行数据库设计、管理与维护。本书着重阐述 SQL Server 2008 中最为基础和实用的基本知识、实际项目中最重要和最常用的应用,理论结合实际,通过实际项目贯穿全书,使学生能在迅速掌握理论知识的同时将其应用到实际项目中,能更快、更好地掌握 SQL Server 2008。

二、本书特点

(1) 与企业工程人员共同制定编写大纲,缩小用人单位所需人才与培养单位培养人才之间的差距。

(2) 根据岗位需求,确定能力目标,精选教材内容,为学生毕业走上工作岗位奠定坚实基础。

(3) 通过若干个学习情境,把数据库技术相关知识串在一起,用到什么知识讲什么知识,真正体现"学为所用、学有所用"的学习目的,并通过合理选择学习情境来保证知识的系统性。

(4) 改变传统教材按章节编写的方式。教材体现以学习情境为主线,相关知识为支撑的编写思路,较好处理了学和做之间的关系,便于学生在"学中做,做中学",有利于学生掌握知识、形成技能、提高能力。

(5) 在保证基本内容不变的前提下,适当降低学习难度,删除一些理论与设计的介绍,更突出其应用。

(6) 按照教学规律、学生的认知规律及学习情境之间的联系,合理编排教材内容。后面的学习情境建立在完成前面的学习情境基础上。

(7) 尽量采用以图代文的编写形式,提高学生学习兴趣。

(8) 学习情境的选取考虑了实用性、典型性、综合性、覆盖性和可行性等因素。

三、内容结构

本书比较系统地介绍了 SQL Server 2008 的功能,既讲解理论知识,也分析案例。书中有针对知识点的单独案例,也有贯穿全书的综合案例。主要内容包括 SQL Server 2008 概述、数据库及其创建管理、表及其创建管理、索引、数据完整性、Transact SQL 语言、查询、数据更新、视图、事务处理、存储过程、触发器、数据转换服务、备份和还原数据库、数据规范化等内容。

本书介绍的内容都是网络数据库建设最实用的技术,体现了"在保证内容的完整性和科学性的前提下突出实用性"的原则。

本书学习情境一、二由罗莉编写,学习情境三由杨仁怀编写,学习情境四由陈斌编写,学习情景五由周春容编写,学习情境六由杨桦编写,学习情境七由郎川萍编写。

四、适用对象

(1) 初学 SQL Server 的读者。本书覆盖了 SQL Server 2008 几乎所有重要和常用功能,大量的示例使读者在学习基础知识的同时也能够较好地理解和掌握 SQL Server 2008 实际操作。

(2) 缺乏实际项目经验,或者没有系统学习理论的读者。本书很好地结合了理论和实践。

(3) 数据库专业管理和开发人员。

由于编者水平及篇幅所限,书中不足之处在所难免,请广大读者批评指正。

编　者
2013 年 7 月

目 录

学习情境一　教学评测系统数据库设计

学习情境二　教学评测系统数据库创建与管理

学习情境三　教学评测系统数据库中表的使用

学习情境四　教学评测系统数据库中视图的使用

学习情境五　教学评测系统数据库中存储过程的使用

学习情境六   教学评测系统数据库维护

学习情境七　教学评测系统数据库的安全管理

教学评测系统数据库设计

能力目标

(1) 能够对实际应用系统进行项目需求分析；

(2) 能够根据项目需求分析进行数据库的概念模型设计；

(3) 能够将 E-R 模型转换为关系模型。

项目 1

教学评测系统数据库设计

1.1 用户需求与分析

设计一个性能良好的数据库系统,首要的和基本的任务是明确应用环境对系统的要求。因此,应该把对用户需求的收集和分析作为数据库设计的第一步。

需求分析的主要任务是通过详细调查所要处理的对象,包括该组织、部门、企业的业务管理等,充分了解原手工或原计算机系统的工作概况及工作流程,明确用户的各种需求,产生数据流图和数据字典,然后在此基础上确定新系统的功能,并生成需求说明书。值得注意的是,新系统不能仅仅按当前应用需求来设计数据库,必须充分考虑今后可能的扩充和改变。

需求分析具体可按照以下 3 步进行。

(1)用户需求的收集。

(2)用户需求的分析。

(3)撰写需求说明书。

需求分析的重点是调查、收集和分析用户数据管理中的信息需求、处理需求、安全性与完整性要求。信息需求是指用户需要从数据库中获得的信息的内容和性质,由用户的信息需求可以导出数据需求,即在数据库中应该存储哪些数据。处理需求是指用户要求完成什么处理功能,以及对某种处理要求的响应时间。明确用户的处理需求,将有利于后期应用程序模块的设计。

调查、收集用户需求的具体做法如下。

(1)了解组织机构的情况。调查这个组织由哪些部门组成,各部门的职责是什么,为分析信息流程做准备。

(2)了解各部门的业务活动情况。调查各部门输入和使用什么数据,如何加工处理这些数据。输出什么信息,输出到什么部门,输出的格式等。在调查业务活动的同时,要注意对各种资料的收集,如票证、单据、报表、档案、计划、合同等,要特别注意了解这些报表之间的关系及各数据项的含义等。

(3)确定新系统的边界。确定哪些功能由计算机完成或将来准备让计算机完成,哪些活动由人工完成。由计算机完成的功能就是新系统应该实现的功能。

在调查过程中,根据不同的问题和条件,可采用的调查方法很多,如跟班作业、咨询业务权威、设计调查问卷、查阅历史记录等。但无论采用哪种方法,都必须有用户的积极参与和配合。强调用户的参与是数据库设计的一大特点。

收集用户需求的过程实质上是数据库设计者对各类管理活动进行调查研究的过程。设计人员与各类管理人员通过相互交流，逐步取得对系统功能的一致认识。但是，由于用户缺少软件设计方面的专业知识，而设计人员往往又不熟悉业务知识，要准确地确定需求很困难，特别是某些很难表达和描述的具体处理过程。针对这种情况，设计人员在熟悉业务知识的同时，还应该帮助用户了解数据库设计的基本概念。对于那些因为缺少现成的模式而很难设想新的系统、不知应有哪些需求的用户，还可应用原型化方法来帮助用户确定他们的需求。就是说，先给用户一个比较简单的、易调整的真实系统，让用户在使用它的过程中不断发现自己的需求，而设计人员则根据用户的反馈调整原型，反复验证并最终协助用户发现和确定他们的真实需求。

1.2 相 关 知 识

1.2.1 需求分析

在需求分析阶段，将对需要存储的数据进行收集和整理，并组织建立完整的数据集。可以使用多种方法进行数据的收集，如相关人员调查、历史数据查阅、观摩实际的运作流程以及转换各种表单等。教学评测系统通过观摩高等职业院校的实际运作流程进行需求分析，从而得出教学评测系统的运作过程，具体系统功能流程图如图 1-1 所示。

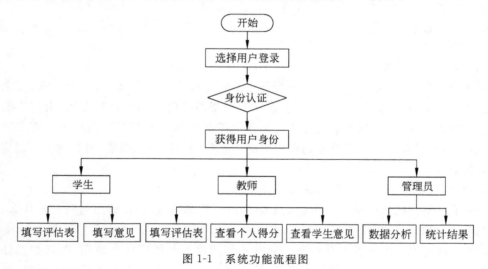

图 1-1 系统功能流程图

1.2.2 概念结构设计

概念结构设计的任务是根据需求分析阶段产生的需求说明书，按照特定的方法把它们抽象为一个不依赖于任何具体机器的数据模型，即概念模型。概念模型使设计者的注意力能够从复杂的实现细节中解脱出来，而只集中在最重要的信息的组织结构和处理模式上。

概念模型具有以下的特点。

（1）概念模型是对现实世界的抽象和概括，它真实、充分地反映了现实世界中事物和事物之间的联系，能满足用户对数据的处理需求。

（2）由于概念模型简洁、明晰、独立于计算机,很容易理解,因此可以用概念模型和不熟悉计算机的用户交换意见,使用户能积极参与数据库的设计工作,保证设计工作顺利进行。

（3）概念模型易于更新,当应用环境和应用需求改变时,容易对概念模型进行修改和扩充。

（4）概念模型很容易向关系、网状、层次等各种数据模型转换。

1．概念结构设计的目的

概念结构设计阶段的目标是通过对用户需求进行综合、归纳与抽象,形成一个独立于具体 DBMS 的概念模型。概念结构设计的方法有两种。

（1）集中式模式设计法：这种方法是根据需求由一个统一机构或人员设计一个综合的全局模式。这种方法简单方便,适用于小型或不复杂的系统设计,由于该方法很难描述复杂的语义关联,所以不适合大型的或复杂的系统设计。

（2）视图集成设计法：这种方法是将一个系统分解成若干个子系统,首先对每一个子系统进行模式设计,建立各个局部视图,然后将这些局部视图进行集成,最终形成整个系统的全局模式。

2．基本概念

（1）实体

通常把客观存在并且可以相互区别的事物称为实体(Entity)。实体可以是实际事物,也可以是抽象的概念或联系,如一个职工、一场比赛等。

（2）实体集

同一类实体的集合称为实体集(Entity Set),如学生、汽车、全体职工等都是实体集。实体集不是孤立存在的,它们之间有着各种各样的联系,例如学生和课程之间有“选课”联系。

（3）属性

描述实体的特性称为属性,如职工可以通过其“职工号”、“姓名”、“性别”、“出生日期”、“职称”等特征来进行描述。此时,“职工号”、“姓名”、“性别”、“出生日期”、“职称”等就是职工的属性。

（4）关键字

如果某个属性或属性组合的值能唯一地标识出实体集中的每一个实体,可以选作关键字。用作标识的关键字,也称为码,如“职工号”就可作为关键字。

3．E-R 图

描述概念模型的有力工具是 E-R 图。E-R 模型是一个面向问题的概念模型,即用简单的图形方式(E-R 图)描述现实世界中的数据。这种描述不涉及数据在数据库中的表示和存取方法,非常接近人的思维方式。

E-R 图的组件有很多,但概括起来说可分为以下 4 种。

（1）矩形：表示实体。

（2）菱形：表示实体间的关系。

（3）椭圆：表示实体的属性。

（4）线段：用于将实体、关系相连接。

4．实体联系的类型

（1）一对一联系（1：1）

设 A、B 为两个实体集。若 A 中的每个实体至多和 B 中的一个实体有联系，反过来，B 中的每个实体至多和 A 中的一个实体有联系，称 A 对 B 或 B 对 A 是 1：1 联系。注意，1：1 联系不一定都是一一对应的关系，可能存在着无对应。如一个公司只有一个总经理，一个总经理不能同时在其他公司再兼任总经理，某公司的总经理也可能暂缺。

（2）一对多联系（1：n）

如果 A 实体集中的每个实体可以和 B 中的几个实体有联系，而 B 中的每个实体至少和 A 中的一个实体有联系，那么 A 对 B 属于 1：n 联系。如一个部门有多名职工，而一名职工只在一个部门就职，部门与职工属于一对多的联系。

（3）多对多联系（m：n）

若实体集 A 中的每个实体可以与 B 中的多个实体有联系，反过来，B 中的每个实体也可以与 A 中的多个实体有联系，称 A 对 B 或 B 对 A 是 m：n 联系。如一个学生可以选修多门课程，一门课程可以由多个学生选修，学生和课程间存在多对多的联系。

必须强调指出，有时联系也有属性，这类属性不属于任一实体，只能属于联系。

【例 1-1】　设计学生管理系统，包括学生的学籍管理子系统和课程管理子系统。

（1）学籍管理子系统包括学生、宿舍、班级、教室、辅导员，这些实体之间的联系如下。

① 一个宿舍可以住多个学生，一个学生只能住在一个宿舍中。

② 一个班级有若干学生，一个学生只能属于一个班。

③ 一个辅导员可带若干个学生，一个学生只属于一个辅导员，一个辅导员可带多个班级。

④ 一个班级在多个教室上课，一个教室有多个班级来上课。

（2）课程管理子系统包括学生、课程、教师、教室、教科书，这些实体之间的联系如下。

① 一个学生选修多门课程，一门课程有若干学生选修。

② 一个学生有多个教师授课，一个教师教授若干学生。

③ 一门课程由若干个教师讲授，一个教室只讲一门课程。

④ 一个教室开设多门课，一门课程只能在一个教室上。

针对两个子系统分别设计出它们的 E-R 图，在 E-R 图中省去属性。学籍管理子系统的 E-R 图如图 1-2 所示，课程管理子系统的 E-R 图如图 1-3 所示。

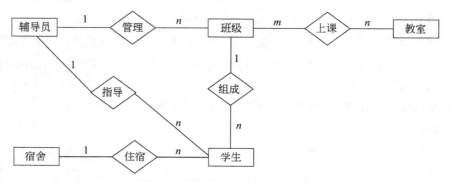

图 1-2　学籍管理子系统的 E-R 图

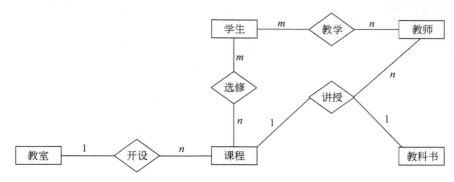

图 1-3　课程管理子系统的 E-R 图

对应各个实体的属性如下。

学生｛学号,姓名,性别,出生日期,系别,何时入校,平均成绩｝
班级｛班级号,学生人数｝
辅导员｛职工号,姓名,性别,工作时间｝
宿舍｛宿舍编号,地址,人数｝
教室｛教室编号,地址,容量｝

其中有下划线的属性为实体的码。

对应各个实体的属性如下。

学生｛学号,姓名,性别,年龄,入学时间｝
课程｛课程号,课程名,学分｝
教科书｛书号,书名,作者,出版日期,关键字｝
教室｛教室编号,地址,容量｝
教师｛职工号,姓名,性别,职称｝

其中有下划线的属性为实体的码。

下面将学籍管理子系统的 E-R 图和课程管理子系统的 E-R 图集成为学生管理系统的 E-R 图。集成过程如下。

(1) 消除冲突。这两个子 E-R 图存在着多方面的冲突。

① 辅导员属于教师,学籍管理中的辅导员与课程管理中的教师可以统一为教师。

② 将辅导员改为教师后,教师与学生之间有两种不同的联系:指导联系和教学联系,将两种联系综合为教学联系。

③ 调整学生属性组成,调整结果如下。

学生｛学号,姓名,出生日期,年龄,系别,平均成绩｝

(2) 消除冗余。

① 学生实体的属性中的年龄可由初始概念日期计算出来,属于数据冗余。调整为

学生｛学号,姓名,出生日期,系别,平均成绩｝

② 教室实体与班级实体之间的上课联系可以由教室与课程之间的开设联系、课程与学生之间的选修联系、学生与班级之间的组成联系三者推导出来,因此属于数据冗余,可以消去。

③ 学生的平均成绩可以从选修联系中的成绩属性推算出来。但如果学生的平均成绩经常查询,可以保留该数据冗余来提高效率。

这样,集成后的学生管理系统的 E-R 图如图 1-4 所示。

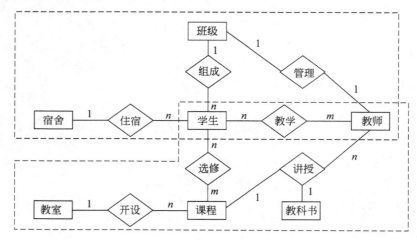

图 1-4　学生管理系统的 E-R 图

1.2.3　逻辑结构设计

概念结构设计所得的 E-R 模型是对用户需求的一种抽象的表达形式,它独立于任何一种具体的数据模型,因而也不能被任何一个具体的 DBMS(数据库管理系统,Database Management System)所支持。为了能够建立起最终的物理系统,还需要将概念结构进一步转换为某一 DBMS 所支持的数据模型,然后根据逻辑设计的准则、数据的语义约束、规范化理论等对数据模型进行适当的调整和优化,形成合理的全局逻辑结构,并设计出用户子模式,这就是数据库逻辑设计所要完成的任务。

数据库逻辑结构设计分为两个步骤:首先将概念设计所得的 E-R 图转换为关系模型;然后对关系模型进行优化,如图 1-5 所示。

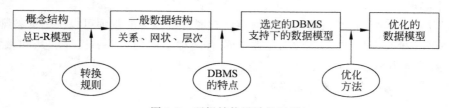

图 1-5　逻辑结构设计的过程

关系模型是一组关系(二维表)的结合,而 E-R 模型则是由实体、实体的属性、实体间的关系 3 个要素组成,所以要将 E-R 模型转换为关系模型,就是将实体、属性和联系都要转换为相应的关系模型。下面具体介绍转换的规则。

1. 一个实体类型转换为一个关系模型

将每种实体类型转换为一个关系,实体的属性就是关系的属性,实体的关键字就是关系的关键字。例如,可将"学生"实体转换为一个关系模型,如图 1-6 所示。其中,带下划线的

图 1-6　一个实体类型转换为一个关系模型

属性为主属性,该主属性为关系模型外键。

2．一对一(1∶1)关系的转换

一对一关系有以下两种转换方式。

① 转换为一个独立的关系模型。联系名为关系模型名,与该联系相连的两个实体的关键字及联系本身的属性为关系模型的属性,其中每个实体的关键字均是该关系模型的候选键。

② 与任意一端的关系模型合并。可将相关的两个实体分别转换为两个关系,并在任意一个关系的属性中加入另一个关系的主关键字。

例如,若某工厂的每个仓库只配备了一名管理员,那么仓库实体与管理员实体间便为1∶1 关系。根据以上介绍的原则,可以进行如图 1-7 所示的转换。

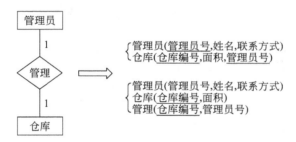

图 1-7　1∶1 关系的转换

在实际设计中究竟采用哪种方案可视具体的应用而定。如果经常要在查询仓库关系的同时查询此仓库管理员的信息,就可选用前一种关系模型,以减少查询时的连接操作。反之,如果在查询管理员时要频繁查询仓库信息,则选用后一种关系模型。总之,在模型转换出现较多方案时,效率是重要的取舍因素。

3．一对多(1∶n)关系的转换

一对多关系也有两种转换方式。

① 将 1∶n 关系转换为一个独立的关系模型。联系名为关系模型名,与该联系相连的各实体的关键字及联系本身的属性为关系模型的属性,关系模型的关键字为 n 端实体的关键字。

② 将 1∶n 联系与 n 端关系合并。1 端的关键字及联系的属性并入 n 端的关系模型即可。

在图 1-8 中,实体"专业"和"学生"之间的联系为 1∶n,则两者可使用以上的原则进行关系模型的转换。

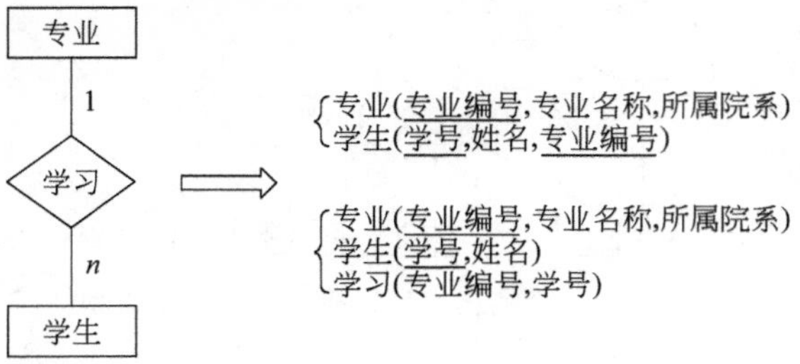

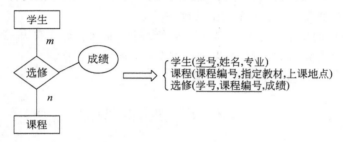

图 1-8　1∶n 联系的转换

4. 多对多(m∶n)关系的转换

关系模型名为关系名,与该关系相连的各实体的关键字及关系本身的属性为关系模型的属性,关系模型的关键字为关系中各实体关键字的并集。

例如,在学校中,一名学生可以选修多门课程,一门课程也可为多名学生选修,则实体"学生"与"课程"之间满足多对多的关系,其转换方法如图 1-9 所示。

图 1-9　m∶n 关系的转换

1.2.4　数据规范化

软件系统经常使用各种长期保存的信息,这些信息通常以一定方式组织并存储在数据库或文件中,为减少数据冗余,避免出现插入异常或删除异常,同时为了简化数据修改的过程,通常需要把数据结构规范化。

通常用"范式(Normal Forms)"定义消除数据冗余的程度。第一范式(1NF)数据冗余程度最大,第五范式(5NF)数据冗余程度最小。但是,范式级别越高,存储同样数据就需要分解成更多张表,因此,"存储自身"的过程也就越复杂。随着范式级别的提高,数据的存储结构与基于问题域的结构间的匹配程度也随之下降,因此,在需求变化时数据的稳定性较差。范式级别提高则需要访问的表也增多,因此性能(速度)将下降。从实用角度看来,在大多数场合选用第三范式比较恰当。

通常按照属性间的依赖情况区分规范化的程度。属性间依赖情况满足不同程度要求的为不同范式,满足最低要求的是第一范式,在第一范式中再进一步满足一些要求的为第二范式,其余以此类推。下面给出第一范式、第二范式和第三范式的定义。

1. 第一范式

第一范式要求每一个数据项都不能拆分成两个或两个以上的数据项,每个属性值都必须是原子值,即仅仅是一个简单值而不含内部结构。例如,职工(职工号,姓名,电话号码)并不满足第一范式,因为一个人可能有一个办公室电话和一个家里电话号码。

2. 第二范式

第二范式(2NF)要求实体的属性完全依赖于主关键字。所谓完全依赖是指不能存在仅依赖主关键字一部分的属性,如果存在,那么这个属性和主关键字的这一部分应该分离出来形成一个新的实体,新实体与原实体之间是一对多的关系。为实现区分通常需要为表加上一个列,以存储各个实例的唯一标识。简而言之,第二范式满足第一范式条件,而且每个非关键字属性都由整个关键字决定(而不是由关键字的一部分来决定)。例如,选课关系表为SelectCourse(学号,姓名,年龄,课程名称,成绩,学分),关键字为组合关键字(学号,课程名称),则有如下决定关系:(学号,课程名称)→(姓名,年龄,成绩,学分)。因为存在如下决定关系:(课程名称)→(学分),(学号)→(姓名,年龄),即存在组合关键字中的字段决定非关键字的情况,故不符合 2NF。这个选课关系表会存在如下问题。

(1) 数据冗余。同一门课程由 n 个学生选修,"学分"就重复 $n-1$ 次;同一个学生选修了 m 门课程,姓名和年龄就重复了 $m-1$ 次。

(2) 更新异常。若调整了某门课程的学分,数据表中所有行的"学分"值都要更新,否则会出现同一门课程学分不同的情况。

(3) 插入异常。假设要开设一门新的课程,暂时还没有人选修。这样,由于还没有"学号"关键字,课程名称和学分也无法录入数据库中。

(4) 删除异常。假设一批学生已经完成课程的选修,这些选修记录就应该从数据库表中删除。但是,与此同时,课程名称和学分信息也被删除了。很显然,这也会导致插入异常。

把选课关系表 SelectCourse 改为如下 3 个表。

学生:Student(学号,姓名,年龄);

课程:Course(课程名称,学分);

选课关系:SelectCourse(学号,课程名称,成绩)。

这样的数据库表是符合第二范式的,消除了数据冗余、更新异常、插入异常和删除异常。另外,所有单关键字的数据库表都符合第二范式,因为不可能存在组合关键字。

3. 第三范式

符合第二范式的条件,每个非关键字属性都仅由关键字决定,而且一个非关键字属性不能仅仅是对另一个非关键字属性的进一步描述(即一个非关键字属性值不依赖于另一个非关键字属性值)。因此,满足第三范式的数据库表不应该存在如下依赖关系。

关键字段→非关键字段 x→非关键字段 y

假定学生关系表为 Student(学号,姓名,年龄,所在学院,学院地点,学院电话),关键字为单一关键字"学号",因为存在如下决定关系:(学号)→(姓名,年龄,所在学院,学院地点,学院电话),所以这个数据库是符合 2NF 的。但是其不符合 3NF,因为存在如下决定关系:(学号)→(所在学院)→(学院地点,学院电话),即存在非关键字段"学院地点"、"学院电话"对关键字段"学号"的传递函数依赖。把学生关系表分为两个表。学生:(学号,姓名,年龄,所在学院);学院:(学院,地点,电话)。这样的数据库表是符合第三范式的,消除了数据冗余、更新异常、插入异常和删除异常。

1.2.5　物理结构设计

数据库物理设计阶段的任务是根据具体计算机系统（DBMS 和硬件等）的特点，为给定的数据库模型确定合理的存储结构和存取方法。所谓的"合理"主要有两个含义：一个是要使设计出的物理数据库占用较少的存储空间，另一个是对数据库的操作具有尽可能高的速度。

为了设计数据库的物理结构，设计人员必须充分了解所用 DBMS 的内部特征；充分了解数据系统的实际应用环境，特别是数据应用处理的频率和响应时间的要求；充分了解外存储设备的特性。数据库的物理结构设计大致包括：确定数据的存取方法，确定数据的存储结构。

物理结构设计阶段实现的是数据库系统的内模式，它的质量直接决定了整个系统的性能。因此在确定数据库的存储结构和存取方法之前，对数据库系统所支持的事务要进行仔细分析，获得优化数据库物理设计的参数。

1．分析数据库所支持的事务

对于数据库查询事务，需要得到如下信息。

（1）要查询的关系。

（2）查询条件（即选择条件）所涉及的属性。

（3）连接条件所涉及的属性。

（4）查询的投影属性。

对于数据更新事务，需要得到如下信息。

（1）要更新的关系。

（2）每个关系上的更新操作的类型。

（3）删除和修改操作所涉及的属性。

（4）修改操作要更改的属性值。

上述这些信息是确定关系存取方法的依据。除此之外，还需要知道每个事务在各关系上运行的频率，某些事务可能具有严格的性能要求。例如，某个事务必须在 20s 内结束。这种时间约束对于存取方法的选择有重大的影响。因此需要了解每个事务的时间约束。

值得注意的是，在进行数据库物理结构设计时，通常并不知道所有的事务，上述信息可能不完全。所以，以后可能需要修改根据上述信息设计的物理结构，以适应新事务的要求。

2．确定关系模型的存取方法

确定数据库的存取方法，就是确定建立哪些存储路径以实现快速存取数据库中的数据。现行的 DBMS 一般都提供了多种存取方法，如索引法、HASH 法等。其中，最常用的是索引法。

数据库的索引类似书的目录。在书中，目录允许用户不必浏览全书就能迅速地找到所需要的位置。在数据库中，索引也允许应用程序迅速找到表中的数据，而不必扫描整个数据库。在书中，目录就是内容和相应页号的清单。在数据库中，索引就是表中数据和相应存储位置的列表。使用索引可以大大减少数据的查询时间。

需要注意的是索引虽然能加速查询的速度,但是为数据库中的每张表都设置大量的索引并不是一个明智的做法。这是因为增加索引也有其不利的一面:首先,每个索引都将占用一定的存储空间,如果建立聚簇索引(会改变数据物理存储位置的一种索引),占用的空间就会更大;其次,当对表中的数据进行增加、删除和修改的时候,也要动态地维护索引,这样就降低了数据的更新速度。

在创建索引的时候,一般遵循以下的一些经验性原则。

(1) 在经常需要搜索的列上建立索引。

(2) 在主关键字上建立索引。

(3) 在经常用于连接的列上建立索引,即在外键上建立索引。

(4) 在经常需要根据范围进行搜索的列上创建索引。因为索引已经排序,其指定的范围是连续的。

(5) 在经常需要排序的列上建立索引。因为索引已经排序,这样查询可以利用索引的排序,加快排序查询的时间。

(6) 在经常成为查询条件的列上建立索引。也就是说,在经常使用的 WHERE 子句中的列上面建立索引。

同样,对于某些列不应该创建索引。这时候应该考虑下面的指导原则。

(1) 对于那些在查询中很少使用和参考的列不应该创建索引。因为既然这些列很少使用,有索引并不能提高查询的速度。相反,由于增加了索引,反而降低了系统的维护速度和增大了空间需求。

(2) 对于那些只有很少值的列不应该建立索引。例如,人事表中的“性别”列,取值范围只有两项:“男”或“女”。若在其上建立索引,则平均起来,每个属性值对应一半的元组,用索引检索,并不能明显加快检索的速度。

1.3　数据库设计

数据库系统作为高校教师课堂教学质量评价系统的数据存储部分,其性能直接关系到整个系统的性能,在设计数据库时,主要从以下几个方面出发来满足系统对数据存储和读取等操作的需求。

(1) 构造数据库的难易程度

需要分析数据库管理系统有没有范式的要求,即是否必须按照系统所规定的数据模型分析现实世界,建立相应的模型;数据库管理语句是否符合国际标准,符合国际标准则便于系统的维护、开发、移植;有没有面向用户的易用的开发工具;所支持的数据库容量,数据库的容量特性决定了数据库管理系统的使用范围。

(2) 程序开发的难易程度

有无计算机辅助软件工程工具 CASE——计算机辅助软件工程工具可以帮助开发者根据软件工程的方法提供各开发阶段的维护、编码环境,便于复杂软件的开发、维护。有无第四代语言的开发平台——第四代语言具有非过程语言的设计方法,用户不需编写复杂的过程性代码,易学、易懂、易维护。有无面向对象的设计平台——面向对象的设计思想十分接近人类的逻辑思维方式,便于开发和维护。对多媒体数据类型的支持——多媒体数据需求是今后发展的趋势,支持多媒体数据类型的数据库管理系统必将减少应用程序的开发和维护工作。

(3) 数据库管理系统的性能分析

性能分析包括性能评估(响应时间、数据单位时间吞吐量)、性能监控(内外存使用情况、系统输入/输出速率、SQL 语句的执行,数据库元组控制)、性能管理(参数设定与调整)。

(4) 对分布式应用的支持

对分布式应用的支持包括数据透明与网络透明程度。数据透明是指用户在应用中不需指出数据在网络中的什么节点上,数据库管理系统可以自动搜索网络,提取所需数据;网络透明是指用户在应用中无须指出网络所采用的协议,数据库管理系统自动将数据包转换成相应的协议数据。

(5) 并行处理能力

数据库要支持多 CPU 模式的系统(SMP,CLUSTER,MPP),负载的分配形式,并行处理的颗粒度、范围。

(6) 可移植性和可括展性

可移植性指垂直扩展和水平扩展能力。垂直扩展要求新平台能够支持低版本的平台,数据库的客户机/服务器机制支持集中式管理模式,这样可以保证用户以前的投资和系统;水平扩展要求满足硬件上的扩展,支持从单 CPU 模式转换成多 CPU 并行机模式(SMP,CLUSTER,MPP)。

(7) 数据完整性约束

数据完整性指数据的正确性和一致性保护,包括实体完整性、参照完整性、复杂的事务规则。

(8) 并发控制功能

对于分布式数据库管理系统,并发控制功能是必不可少的。因为它面临的是多任务分布环境,可能会有多个用户在同一时刻对同一数据进行读或写操作,为了保证数据的一致性,需要由数据库管理系统的并发控制功能来完成。评价并发控制的标准应从下面几方面加以考虑。

① 保证查询结果一致性方法。

② 数据锁的颗粒度(数据锁的控制范围,表、页、元组等)。

③ 数据锁的升级管理功能。

④ 死锁的检测和解决方法。

(9) 容错能力

容错能力是指异常情况下对数据的容错处理。评价标准为:硬件的容错,有无磁盘镜像处理功能软件的容错,有无软件方法异常情况的容错功能。

(10) 安全性控制

安全性控制包括安全保密的程度(账户管理、用户权限、网络安全控制、数据约束)。

(11) 支持汉字处理能力

支持汉字处理能力包括数据库描述语言的汉字处理能力(表名、域名、数据)和数据库开发工具对汉字的支持能力。

1.4　项目实施

1.4.1　完善教学测评系统需求分析

教学测评是每个学校每学期都要进行的一项教学考核工作。随着各高专院校办学规模的不断扩大,以往所采用的组织学生手工填涂的测评方式操作起来相对来说比较困难,且出现了许多新的弊端,例如组织工作量很大,投入资金相对较多,统计分析效率低,公开展示比较麻烦等,因此越来越不能满足新的需求。基于这样的一些缺点和不足,迫切需要建立一个适应当前情况、简单、高效、便捷的教学质量测评系统,以满足学校进行网上课堂教学质量测评的需要,使学校的教学管理水平迈上一个新的台阶。

针对教学测评系统功能的需求,总结出如下需求信息。

(1) 用户分为教师、学生和管理员。

(2) 教师担任一门或多门课程。

(3) 学生能选修一门或多门课程,学生选择的课程要有选课记录。

(4) 学生对自己所选择的课程相对应的教师进行教学评估(进行打分),并根据情况意愿留言。

(5) 教师根据自己所授课程查看学生对自己的评分,同时查看学生对自己的留言。

1.4.2　为教学测评系统绘制 E-R 图

本系统根据上面的设计规划出的实体有:学生实体、教师实体、管理员实体、评价数据实体。

实体之间关系的 E-R 图如图 1-10 所示。

教师实体的 E-R 图如图 1-11 所示。

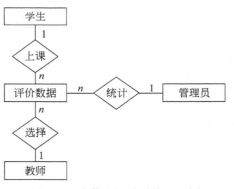

图 1-10　实体之间关系的 E-R 图

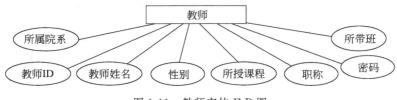

图 1-11　教师实体 E-R 图

 课堂测试

请画出评价数据实体的 E-R 图。

答案

评价数据实体的 E-R 图如图 1-12 所示。

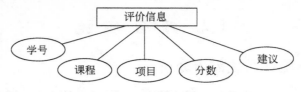

图 1-12 评价数据实体的 E-R 图

1.4.3 将 E-R 图转换为关系模型并规范化

数据库概念结构设计完后,将数据概念结构转化为数据库系统所支持的实际数据模型,也就是数据库逻辑结构。

教师教学质量评测系统中部分表设计如图 1-13 所示。

图 1-13 student、teacher、course 数据表示意图

 课堂测试

分别完成分数表、留言表、管理员表示意图。

答案

score、liuyan、admin 数据表设计如图 1-14 所示。

图 1-14 score、liuyan、admin 数据表示意图

1.4.4 为数据库确定存储结构

考虑到教学评测系统的功能,下面的表结构中,标有下划线的字段经常出现在查询条件中,需要在这些字段上建立索引。

教师表(教师编号,姓名,系部编号,教研室编号,教师类型 ,教师介绍教师状态,职称标号,角色编号,用户名,密码,评测状态)
学生表(学生编号,学生学号,姓名,所在班级,用户名,密码,角色编号,学生状态,学院编号)
角色表(角色编号,角色名称,角色描述)

 课堂测试

完成评价信息表的索引的建立。

答案

评价信息表(<u>课程编号</u>,<u>学生编号</u>,得分,测评时间,测评状态)

至此,一个完整的教学评测系统数据库的规划已基本完成。

1.5　扩展知识：数据的反规范化

反规范化设计是规范化设计之后的步骤,首先令所有关系满足规范化设计(一般到 3NF),之后的反规范化设计才能是可控的。

1. 反规范化设计的优点

反规范化设计能够减少数据库查询时 SQL 的连接次数,从而减少磁盘 I/O,提高查询效率。

2. 反规范化设计的缺点

反规范化设计会带来数据的重复存储,浪费了额外的磁盘空间,并且由于多处存储,增加了数据维护的复杂性。

3. 反规范化设计的方法

在进行反规范操作之前,要充分考虑数据的存取需求、常用表的大小、一些特殊的计算(例如合计)、数据的物理存储位置等。常用的反规范技术有增加冗余列、增加派生列、重新组表和分割表。

(1) 增加冗余列

增加冗余列是指在多个表中具有相同的列。增加冗余列可以在查询时避免连接操作,但它需要更多的磁盘空间,同时增加了表维护的工作量。

(2) 增加派生列

增加派生列指增加的列的数据由来自其他表中的数据计算生成的。它的作用是在查询时减少连接操作,避免使用集函数。派生列也具有与冗余列同样的缺点。

(3) 重新组表

重新组表指如果许多用户需要查看两个表连接出来的结果数据,则把这两个表重新组成一个表来减少连接。这样可提高性能,但需要更多的磁盘空间,同时也损失了数据在概念上的独立性。

(4) 分割表

有时对表做分割可以提高性能。表分割有两种方式。

(1) 水平分割:根据一列或多列数据的值把数据行放到两个独立的表中。

水平分割通常在下面的情况下使用:A 表很大,分割后可以减少在查询时需要读的数据和索引的页数,同时也降低了索引的层数,提高了查询速度。B 表中的数据本来就有独立性,例如表中分别记录各个地区的数据或不同时期的数据,特别是有些数据常用,而另外一些数据不常用。C 表需要把数据存放到多个介质上。

水平分割会给应用增加复杂度,它通常在查询时需要多个表名,查询所有数据则需要 union 操作。在许多数据库应用中,这种复杂性会超过它带来的优点,因为只要索引关键字不大,则在索引用于查询时,表中增加两到三倍数据量,查询时也就增加读一个索引层的磁盘次数。

（2）垂直分割：把主码和一些列放到一个表，然后把主码和另外的列放到另一个表中。

如果一个表中某些列常用，而另外一些列不常用，则可以采用垂直分割，另外垂直分割可以使得数据行变小，一个数据页就能存放更多的数据，在查询时就会减少 I/O 次数。其缺点是需要管理冗余列，查询所有数据需要 join 操作。

4. 反规范技术需要维护数据的完整性

无论使用何种反规范技术，都需要一定的管理来维护数据的完整性，常用的方法是批处理维护、应用逻辑和触发器。批处理维护是指对复制列或派生列的修改积累一定的时间后，运行批处理作业或存储过程对复制或派生列进行修改，这只能在对实时性要求不高的情况下使用。数据的完整性也可由应用逻辑来实现，这就要求必须在同一事务中对所有涉及的表进行增、删、改操作。用应用逻辑来实现数据的完整性风险较大，因为同一逻辑必须在所有的应用中使用和维护，容易遗漏，特别是在需求变化时，不易于维护。另一种方式就是使用触发器，对数据的任何修改立即触发对复制列或派生列的相应修改。触发器是实时的，而且相应的处理逻辑只在一个地方出现，易于维护。一般来说，触发器是解决这类问题的最好的办法。

数据库的反规范设计可以提高查询性能。常用的反规范技术有增加冗余列、增加派生列、重新组表和分割表。但反规范技术需要维护数据的完整性。因此在做反规范时，一定要权衡利弊，仔细分析应用数据的存取需求和实际的性能特点。

1.6 小   结

数据库设计是根据给定的应用环境，构造出规范的数据库模型，建立数据库及其应用系统，有效地存储数据，满足用户信息处理的要求。本项目以教学测评系统数据库为例，介绍了数据库设计过程以及与数据库设计有关的数据库的基本概念。

习   题

1. 一般来说，数据库的设计都要经历需求分析、_____、逻辑结构设计、_____、数据库实施和_____。

2. 简述各级范式的判断标准。

3. 数据库设计过程包括几个主要阶段？

4. 对数据库设计的各个阶段进行描述。

5. 概念模型向关系模型转换时，实体集间一对多联系的转换规则是什么？

6. 需求分析的必要性是什么？

7. 指出下列关系各属于第几范式。

（1）学生（学号，姓名，课程号，成绩）；

（2）学生（学号，姓名，性别）；

（3）学生（学号，姓名，所在系，所在系地址）；

（4）员工（员工编号，基本工资，岗位级别，岗位工资，奖金，工资总额）；

（5）供应商（供应商编号，零件号，零件名，单价，数量）。

教学评测系统数据库创建与管理

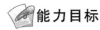能力目标

（1）能够使用 Management Studio 和 T-SQL 语句创建教学评测系统数据库；

（2）能够使用 Management Studio 和 T-SQL 语句查看、修改和删除数据库；

（3）能够对数据库的物理空间进行合理设置。

项目 2

教学评测系统数据库创建

2.1 用户需求与分析

根据教学评测系统需求分析,用户需要在 SQL Server 2008 中创建教学评测系统数据库(TTS)。

2.2 相关知识

2.2.1 数据库文件、文件组

1. 数据库文件

在 SQL Server 2008 中数据库具有以下 3 种类型的文件。

(1) 主数据文件

主数据文件是数据库的起点,指向数据库中的其他文件。每个数据库都有一个主数据文件。主数据文件的推荐文件扩展名是 .mdf。

(2) 次要数据文件

除主数据文件以外的所有其他数据文件都是次要数据文件。某些数据库可能不含有任何次要数据文件,而有些数据库则含有多个次要数据文件。次要数据文件的推荐文件扩展名是 .ndf。

(3) 日志文件

日志文件包含着用于恢复数据库的所有日志信息。每个数据库必须至少有一个日志文件,当然也可以有多个。日志文件的推荐文件扩展名是 .ldf。

提示 SQL Server 不强制使用 .mdf、.ndf 和 .ldf 文件扩展名,但使用它们有助于标识文件的各种类型和用途。

2. 数据库文件组

为便于分配和管理,可以将数据库对象和文件一起分成文件组。有两种类型的文件组。

(1) 主文件组

主文件组包含主数据文件和任何没有明确分配给其他文件组的其他文件。系统表的所有页均分配在主文件组中。

(2) 用户定义文件组

用户定义文件组是通过在 CREATE DATABASE 或 ALTER DATABASE 语句中使用 FILEGROUP 关键字指定的任何文件组。

日志文件不包括在文件组内。日志空间与数据空间分开管理。

一个文件不可以是多个文件组的成员。表、索引和大型对象数据可以与指定的文件组相关联。在这种情况下,它们的所有页将被分配到该文件组,或者对表和索引进行分区。已分区表和索引的数据被分割为单元,每个单元可以放置在数据库中的单独文件组中。

每个数据库中均有一个文件组被指定为默认文件组。如果创建表或索引时未指定文件组,则将假定所有页都从默认文件组分配。一次只能有一个文件组作为默认文件组。db_owner固定数据库角色成员可以将默认文件组从一个文件组切换到另一个。如果没有指定默认文件组,则将主文件组作为默认文件组。

2.2.2　数据库选项

对于已建立的数据库,可以通过一些数据库选项的设置来决定数据库的特性。只有Sysadmin 与 Dbcreator 固定服务器角色,以及 db_owner 固定数据库角色的系统管理员、数据库拥有者或成员可修改这些选项。这些选项的设置只会作用在设置的数据库上,而不会影响其他数据库。一旦数据库选项改变后,检查点会自动让修改立即生效。数据库选项区分为 5 类:自动选项、数据指针选项、复原选项、SQL 选项、状态选项。

1. 自动选项

自动选项用来控制某些自动化行为,包含:AUTO_CLOSE(自动关闭)、AUTO_CREATE_STATISTICS(自动产生统计数据)、AUTO_UPDATE_STATISTICS(自动更新统计数据)以及 AUTO_SHRINK(自动压缩)4 个选项。

(1) AUTO_CLOSE(自动关闭)

AUTO_CLOSE 选项用来设置否自动关闭数据库,如果设置为 ON,则当数据库的最后一个用户离开,且完成数据库中的所有程序时,数据库会关闭(完全关机)并且释放所有资源。当用户要再次使用数据库时,数据库会自动重新打开。如果数据库处于完全关机状态,除非用户要使用数据库而重新激活 SQL Server,否则数据库不会被重新打开。当 AUTO_CLOSE 选项被设置为 OFF 时,即使目前没有用户在使用数据库,数据库也会保持打开状态。

AUTO_CLOSE 选项对于桌面型数据库非常有用,它允许用户以管理一般文件的方式来管理数据库文件。用户可以移动或复制备份,甚至以电子邮件的方式传送给其他用户。如果存取数据库的应用程序会不断地与 SQL Server 建立中断联机,就不能将此数据库的AUTO_CLOSE 选项设为 ON,因为每次关闭或重新打开数据库联机,会降低其效率。

(2) AUTO_CREATE_STATISTICS(自动产生统计数据)

这个选项用来设置是否要自动产生统计数据,默认为 ON,在进行查询操作时自动产生数据行的统计数据,产生的统计数据可以改善查询效率,让 SQL Server 查询优化器可以更确定如何评估查询。如果统计数据不再使用,SQL Server 会自动删除它们。若将这个选项设置为 OFF 时,SQL Server 将不会自动建立统计数据,而是需要手动建立。

(3) AUTO_UPDATE_STATISTICS(自动更新统计数据)

这个选项用来设置是否要自动更新统计数据,默认为 ON,当数据的内容被删除或新增时,导致现有的统计数据不正确时,会自动更新这些统计数据,使其符合最新的状况。如果将数据库的这个选项设置成 OFF,则当数据变动时,将不会自动更新统计数据,而需要手动更新。

(4) AUTO_SHRINK(自动压缩)

这个选项用来设置 SQL Server 是否会定期检查这个数据库的文件空间,并在文件空间过剩时,自动缩减数据文件的空间以减少空间的浪费。如果设置为 ON,则当数据库文件(数据文件或事务日志文件)未使用的空间大于 25％时,SQL Server 会自动将文件大小缩减成 25％的剩余空间或数据文件的初始大小(视哪一个较大而定)。如果设置成 OFF,数据库文件将不会被自动缩减。默认使用个人版 SQL Server 时,这个选项为 ON,其他的版本则是设为 OFF。事务记录文件只有在数据库设成简单复原模型或记录文件已备份时,才会被缩小,但是它不会去缩小一个只读数据库。

2. 数据指针选项

数据指针选项用来控制数据指针的行为与范围,包含 CURSOR_CLOSE_ON_COMMIT 与 CURSOR_DEFAULT 两个选项。

(1) CURSOR_CLOSE_ON_COMMIT

这个选项用来设置当事务认可后打开的数据指针是否自动关闭,默认为 OFF,数据指针在事务期间会保持打开,只有在关闭联机或联机超时时才会关闭数据指针。另外,联机层级的设置将会复写 CURSOR_CLOSE_ON_COMMIT 的默认数据库设置。默认 ODBC 与 OLE DB 客户端会利用联机层级的 SET 语句,在 SQL Server 的工作阶段中将 CURSOR_CLOSE_ON_COMMIT 设成 OFF。

(2) CURSOR_DEFAULT LOCAL|GLOBAL

这个选项用来设置数据指针的范围,默认为 CURSOR_DEFAULT GLOBAL。如果将它设置为 CURSOR_DEFAULT LOCAL,且数据指针在建立时不是定义为 GLOBAL,则该数据指针仅适用数据指针建立时的批次、存储过程或触发程序,只有在这个范围中的指针名称是有效的。数据指针可以参考批次、存储过程、触发程序或存储过程 OUTPUT 参数中的本机数据指针变量。当批次、存储过程或触发程序终止时,该数据指针的配置将会被取消。反之,如果将 CURSOR_DEFAULT 设置 GLOBAL,且数据指针在建立时不是定义为 LOCAL,则该数据指针的范围适用于联机全域,而数据指针的名称可以参考联机执行的任何存储过程或批次中的数据指针,只有在中断联机时才会取消该数据指针的配置。

3. 复原选项

复原选项控制了数据库的复原模式,它包含 RECOVERY 与 TORN_PAGE_DETECTION 两个选项。

(1) RECOVERY

RECOVERY 复原模型有 3 种选项可供选择:FULL(完整)、BULK_LOGGED(大量登录)以及 SIMPLE(简易)。设置为 FULL,则所有的操作,包括 SELECT INTO,CREATE INDEX 与大量加载数据这类大量操作,都会被完整记录,数据库备份与事务记录文件备份,可以让数据库从媒体失败中完全复原。设置为 BULK_LOGGED,会将所有 SELECT INTO,CREATE INDEX 与大量加载数据操作的记录工作减至最少,减少记录文件所需的空间。这虽然可以取得较佳的效率与较少的记录文件空间,但相对来说,其损失数据的危险性比完整复原大。SIMPLE 复原模块则只能将数据库复原到最后的完整数据库备份,或最后的差异式备份(Differential Backup)。

(2) TORN_PAGE_DETECTION

这个复原选项默认为 ON,允许 SQL Server 侦测因停电或其他系统中断所造成的 I/O 操作不完全。损坏页通常是在复原期间被侦测到,因为任何错误写入的页面都会在复原时被读取到。

当系统侦测到损坏页时,会产生 I/O 错误并中断联机;若在复原时侦测到损坏页,数据库也会标记成有疑问。这时必须还原数据库备份,并套用到任何的事务记录文件备份,因为数据库实际上并不一致。

4. SQL 选项

SQL 选项控制了 ANSI 的兼容性选项,主要包含以下内容。

(1) ANSI_NULL_DEFAULT 允许用户控制数据库的默认空值属性。当用户自定义的数据类型或数据行定义中 NULL 或 NOT NULL 值并未明确指定时,用户自定义的数据类型或数据行定义会使用默认设置作为空值属性。空值属性是由工作阶段与数据库设置时所决定的。当这个选项被设置为 ON 时,如果在 CREATE TABLE 或 ALTER TABLE 时没有明确定义为 NOT NULL,则所有用户自定义的数据类型或数据行都默认为允许空值。

(2) ANSI_NULLS 控制 NULL 空值的兼容性,默认为 OFF。设成 ON,所有无效值皆为 NULL;若设成 OFF,如果非 Unicode 值与无效值都为 NULL,则两者的值为 TRUE。在计算数据行或索引视图表中建立或管理索引时,ANSI_NULLS 必须被设为 ON。

(3) ANSI_PADDING 控制数据行的填补方式,设成 ON,插入 varchar 数据行的字符数值末尾空白,以及插入 varbinary 数据行的二进制数值末尾零将不会被删除,而且数值也不会填至数据行的长度。若设成 OFF,末尾的空白(针对 varchar)与零(针对 varbinary)将会被删减,这个设置只会影响新的数据行定义。当 ANSI_PADDING 为 ON 时,允许空值的 char(n)与 binary(n)数据行将填至数据行的长度;当 ANSI_PADDING 为 OFF 时,末尾的空白与零将被删减。不允许空值的 char(n)与 binary(n)数据行则一定会填至数据行的长度。在计算数据行或索引视图表中建立或管理索引时,ANSI_PADDING 必须设为 ON。

(4) ANSI_WARNINGS 控制是否在发生"除以零"或加总功能出现空值等情况时发出错误或警告。默认为 OFF,表示不要发出警告,发生"除以零"的情况时返回空值。在计算数据行或索引视图表中建立或管理索引时,ANSI_WARNINGS 必须被设为 ON。

(5) ARITHABORT 控制溢位的处理方式,若设成 ON,溢位或除以零的错误将导致查询或批处理终止。若错误发生在事务之中,该事务将会复原。若将 ARITHABORT 设置为 OFF,在发生上述错误时,系统将显示一个警告信息,但查询、批处理或事务仍将继续处理。建立或操作计算数据行索引或索引视图表时,ARITHABORT 必须设置为 ON。

(6) NUMERIC_ROUNDABORT 控制当表达式损失精确度时的处理方式。设置为 ON,损失精确度将会产生一个错误;若为 OFF,损失精确度则不会产生错误信息,而将进位成存储该结果的数据行或变量的精确度。在计算数据行或索引视图表中建立或管理索引时,NUMERIC_ROUNDABORT 必须设为 OFF。

(7) CONCAT_NULL_YIELDS_NULL 控制当操作数在串联运算过程中的值为 NULL 时返回的结果,默认为 OFF,产生字符串,空值会被视为空字符串。若设成 ON,则运算结果为 NULL。例如,字符串"This is"与 NULL 使用连接字符连接的值为 NULL,而不是"This is"值。在计算数据行或索引视图表中建立或管理索引时,CONCAT_NULL_YIELDS_NULL 必须设为 ON。

(8) QUOTED_IDENTIFIER 选项是否使用引号识别项,设置成 ON,识别项可由双引号分隔,而常量(Literal)则必须由单引号来分隔。所有以双引号分隔的字符串都被解译成对象识别项。加上引号的识别项不一定要遵循识别项的 Transact-SQL 规则。它们可以是关键词也可以包含一般在 Transact-SQL 识别项中不允许的字符。若设成 OFF(默认),识别码必须遵循 Transact-SQL 识别项规则。

(9) RECURSIVE_TRIGGERS 控制是否递归地激活触发程序。设置为 ON,表示要递归激活;设置为 OFF(默认),则触发程序无法以递归的方式激活。

5. 状态选项

状态选项控制了数据库是在线或离线、谁可联机至数据库、数据库是否处于只读模式。利用一个终止子句来控制当数据库从一个状态转变成另一个状态时,联机该如何终止。

(1) OFFLINE | ONLINE 用来设置数据库处于离线状态还是在线状态,指定为 OFFLINE,数据库将完全关闭与关机,并标示为离线状态。数据库处于离线状态时,无法修改该数据库。若指定为 ONLINE,数据库将会打开并可供使用。

(2) READ_ONLY | READ_WRITE 用来设置数据库是只读模式还是可擦写模式,指定为 READ_ONLY,数据库将处于只读模式。这时用户可以从数据库读取数据,但不可以修改数据。指定为 READ_WRITE,用户可读取与修改数据。

(3) SINGLE_USER | RESTRICTED_USER | MULTI_USER 用来设置数据库的联机模式,SINGLE_USER 表示一次只能让一个用户联机至数据库,所有其他的用户联机都将中断,而新的联机尝试将被拒绝。若要允许多重联机,数据库必须更改成 RESTRICTED_USER 或 MULTI_USER 模式。RESTRICTED_USER 只允许 db_owner 固定数据库角色与 dbcreator 及 sysadmin 固定服务器角色的成员联机至数据库,它并没有限制联机的数目,资格不符的用户所做的新联机尝试将被拒绝。MULTI_USER 可让所有具有适当权限的用户都联机至数据库。

(4) WITH <termination> 用来设置当数据库从一个状态转变成另一个状态时,未完成的事务该如何终止。事务将随着它们与数据库的联机中断而终止。若终止子句被略过,ALTER DATABASE 语句将会一直等待,直到事务自行认可或复原为止。

(5) ROLLBACK AFTER integer [SECONDS] 用来等待指定的秒数后中断资格不符的联机,不完全的事务将会复原。

(6) ROLLBACK IMMEDIATE 用来立即中断资格不符的联机,而所有未完成的事务都会复原。

(7) NO_WAIT 用来在更改数据库状态之前检查联机,当不符合资格的联机存在时,会导致 ALTER DATABASE 语句失败。

2.2.3　数据库创建方法

创建数据库就是为数据库确定名称、大小、存放位置、文件名和所在文件组的过程。在一个 SQL Server 2008 实例中,最多可以创建 32767 个数据库,数据库的名称必须满足系统的标识符规则。在命名数据库时,一定要使数据库名称简短并有一定的含义。

在 SQL Server 2008 中创建数据库的方法主要有两种：一是在 SQL Server Management Studio 窗口中使用现有命令和功能，通过方便的图形化向导创建；二是通过编写 Transact-SQL 语句创建。

1．使用图形化向导创建

SQL Server Management Studio 是 SQL Server 系统运行的核心窗口，它提供了用于数据库管理的图形工具和功能丰富的开发环境，方便数据库管理员及用户进行操作。

首先来介绍如何使用 SQL Server Management Studio 来创建自己的用户数据库。在 SQL Server 2008 中，通过 SQL Server Management Studio 创建数据库是最容易的方法，对初学者来说简单易用。

【例 2-1】 创建"图书管理系统"数据库（BookDateBase）。

具体的操作步骤如下所示。

（1）从"开始"菜单中选择"程序"→ Microsoft SQL Server 2008 → SQL Server Management Studio 命令，打开 Microsoft SQL Server Management Studio 窗口，并使用 Windows 或 SQL Server 身份验证建立连接，如图 2-1 所示。

图 2-1 启动 SQL Server 2008

（2）在"对象资源管理器"中展开服务器，然后选择"数据库"节点。

（3）在"数据库"节点上右击，在弹出的快捷菜单中选择"新建数据库"命令，如图 2-2 所示。执行上述操作后，会弹出"新建数据库"对话框，如图 2-3 所示。

该对话框中有 3 个页，分别是"常规"、"选项"和"文件组"页。完成这 3 个页中的内容设置之后，就完成了数据库的创建工作。

（4）在"数据库名称"文本框中输入要新建数据库的名称，例如这里输入"BookDateBase"。

（5）在"所有者"文本框中输入新建数据库的所有者，如 sa，初次创建建议同学们使用"<默认值>"。根据数据库的使用情况，选择启用或者禁用"使用全文索引"复选框。

（6）在"数据库文件"列表中包括两行：一行是数据文件，而另一行是日志文件。通过单击下面相应按钮，可以添加或者删除相应的数据文件。该列表中各字段值的含义如下。

图 2-2　选择"新建数据库"命令

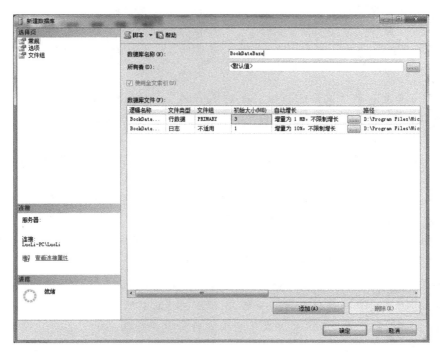

图 2-3　"新建数据库"对话框

① 逻辑名称：指定该文件的文件名，其中数据文件与 SQL Server 2000 不同，在默认情况下不再为用户输入的文件名添加下划线和 Data 字样，相应的文件扩展名并未改变。

② 文件类型：用于区别当前文件是数据文件还是日志文件。

③ 文件组：显示当前数据库文件所属的文件组。一个数据库文件只能存在于一个文件组里。

　　提示　在创建数据库时，系统自动将 model 数据库中的所有用户自定义的对象都复制到新建的数据库中。用户可以在 model 系统数据库中创建希望自动添加到所有新建数据库中的对象，例如表、视图、数据类型、存储过程等。

④ 初始大小：制定该文件的初始容量，在 SQL Server 2008 中数据文件的默认值为 3MB，日志文件的默认值为 1MB。

⑤ 自动增长：用于设置在文件的容量不够用时，文件根据何种增长方式自动增长。通过单击"自动增长"列中的省略号按钮，打开相应文件的"更改自动增长设置"窗口进行设置。图 2-4 和图 2-5 所示分别为数据文件、日志文件的自动增长设置窗口。

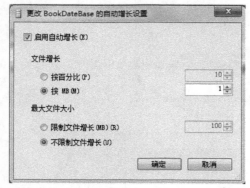

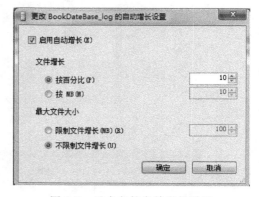

图 2-4　数据文件自动增长设置　　　　　图 2-5　日志文件自动增长设置

⑥ 路径：指定存放该文件的目录。在默认情况下，SQL Server 2008 将存放路径设置为 SQL Server 2008 安装目录下的 data 子目录。单击该列中的按钮可以打开"定位文件夹"对话框更改数据库的存放路径。

（7）单击"选项"，设置数据库的排序规则、恢复模式、兼容级别和其他需要设置的内容，如图 2-6 所示。

（8）单击"文件组"可以设置数据库文件所属的文件组，还可以通过"添加"或者"删除"按钮更改数据库文件所属的文件组，如图 2-7 所示。

（9）完成以上操作后，就可以单击"确定"按钮关闭"新建数据库"对话框。至此，成功创建了一个数据库，可以通过"对象资源管理器"查看新建的数据库。

　　提示　在 SQL Server 2008 中创建新的对象时，它可能不会立即出现在"对象资源管理器"中，可右击对象所在位置的上一层，在弹出的快捷菜单中选择"刷新"命令，即可强制 SQL Server 2008 重新读取系统表并显示数据中的所有新对象。

2. 使用 Transact-SQL 语句创建

使用 SQL Server Management Studio 创建数据库可以方便应用程序对数据的直接调用。但是，有些情况下，不能使用图形化方式创建数据库。比如，在设计一个应用程序时，开发人员会直接使用 Transact-SQL 在程序代码中创建数据库及其他数据库对象，而不用在制作应用程序安装包时再放置数据库或让用户自行创建。

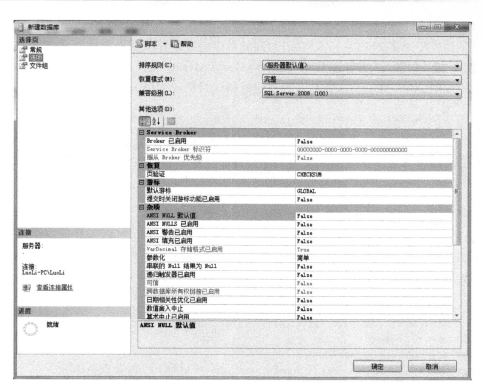

图 2-6 新建数据库"选项"页

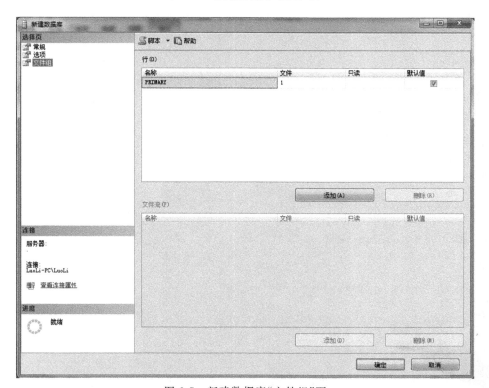

图 2-7 新建数据库"文件组"页

SQL Server 2008 使用的 Transact-SQL 是标准 SQL(结构化查询语言)的增强版本,使用它提供的 CREATE DATABASE 语句同样可以完成新建数据库操作。

【例 2-2】　创建"图书管理系统"数据库(BookDateBase)。

使用 CREATE DATABASE 语句创建数据库最简单的方式如下所示。

```
CREATE DATABASE databaseName
```

按照方式只需指定 databaseName 参数即可,它表示要创建的数据库的名称,其他与数据库有关的选项都采用系统的默认值。例如,创建"图书管理系统"数据库(BookDateBase),则语句为:

```
CREATE DATABASE BookDateBase
```

(1) CREATE DATABASE 语法格式

如果希望在创建数据库时明确的指定数据库的文件和这些文件的大小以及增长的方式。首先就需要了解 CREATE DATABASE 语句的语法,其完整的格式如下。

```
CREATE DATABASE database_name
[ON [PRIMARY][<filespec>[1,...n]][,<filegroup>[1,...n]]
[LOG ON{<filespec> [1,...n]}]]
[COLLATE collation_name]
[FOR {ATTACH [WITH <service_broker_option>]|ATTACH_REBUILD_LOG}]
[WITH <external_access_option>]
]
[;]
<filespec>::=
{
[PRIMARY]
(
[NAME=logical_file_name,]
FILENAME='os_file_name'
[,SIZE=size[KB|MB|GB|TB]]
[,MAXSIZE={max_size[KB|MB|GB|TB]|UNLIMITED}]
[,FILEGROWTH=growth_increment[KB|MB|%]]
)[1,...n]
}
<filegroup>::=
{
FILEGROUP filegroup_name
<filespec>[1,...n]
}
<external_access_option>::=
{
DB_CHAINING {ON|OFF}|TRUSTWORTHY{ON|OFF}
}
<service_broke_option>::=
{
ENABLE_BROKE|NEW_BROKE|ERROR_BROKER_CONVERSATIONS
}
```

（2）CREATE DATABASE 语法格式说明

在语法格式中,每一种特定的符号都表示有特殊的含义。

① 方括号[]中的内容表示可以省略的选项或参数,[1,…,n]表示同样的选项可以重复1~n 遍。

② 如果某项的内容太多需要额外的说明,可以用<>括起来,如句法中的<filespec>和<filegroup>,而该项的真正语法在::=后面加以定义。

③ 大括号{}通常会与符号|连用,表示{}中的选项或参数必选其中之一,不可省略。

例如,MAXSIZE={max_size [KB|MB|GB|TB]|UNLIMITED}表示定义数据库文件的最大容量,或者指定一个具体的容量,如 max_size [KB|MB|GB|TB],或者指定容量没有限制,如 UNLIMITED,但是不能空缺。表 2-1 列出了语法中主要参数的说明。

表 2-1　语法参数说明

参　数	说　　明	参　数	说　　明
database_name	数据库名称	max_size	文件最大容量
logical_file_name	逻辑文件名称	growth_increment	自动增长值或比例
os_file_name	操作系统下的文件名和路径	filegroup_name	文件组名
Size	文件初始容量		

（3）CREATE DATABASE 关键字和参数说明

CREATE DATABASE database_name 用于设置数据库的名称,可长达 128 个字符,需要将 database_name 替换为需要的数据库名称,如"BookDateBase"数据库。在同一个数据库中,数据库名必须具有唯一性,并符合标识命名标准。

NAME=logical_file_name 用来定义数据库的逻辑名称,这个逻辑名称将用来在Transact_SQL 代码中引用数据库。该名称在数据库中应保持唯一,并符合标识符的命名规则。这个选项在使用了 FOR ATTACH 时不是必须的。

FILENAME=os_file_name 用于定义数据库文件在硬盘上的存放路径与文件名称。这必须是本地目录(不能是网络目录),并且不能是压缩目录。

SIZE=size[KB|MB|GB|TB] 用来定义数据文件的初始大小,可以使用 KB、MB、GB或 TB 为计量单位。如果没有为主数据文件指定大小,那么 SQL Server 将创建与 model 系统数据库相同大小的文件。如果没有为辅助数据库文件指定大小,那么 SQL Server 将自动为该文件指定 1MB 大小。

MAXSIZE={max_size[KB|MB|GB|TB]UNLIMTED} 用于设置数据库允许达到的最大大小,可以使用 KB、MB、GB、TB 为计量单位,也可以为 UNLIMTED,或者省略整个子句,使文件可以无限制增长。

FILEGROWTH=growth_increment[KB|MB|%] 用来定义文件增长所采用的递增量或递增方式。它可以使用 KB、MB 或百分比(%)为计量单位。如果没有指定这些符号之中的任一符号,则默认 MB 为计量单位。

FILEGROUP filegroup_name 用来为正在创建的文件所基于的文件组指定逻辑名称。

（4）使用 CREATE DATABASE 创建数据库

在掌握了上述内容后,接下来介绍如何使用 CREATE DATABASE 语句创建

"BookDateBase"数据库。

① 打开 Microsoft SQL Server Management Studio 窗口，并连接到服务器。

② 选择"文件"→"新建"→"数据库引擎查询"命令或者单击标准工具栏上的"新建查询"按钮，创建一个查询输入窗口。

提示　通过选择"文件"→"新建"→"数据库引擎查询"命令创建查询输入窗口时会弹出"连接到数据库引擎"对话框，此时需要身份验证才能连接到服务器，而通过单击"新建查询"按钮则不会出现该对话框。

（5）在窗口内输入语句，创建"图书管理系统"数据库（BookDateBase），保存位置为"E:\20130201\SQL2008\创建数据库代码"。CREATE DATABASE 语句如下所示。

```
CREATE DATABASE TTS
ON
{
  NAME=BookDateBase_DAT,
  FILENAME='E:\20130201\SQL2008\创建数据库代码\TTS_DAT.mdf',
  SIZE=3MB,
  MAXSIZE=50MB,
  FILEGROWTH=10%
}
LOG ON
{
  NAME=BookDateBase_LOG,
  FILENAME='E:\20130201\SQL2008\创建数据库代码\TTS_LOG.ldf',
  SIZE=1MB,
  MAXSIZE=10MB,
  FILEGROWTH=10%
}
GO
```

（6）单击"执行"按钮执行语句。如果执行成功，在查询窗口内的"消息"窗格中，可以看到一条"命令已成功完成。"的消息。然后在"对象资源管理器"中刷新，展开"数据库"节点就能看到刚创建的"BookDateBase"数据库，如图 2-8 所示。

在上述的例子中，创建了"图书管理系统"数据库（BookDateBase），其中 NAME 关键字指定了数据文件的逻辑名称是"BookDateBase_DAT"，日志文件的逻辑名称是"BookDateBase_LOG"，而它的数据文件的物理名称是通过 FILENAME 关键字指定的。在"图书管理系统"数据库（BookDateBase）中，通过 SIZE 关键字把数据文件的大小设置为 3MB，最大值为 50MB，按 10％的比例增长，日志文件的大小设置为 1MB，最大值为 10MB，按 10％的方式增长。整个数据库的大小为：数据文件大小（3MB）＋日志文件大小（1MB）＝4MB。

提示　如果以后数据库会不断增长，那么就指定其增长方式为自动增长方式。反之，最好不要指定其自动增长，以提高数据的使用效率。

（7）创建文件组的"BookDateBase"数据库

如果数据库中的数据文件或日志文件多于 1 个，则文件之间使用逗号隔开。当数据库

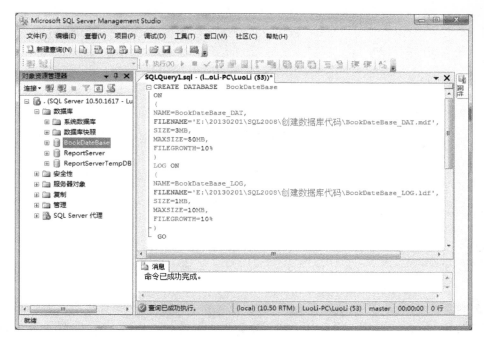

图 2-8　CREATE DATABASE 创建数据库

有两个或两个以上的数据文件时,需要指定哪一个数据文件是主数据文件。默认情况下,第一个数据文件就是主数据文件,也可以使用 PRIMARY 关键字来指定主数据文件。

下面重新创建"BookDateBase"数据库,让该数据库包含 3 个数据文件和两个日志文件。并将后两个数据文件存储在名称为 group1 的文件组中。代码如下所示。

```
CREATE DATABASE BookDateBase
ON PRIMARY
{
  NAME=BookDateBase_DAT,
  FILENAME='E:\20130201\SQL2008\创建数据库代码\BookDateBase_DAT.mdf',
  SIZE=3MB,
  MAXSIZE=50MB,
  FILEGROWTH=10%
},
FILEGROUP group1
{
  NAME=BookDateBase_DAT1,
  FILENAME='E:\20130201\SQL2008\创建数据库代码\BookDateBase_DAT1.ndf',
  SIZE=2MB,
  MAXSIZE=10MB,
  FILEGROWTH=5%
},
{
  NAME=BookDateBase_DAT2,
  FILENAME='E:\20130201\SQL2008\创建数据库代码\BookDateBase_DAT2.ndf',
```

```
    SIZE=2MB,
    MAXSIZE=20MB,
    FILEGROWTH=15%
}
LOG ON
{
 NAME=BookDateBase_LOG,
 FILENAME='E:\20130201\SQL2008\创建数据库代码\BookDateBase_LOG.ldf',
 SIZE=1MB,
 MAXSIZE=10MB,
 FILEGROWTH=10%
},
(NAME=BookDateBase_LOG1,
FILENAME='E:\20130201\SQL2008\创建数据库代码\BookDateBase_LOG1.ldf',
SIZE=1MB,
MAXSIZE=5MB,
FILEGROWTH=5%)
```

　　🐾 **提示**　重新创建"图书管理系统"数据库(BookDateBase)时必须先删除之前创建的"图书管理系统"数据库(BookDateBase)。右击要删除的数据库,在弹出的快捷菜单中选择"删除"命令,单击"确定"按钮即可删除。

　　上述代码中,创建了 3 个数据文件和 2 个日志文件,分别为:BookDateBase_DAT,BookDateBase_DAT1,BookDateBase_DAT2 和 BookDateBase_LOG,BookDateBase_LOG1,将"BookDateBase_DAT"设为主数据文件。创建之后,就可以在"E:\20130201\SQL2008\创建数据库代码"目录下看到所创建的文件。

2.3　项目实施

2.3.1　使用 SSMS 图形化界面创建教学评测系统数据库

课堂测试

同学们参照 2.2.3 节中用图形化方法创建教学测评系统数据库(TTS)。

2.3.2　使用 T-SQL 语句创建数据库

课堂测试

利用 CREATE DATABASE 语句创建教学测评系统数据库(TTS)。

📝 **答案**

```
CREATE DATABASE TTS
ON
{
 NAME=BookDateBase_DAT,
 FILENAME='E:\20130201\SQL2008\创建数据库代码\TTS_DAT.mdf',
```

```
    SIZE=3MB,
    MAXSIZE=50MB,
    FILEGROWTH=10%
}
LOG ON
(NAME=BookDateBase_LOG,
FILENAME='E:\20130201\SQL2008\创建数据库代码\TTS_LOG.ldf',
SIZE=1MB,
MAXSIZE=10MB,
FILEGROWTH=10%)
```

2.3.3　查看数据库相关信息

1. 使用 SQL Server Management Studio 查看数据库信息

用户可以利用 Microsoft SQL Server Management Studio 窗口来查看数据库信息。在"对象资源管理器"中右击 BookDataBase 数据库,选择"属性"命令,在弹出的"数据库属性-BookDateBase"对话框中就可以查看到数据库的常规信息、文件信息、文件组信息、选项信息等,如图 2-9 所示。

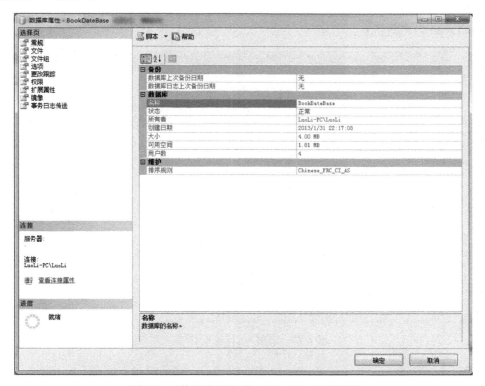

图 2-9　"数据库属性-BookDateBase"对话框

2. 使用存储过程

使用 sp_spaceused 存储过程可以显示数据库使用和保留的空间。下面来查看"图书管理系统"数据库(BookDateBase)的空间大小和已经使用的空间等信息,如图 2-10 所示。

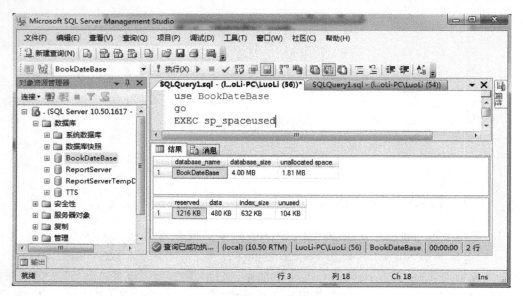

图 2-10　使用 sp_spaceused 存储过程

使用 sp_helpdb 存储过程可以查看所有数据库的基本信息,如图 2-11 所示为查看数据库"BookDateBase"的信息。

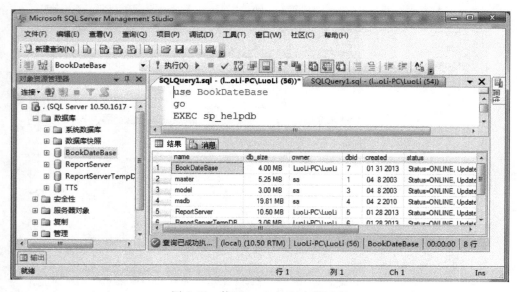

图 2-11　使用 sp_helpdb 存储过程

2.4　小　　结

数据库是 SQL Server 2008 最基本的操作对象之一,数据库的创建是 SQL Server 2008 最基本的操作,是进行数据库管理与开发的基础。本项目以图书管理系统和教学评测系统数据库的创建为例介绍了数据库的创建过程。

习   题

1. SQL Server 数据库的文件类型有_____、_____、_____。

2. 事务日志文件的作用是_____。

3. 查看数据库信息的命令是_____。

4. 创建数据库的命令是_____。

5. 在创建数据库时,系统会自动将(   )系统数据库中所有用户定义的对象复制到新建的数据库中。

    A. master   B. msdb   C. model   D. tempdb

6. 在 Microsoft SQL Server 2008 系统中,下面说法错误的是(   )。

    A. 一个数据库中至少有一个数据文件,但可以没有日志文件

    B. 一个数据库中至少有一个数据文件和一个日志文件

    C. 一个数据中有多个数据文件

    D. 一个数据库中可以有多个日志文件

7. 一个数据库至多有(   )个主数据文件。

    A. 0   B. 1   C. 2   D. 不限定

8. 以下文件名后缀中表示主数据文件和辅助数据文件的是(   )。

    A. MDF,LDF   B. DBF,NDF   C. MDF,NDF   D. NDF,LDF

9. SQL Server 有哪几种文件类型?

10. 简述文件组的概念。

教学评测系统数据库管理

3.1 用户需求与分析

根据教学评测系统需求分析，用户需要在 SQL Server 2008 中管理教学评测系统数据库(TTS)。

3.2 相 关 知 识

3.2.1 更改数据库名称

1. 使用 SQL Server Management Studio 重命名数据库

在 SQL Server 中，可以更改数据库的名称。在重命名数据库之前，应该确保没有人使用该数据库。数据库名称可以包含任何符合标识符规则的字符。

【例 3-1】 将数据库 BookDateBase(已创建)重命名为"BookDB"。

(1) 启动 SQL Server Management Studio，在"对象资源管理器"中展开本地服务器节点。

(2) 展开"数据库"节点，右击要重命名的数据库"BookDateBase"，在弹出的快捷菜单中选择"重命名"命令，如图 3-1 所示。

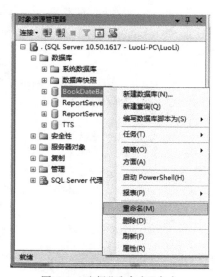

图 3-1 选择"重命名"命令

（3）此时数据库名称是可编辑的，输入新的数据库名称"BookDB"，按 Enter 键即可。

2. 使用 ALTER DATABASE 语句重命名数据库

【例 3-2】 将数据库"BookDB"的名称修改为"BookDateBase"。

其程序如下所示。

```
ALTER DATABASE BookDB MODIFY NAME=BookDateBase
```

3.2.2 修改数据库大小

修改数据库的大小，其实就是修改数据文件和日志文件的长度，或者是增加/删除文件。修改数据库大小最常用的两种方法为：通过图形界面和 ALTER DATABASE 语句。

1. 使用图形界面

【例 3-3】 修改数据库 BookDateBase 的大小。

（1）在"对象资源管理器"窗格中，右击要修改大小的数据库"BookDateBase"，在弹出的快捷菜单中选择"属性"命令。

（2）在"数据库属性-BookDateBase"对话框的"选择页"下选择"文件"。

（3）在"BookDateBase"数据库文件行的"初始大小"列中输入要修改的值。同样在日志文件行的"初始大小"列中输入要修改的值。

（4）单击"自动增长"列中的省略号按钮，打开"更改 BookDateBase_DAT 的自动增长设置"对话框，可设置自动增长的方式及大小，如图 3-2 所示。

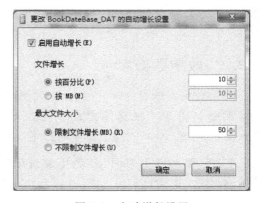

（5）如果要添加文件，可以直接在"数据库属性"对话框中单击"添加"按钮，进行相应大小设置即可。

（6）完成修改后，单击"确定"按钮完成修改数据库大小的操作。

图 3-2 自动增长设置

2. 使用 ALTER DATABASE 语句

【例 3-4】 使用 ALTER DATABASE 语句将"BookDateBase"数据库扩大 5MB。

方法一：通过修改该数据库的初始大小来实现。语句如下所示。

```
USE master
GO
ALTER DATABASE BookDateBase
MODIFY FILE
(NAME=BookDateBase _DAT2,
SIZE=5MB,
MAXSIZE=10MB,
FILEGROWTH=5%)
GO
```

方法二：可以通过为该数据库添加一个大小为 5MB 的数据文件来实现。语句如下所示。

```
USE master
GO
ALTER DATABASE BookDateBase
ADD FILE
{
  NAME=BookDateBase_DAT3,
  FILENAME=' E:\20130201\SQL2008\创建数据库代码\BookDateBase _DAT3.mdf',
  SIZE=5MB,
  MAXSIZE=30MB,
  FILEGROWTH=20%
}
GO
```

上述语句代码将添加一个名称为 BookDateBase_DAT3、大小为 5MB 的数据文件，最大值为 30MB，并可按 20% 自动增长。

提示　如果要增加日志文件，可以使用 ADD LOG FILE 子句，在一个 ALTER DATABASE 语句中，一次可以增加多个数据文件或日志文件，多个文件之间需要使用"，"分开。

3.2.3　收缩数据库

如果数据库的设计尺寸过大，即使删除了数据库中的大量数据，这时数据库依然会耗费大量的磁盘资源。根据用户的实际需要，可以对数据库进行收缩。在 Microsoft SQL Server 2008 系统中，收缩数据库有以下 3 种方式。

1. 使用 AUTO_SHRINK 数据库选项设置自动收缩数据库

将 AUTO_SHRINK 选项设置为 ON 后，数据库引擎将自动收缩具有可用空间的数据库。此选项可以使用 ALTER DATABASE 语句来进行设置。默认情况下，此选项设置为 OFF。数据库引擎会定期检查每个数据库的空间使用情况。如果某个数据库的 AUTO_SHRINK 选项设置为 ON 时，则数据库引擎将自动减小该数据库中的文件。设置 AUTO_SHRINK 选项的语法格式如下所示。

```
ALTER DATABASE database_name SET AUTO_SHRINK ON
```

2. 使用 DBCC SHRINKDATABASE 命令收缩数据库

使用这种方式，要求手动来收缩数据库的大小，它是一种比自动收缩数据库更加灵活的收缩数据库的方式，可以对整个数据库进行收缩。DBCC SHRINKDATABASE 命令的基本语法格式如下所示。

```
DBCC SHRINKDATABASE ('database_name',target_percent)
```

3. 使用 DBCC SHRINKFILE 命令收缩数据库文件

此命令可以收缩指定的数据库文件，还可以将文件收缩至小于其初始创建的大小，并且重新设置当前的大小为其初始创建时的大小。DBCC SHRINKFILE 命令的基本语法形式如下所示。

```
DBCC SHRINKFILE('file_name',target_percent)
```

3.2.4　修改数据库文件

【例 3-5】　使用 ALTER DATABASE 语句更改数据文件名称。

其程序如下所示。

```
alter database BookDateBase
modify file
{
  name= BookDateBase_DAT,
  newname= BookDateBaseNEW_DAT
}
```

【例 3-6】　使用 ALTER DATABASE 语句添加数据文件。

其程序如下所示。

```
alter database BookDateBase
add file
{
  NAME=BookDateBase_DAT3,
  FILENAME= 'E:\20130201\SQL2008\创建数据库代码\BookDateBase_DAT.ndf',
  SIZE=3MB,
  MAXSIZE=50MB,
  FILEGROWTH=10%
}
```

【例 3-7】　使用 ALTER DATABASE 语句添加日志文件。

其程序如下所示。

```
alter database BookDateBase
add log file
{
  NAME=BookDateBase_LOG2,
  FILENAME= 'E:\20130201\SQL2008\创建数据库代码\BookDateBase_LOG2.ldf',
  SIZE=1MB,
  MAXSIZE=5MB,
  FILEGROWTH=5%
}
```

【例 3-8】　使用 ALTER DATABASE 语句修改数据文件大小。

其程序如下所示。

```
alter database BookDateBase
modify file
{
  NAME=BookDateBase_DAT3,
```

```
    SIZE=5MB
}
```

【**例 3-9**】　使用 ALTER DATABASE 语句删除数据文件。

其程序如下所示。

```
lter database BookDateBase
remove file BookDateBase_DAT3
```

3.2.5　管理数据库文件组

为了便于管理和获得更好的性能,数据文件通常都进行了合理的分组,创建一个新的 SQL Server 数据库时,会自动创建主文件组,主数据文件就包含在主文件组中,主文件组也被设为默认组,因此所有新创建的用户对象都自动存储在主文件组中(具体说就是存储在主数据文件中)。

如果你想将你的用户对象(表、视图、存储过程和函数等)存储在次要数据文件中,那需要进行如下操作。

(1) 创建一个新的文件组,并将其设为默认文件组。

(2) 创建一个新的数据文件(.ndf),将其归于第一步创建的新文件组中。

以后创建的对象就会全部存储在次要文件组中了。

　　提示　事务日志文件不属于任何文件组。

如果数据库不大,那么默认的文件/文件组应该就能满足需要,但如果数据库变得很大时(假设有 1000MB),可以(应该)对文件/文件组进行调整以获得更好的性能,调整文件/文件组的最佳实践内容如下。

① 主文件组必须完全独立,它里面应该只存储系统对象,所有的用户对象都不应该放在主文件组中。主文件组也不应该设为默认组,将系统对象和用户对象分开可以获得更好的性能。

② 如果有多块硬盘,可以将每个文件组中的每个文件分配到每块硬盘上,这样可以实现分布式磁盘 I/O,大大提高数据读写速度。

③ 将访问频繁的表及其索引放到一个单独的文件组中,这样读取表数据和索引都会更快。

④ 将访问频繁的包含 Text 和 Image 数据类型的列的表放到一个单独的文件组中,最好将其中的 Text 和 Image 列数据放在一个独立的硬盘中,这样检索该表的非 Text 和 Image 列时速度就不会受 Text 和 Image 列的影响。

⑤ 将事务日志文件放在一个独立的硬盘上,千万不要和数据文件共用一块硬盘,日志操作属于写密集型操作,因此保证日志写入具有良好的 I/O 性能非常重要。

⑥ 将“只读”表单独放到一个独立的文件组中,同样,将“只写”表单独放到一个文件组中,这样只读表的检索速度会更快,只写表的更新速度也会更快。

⑦ 不要过度使用 SQL Server 的“自动增长”特性,因为自动增长的成本其实是很高的,设置“自动增长”值为一个合适的值,如一周,同样,也不要过度频繁地使用“自动收缩”特性,最好禁用自动收缩,改为手工收缩数据库大小,或使用调度操作,设置一个合理的时间间隔,

如一个月。

【例 3-10】　使用 ALTER DATABASE 语句添加文件组。

其程序如下所示。

```
alter database BookDateBase
add filegroup group2
```

【例 3-11】　使用 ALTER DATABASE 语句更改数据库文件组的名称。

其程序如下所示。

```
alter database BookDateBase
modify filegroup group2
name=secondarygroup
```

【例 3-12】　使用 ALTER DATABASE 语句删除文件组。

其程序如下所示。

```
alter database BookDateBase
remove filegroup group2
```

提示　删除文件组的前提是文件组必须为空,不包含任何数据文件。

【例 3-13】　使用存储过程 sp_helpfilegroup 查看数据库文件组的属性。

其程序如下所示。

```
USE BookDateBase
EXEC sp_helpfilegroup
```

运行结果如图 3-3 所示。

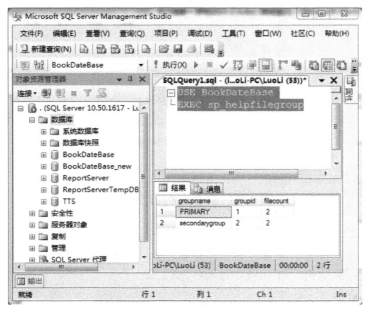

图 3-3　查看文件组属性

3.2.6　删除数据库

数据库在使用中,随着数据库数量的增加,系统的资源消耗越来越多,运行速度也会越来越慢,这时就需要调整数据库,调整方法有很多种,例如,将不再需要的数据库删除,以此释放被占用的磁盘空间和系统消耗。在 SQL Server 2008 中有两种删除数据库的方法:使用图形界面和 DROP DATABASE 语句。

1. 使用 SQL Server Management Studio 删除用户数据库

【例 3-14】　使用 SQL Server Management Studio 删除"BookDateDase"数据库。

(1) 在"对象资源管理器"中选中要删除的数据库,右击选择"删除"命令。

(2) 在弹出的"删除对象"对话框中,单击"确定"按钮确认删除。删除操作完成后会自动返回 SQL Server Management Studio 窗口,如图 3-4 所示。

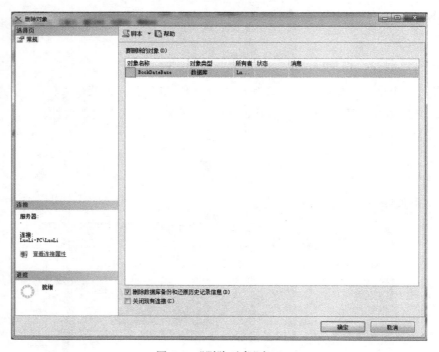

图 3-4　"删除对象"窗口

2. DROP DATABASE 语句

使用 DROP DATABASE 语句删除数据库的语法如下。

```
DROP DATABASE database_name [,...,n]
```

其中,database_name 为要删除的数据库名,[,...,n]表示可以有多于一个数据库名。

【例 3-15】　删除数据库"BookDateBase_DAT"。

其程序如下所示。

```
DROP DATABASE  BookDateBase_DAT
```

提示　使用 DROP DATABASE 删除数据库时不会出现确认信息,所以使用这种方法时要小心谨慎。此外,千万不能删除系统数据库,否则会导致 SQL Server 2008 服务器无法使用。

3.2.7　复制数据库

数据库复制是企业级分布式数据库用到的重要而强大的技术。通过它可以在企业内多台服务器上分布式地存储数据、执行存储过程。SQL Server 2008 中的复制(Replacation)技术使企业的数据可以分布在局域网、广域网甚至因特网上的多台服务器上,并能实现这些分布式数据的一致性。

SQL Server 2008 中为开发式应用提供了 3 种类型的复制模式:快照复制(Snapshot)、事务复制(Transaction)和合并复制(Merge)。下面基于"出版/订阅"的复制模型结构来介绍 3 类复制模式。该模型由出版者、分发者、订阅者、出版物、文章和订阅物等几个元素组成。

1. 快照复制

快照复制就是在某一时刻对出版数据进行一次"照相",生成一个描述出版数据库中数据瞬时状态的静态文件,最后在规定时间将其复制到订购者数据库。快照复制并不像事务复制那样要不断地监视、跟踪在出版数据库中发生的数据变化,它所复制的内容不是 INSERT、UPDATE、DELETE 语句(事务复制的特征),也不是仅限于那些被修改数据(合并复制的特征)。它实际上是对订购数据库进行一次阶段性的表刷新,把所有出版数据库中的数据从源数据库送至目标数据库,而不仅仅是那些发生了变化的数据。如果论文很大,那么要复制的数据就很多,因此对网络资源需求较高,不仅要有较快的传输速度,而且要保证传输的可靠性。

快照复制是最为简单的一种复制类型,能够在出版者和订购者之间保证事务的潜在一致性。快照复制的执行仅需要快照代理和分发代理。快照代理准备快照文件(包括出版表的数据文件和描述文件)并将其存储在分发者的快照文件夹中,除此之外快照代理还要在分发者的分发数据库中跟踪同步作业。分发代理把分发数据库中的快照作业分发至订购者服务器的目的表中。分发数据库仅用于复制而不包括任何用户表。

2. 事务复制

由于事务复制要不断地监视源数据库的数据变化,所以与快照复制相比,其服务器负载相应要重。在事务复制中,当出版数据库发生变化时,这种变化就会被立即传递给订购者,并在较短时间内完成(几秒或更短),而不是像快照复制那样要经过很长一段时间间隔。因此,事务复制是一种几近实时地从源数据库向目标数据库分发数据的方法。由于事务复制的频率较高,所以必须保证在订购者与出版者之间要有可靠的网络连接。

事务复制只允许出版者对复制数据进行修改(若设置了立即更新订购者选项,则允许订购者修改复制数据),而不像合并复制那样,所有的节点(出版者和订购者)都被允许修改复制数据,因此事务复制保证了事务的一致性。它所实现的事务一致性介于立即事务一致性和潜在事务一致性之间。

3. 合并复制

合并复制作为一种从出版者向订购者分发数据方法。允许出版者和订购者对出版数据进行修改,而不管订购者与出版者是相互连接还是断开,然后当所有(或部分)节点相连时便合并发生在各个节点的变化。

在合并复制中,每个节点都独立完成属于自己的任务,不像事务复制和快照复制那样订购者与出版者之间要相互连接,合并复制完全不必连接到其他节点,也不必使用 MS DTC 来实现两阶段提交,就可以在多个节点对出版进行修改。只是在某一时刻才将该节点与其他节点相连(此时所指的其他节点并不一定指所有其他节点),然后将所发生的数据变化复制到这些相连节点的数据库中。如果在复制时因更新同一数据而发生冲突,则数据的最终结果并不总是出版者修改后的结果,也不一定包含在某一节点上所做的所有修改。因为各节点都有自主权,都可以对出版物(复制数据)进行修改,这样在按照所设定的冲突解决规则对冲突处理之后,数据库最终的结果往往是包含了多个节点的修改。

通过复制数据库向导,可以方便地将数据库及其对象从一台服务器移动或复制到另一台服务器,而服务器无须停机。在使用复制数据库向导之前,需考虑表 3-1 中所列的问题。

表 3-1 复制数据库时应注意的问题

范　围	注　意　事　项
所需的权限	您必须是源服务器和目标服务器上 sysadmin 固定服务器角色的成员
所需的组件	SQL Server 2005 Integration Services(SSIS)或更高版本
model、msdb 和 master 数据库	model、msdb 和 master 数据库无法通过复制数据库向导进行复制或移动
源服务器上的数据库	如果选择"移动"选项,则在移动数据库之后,该向导将自动删除源数据库。如果选择"复制"选项,则复制数据库向导不会删除源数据库
全文目录	如果使用 SQL Server 管理对象方法移动全文目录,则必须在移动后重新填充索引。如果使用分离和附加方法,则必须手动移动全文目录。有关如何移动全文目录的详细信息,请参阅移动数据库文件

使用复制数据库向导可执行以下操作。

(1) 选取源服务器和目标服务器。

(2) 选择要移动或复制的数据库。

(3) 为数据库指定文件位置。

(4) 在目标服务器上创建登录名。

(5) 复制其他支持的对象、作业、用户定义的存储过程和错误消息。

(6) 计划何时移动或复制数据库。

【例 3-16】 使用 SQL Server Management Studio 复制数据库"BookDateBase"。

其操作步骤如下所示。

(1) 在"对象资源管理器"中右击数据库"BookDateBase",在弹出的快捷菜单中选择"任务"→"复制数据库"命令,如图 3-5 所示。

图 3-5 "复制数据库"命令

（2）在打开的"复制数据库向导"对话框中，单击"下一步"按钮，设置源服务器选中"使用 Windows 身份验证"单选按钮，如图 3-6 所示。源服务器使用本地服务器（注：要启动 SQL Server 代理服务）。

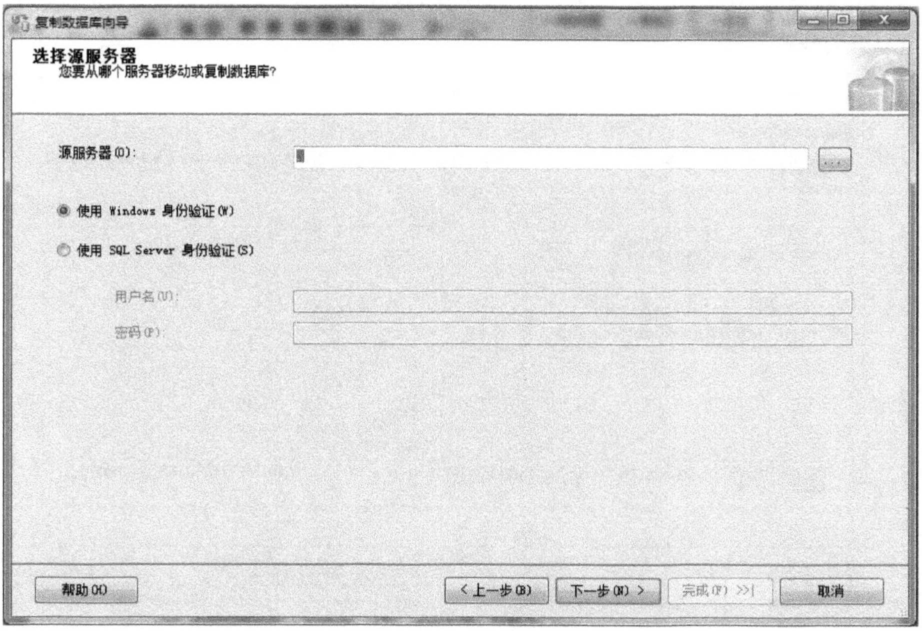

图 3-6 选择源服务器

（3）单击"下一步"按钮，选择目标服务器，这里仍然用本地服务器，如图 3-7 所示。

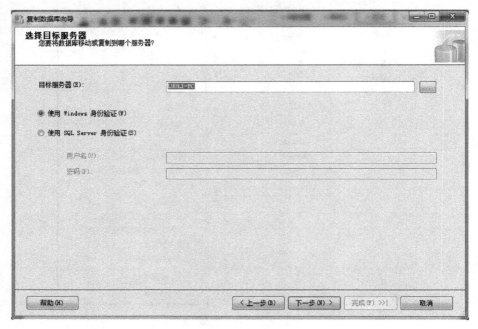

图 3-7　目标服务器

（4）选择传输方法，选中"使用分离和附加方法"单选按钮，如图 3-8 所示，单击"下一步"按钮。

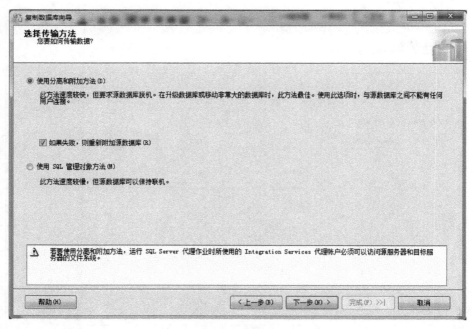

图 3-8　选择传输方法

（5）在第二列（即复制）选择要复制的数据库名，在这里选中"BookDateBase"前的复选框，如图 3-9 所示，单击"下一步"按钮。

图 3-9 选择数据库

（6）修改目标数据库的名称，如图 3-10 所示，在这里用默认的目标数据库名，单击"下一步"按钮。

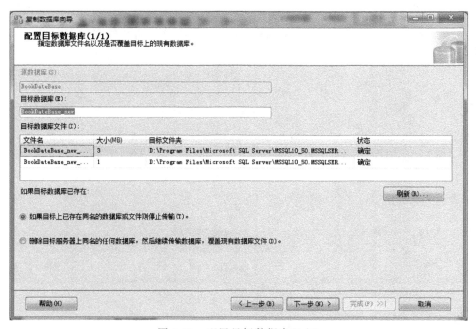

图 3-10 配置目标数据库(1/1)

（7）配置包如图 3-11 所示，选用默认名称，单击"下一步"按钮。

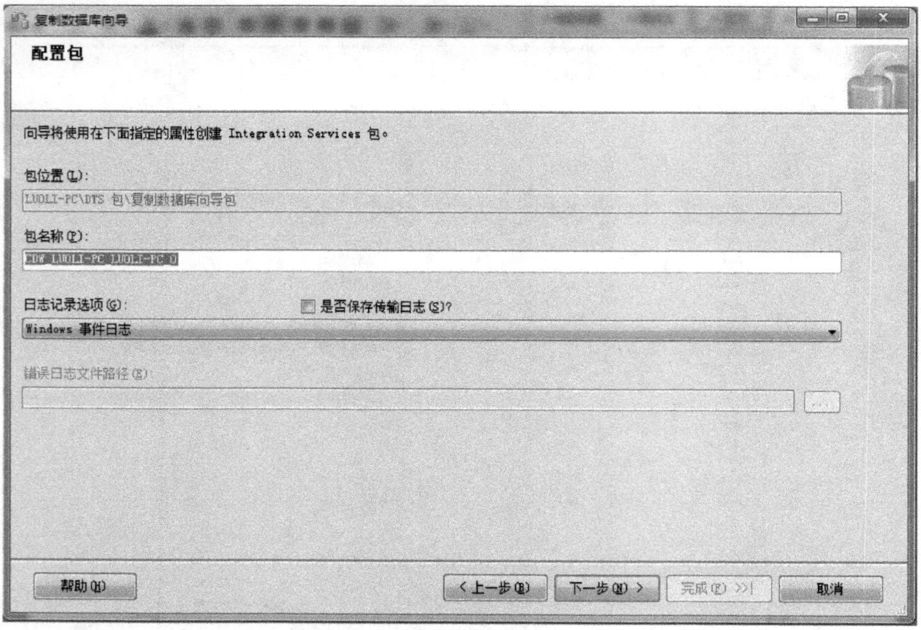

图 3-11　配置包

（8）选中"立即运行"单选按钮，如图 3-12 所示，单击"下一步"按钮。

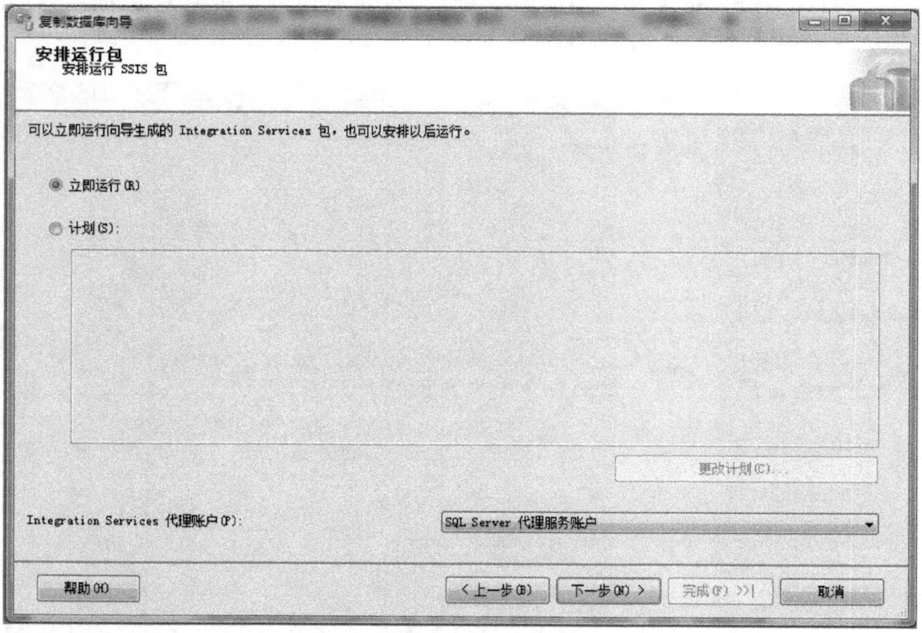

图 3-12　安排运行包

（9）页面显示设置内容，确认后单击"完成"按钮，如图 3-13 和图 3-14 所示，成功之后，单击"关闭"按钮。

图 3-13　完成该向导

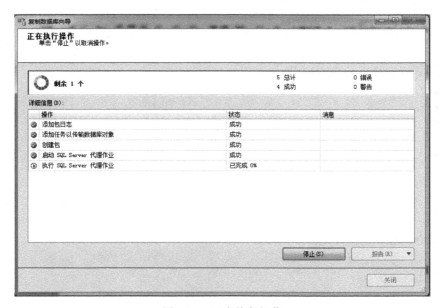

图 3-14　正在执行操作

（10）在"对象资源管理器"中右击"数据库"，在弹出的快捷菜单上选择"刷新"命令，能够看见刚才复制的数据库"BookDateBase_new"，如图 3-15 所示。

（11）展开新数据库"BookDateBase_new"、"安全性"节点，在"用户"上右击，在弹出的快捷菜单中选择"新建用户"命令，如图 3-16 所示。

图 3-15   复制成功的数据库 BookDateBase_new   图 3-16   "新建用户"命令

（12）在"数据库用户-新建"对话框中的"数据库角色成员身份"下选中 db_owner 复选框，如图 3-17 所示，单击"确定"按钮就完成了。

图 3-17   "数据库用户"配置

3.2.8 移动数据库

用户可以将分离的数据库移至其他位置,并将其重新附加到服务器实例中。

1. 分离数据库

分离数据库就是指将数据库从 SQL Server 2008 的实例中分离出去,但是不会删除该数据库的数据文件和事务日志文件,这样该数据库可以再附加到其他的 SQL Server 2008 的实例中。

(1) 使用 SQL Server Management Studio 分离数据库

【例 3-17】 使用 SQL Server Management Studio 分离数据库 BookDateBase。

其操作步骤如下所示。

① 在"对象资源管理器"中右击要分离的数据库"BookDateBase",在弹出的快捷菜单中选择"任务"→"分离"命令,如图 3-18 所示。

图 3-18 "分离"命令

② 在打开的"分离数据库"对话框中查看"数据库名称"列中的数据库名称,验证这是否为要分离的数据库,如图 3-19 所示。

③ 在"状态"列中如果显示的是"未就绪",则"消息"列将显示有关数据库的超链接信息。当数据库涉及复制时,"消息"列将显示"Database replicated"。

④ 数据库有一个或多个活动连接时,"消息"列将显示"<活动连接数>个活动连接"。在可以分离数据列之前,必须启用"删除连接"复选框来断开与所有活动连接的连接。

⑤ 分离数据库准备就绪后,单击"确定"按钮。

图 3-19 "分离数据库"对话框

（2）使用 sp_detach_db 存储过程来分离数据库操作

【例 3-18】 分离"TTS"数据库。

程序如下所示。

```
EXEC sp_detach_db TTS
```

不过，并不是所有的数据库都可以分离的，如果要分离的数据库出现下列任何一种情况都将无法分离数据库。

① 已复制并发布的数据库。如果进行复制，则数据库必须是未发布的。如果要分离数据库，必须先通过执行 sp_replicationdboption 存储过程禁用发布后再进行分离。

② 数据库中存在数据库快照。此时，必须首先删除所有数据库快照，然后才能分离数据库。

③ 数据库处于未知状态。在 SQL Server 2008 中，无法分离可疑和未知状态的数据库，必须将数据库设置为紧急模式，才能对其进行分离操作。

2. 附加数据库

附加数据库是指将当前数据库以外的数据库附加到当前数据库实例中。在附加数据库时，所有数据库文件（.mdf 和 .ndf 文件）都必须是可用的。如果任何数据文件的路径与创建数据库或上次附加数据库时的路径不同，则必须指定文件的当前路径。在附加数据库的过程中，如果没有日志文件，系统将创建一个新的日志文件。

（1）使用 SQL Server Management Studio 附加数据库

【例 3-19】 使用 SQL Server Management Studio 附加数据库"BookDateBase"。

具体操作步骤如下所示。

① 在"对象资源管理器"窗格中，右击"数据库"，在弹出的快捷菜单中选择"附加"命令，如图 3-20 所示。

图 3-20 "附加"命令

② 在打开的"附加数据库"对话框中单击"添加"按钮,从弹出的"定位数据库文件"对话框中选择要附加的数据库,再依次单击"确定"按钮返回,如图 3-21 所示。

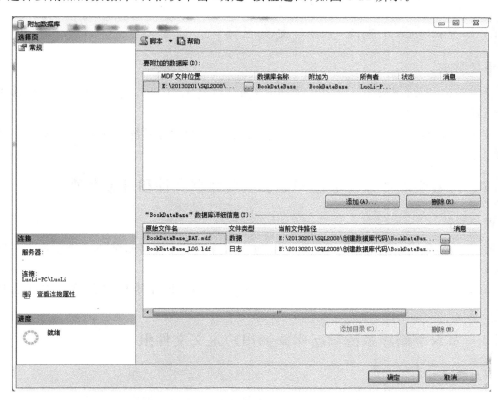

图 3-21　"附加数据库"对话框

③ 回到"对象资源管理器"中,展开"数据库"节点,将看到"BookDateBase"数据库已经成功附加到了当前的实例数据库中。

(2) 使用语句进行数据库附加操作

【例 3-20】　使用语句将刚分离后的"TTS"数据库再附加到当前数据库实例中。

附加时会加载该数据库所有的文件,包括主数据文件、辅助数据文件和事务日志文件。其程序如下所示。

```
CREATE DATABASE TTS
ON
{    NAME='TTS_DATA',
     FILENAME='E:\20130201\SQL2008\创建数据库代码\TTS_DAT.mdf')
     LOG ON
}    NAME=TTS_LOG,
     FILENAME='E:\20130201\SQL2008\创建数据库代码\TTS_LOG.ldf')
FOR ATTACH
```

3.3　项　目　实　施

3.3.1　为教学测评系统数据库更改名称

 课堂测试

使用 SQL Server Management Studio 重命名数据库"TTS",把"TTS"重命名为"教学评测系统数据库"。

使用 ALTER DATABASE 语句重命名数据库"教学评测系统数据库",把"教学评测系统数据库"重命名为"TTS"。

3.3.2　为教学测评系统数据库添加次要数据文件和日志文件

 课堂测试

使用 SQL Server Management Studio 为教学测评系统数据库添加次要数据文件和日志文件。

使用 ALTER DATABASE 语句为教学测评系统数据库添加次要数据文件和日志文件。

3.3.3　为教学测评系统数据库添加用户定义文件组

 课堂测试

使用 SQL Server Management Studio 为教学测评系统数据库添加用户定义文件组。

使用 ALTER DATABASE 语句为教学测评系统数据库添加用户定义文件组。

3.3.4　为教学测评系统数据库制作副本

 课堂测试

使用 SQL Server Management Studio 为教学测评系统数据库制作副本,参照例 3-14。

3.4　小　　　结

本章主要介绍了对数据库的管理方法,包括查看数据库信息,修改数据库名,添加、更改、删除数据库文件和文件组,数据库的分离和附加,移动数据库,数据库的删除等。

习　　　题

1. 修改数据库的命令是_____。
2. 删除数据库的命令是_____。
3. 查看数据库信息的命令是_____。

4. 删除文件组前必须保证文件组_____,若该文件组中有文件,则应该先_____。

5. 下面命令中,与数据库级操作无关的是(　　)。

　　A. DELETE　　　　　B. ALTER　　　　　C. DROP　　　　　D. CREATE

6. 删除数据库"BookDateBase"的命令是(　　)。

　　A. DELETE BookDateBase

　　B. DROP DATABASE BookDateBase

　　C. DROP BookDateBase

　　D. DELETE DATABASE BookDateBase

7. 关于主键描述正确的是(　　)。

　　A. 包含一列　　　　　　　　　　　B. 包含两列

　　C. 包含一列或者多列　　　　　　　D. 以上都不正确

8. SQL Server 2008 是一个(　　)的数据库。

　　A. 网状型　　　　　B. 层次型　　　　　C. 关系型　　　　　D. 以上都不是

学习情境三

教学评测系统数据库中表的使用

能力目标

(1) 能够创建教学评测系统数据库中相关数据表；

(2) 能够对已存在的数据表进行结构修改和删除；

(3) 能够为数据库正确创建和使用约束以保证数据正确性；

(4) 能够维护数据记录；

(5) 能够有效使用索引，提高查询效率。

项目 4

在教学评测系统数据库中创建表

4.1 用户需求与分析

根据教学评测系统需求分析,用户需要在 TTS 数据库中保存教师信息、学生信息、课程信息。

关于教师需要描述的信息包括:教师编号、教师姓名、教师所在的系部、教研室、是否专职教师、个人简介、当前状态(在岗、进修、实习、离岗)、教师职称。关于学生需要描述的信息包括:学生学号、学生姓名、学生所在班级、学生状态(在读、退学、休学)。关于课程需要描述的信息包括:课程编号、课程名称、上课教师、上课学生、课程性质、开设学期。

4.2 相 关 知 识

4.2.1 什么是表

表是数据库中的基本对象,用于保存数据库中的数据。数据在表中按照行和列的格式存放,每一行代表一条记录,每一列代表一个字段。例如,图 4-1 所示是教学评测系统数据库中的系部表(TTS_Department)。每一行代表一个系部,每一列则表示系部的一项详细资料,包括系部编号(DeptID)、系部名称(DeptName)、学院编号(AcademicID)。

图 4-1　系部表

4.2.2 数据类型

在 SQL Server 中,每个列、局部变量、表达式和参数都具有一个相关的数据类型。数据类型是一种属性,用于指定对象可保存的数据的类型:整数数据、字符数据、货币数据、日期和时间数据、二进制字符串等。SQL Server 提供系统数据类型,用户也可自定义数据类型,用户自定义数据类型基于系统提供的数据类型。

1. 系统提供的数据类型

SQL Server 提供的系统数据类型如表 4-1 所示。

表 4-1   SQL Server 提供的系统数据类型

分　　类	数　据　类　型
整数型	bigint、int、small、tinyint
小数型	decimal、numeric 、float、real
货币型	money、smallmoney
位型	bit
日期时间型	datetime、smalldatetime、time、date
字符串型	char、Varchar
Unicode 字符型	nchar、nvarchar
二进制型	binary、varbinary
其他数据类型	cursor、rowversion、uniqueidentifier、sql_variant、table、xml

(1) 整数型

bigint、int、smallint、tinyint 4 种都是描述整数的数据类型,区别在于存储的字节数不同。bigint 采用 8 字节存储,表示范围: -2^{63}(-9223372036854775808)到 $2^{63}-1$ (9223372036854775807);int 采用 4 字节存储,表示范围: -2^{31}(-2147483648)到 $2^{31}-1$ (2147483647);smallint 采用 2 字节存储,表示范围: -2^{15}(-32768)到 $2^{15}-1$(32767); tinyint、采用 1 字节存储,表示范围: 0 到 255。

(2) 小数型

decimal、numeric、float、real 都是描述小数的类型,decimal 和 numeric 描述的是精确数字,float 和 real 描述的是近似数字。decimal 和 numeric 都是描述小数的数据类型,格式如下所示:

```
decimal[(p[,s])]和 numeric[(p[,s])]
```

其中 p 代表精度,表示小数点左边和小数点右边的位数总和。S 代表小数位数,表示小数点右边可以存放的最大位数。

float 和 real 用于描述近似数字,float 的表示范围: $-1.79\mathrm{E}+308$ 至 $-2.23\mathrm{E}-308$ 以及 $2.23\mathrm{E}-308$ 至 $1.79\mathrm{E}+308$,real 的表示范围: $-3.40\mathrm{E}+38$ 至 $-1.18\mathrm{E}-38$ 以及 $1.18\mathrm{E}-38$ 至 $3.40\mathrm{E}+38$。

(3) 货币型

money 和 smallmoney 都是描述货币的数据类型,区别在于存储的字节数不同。money 采用 8 字节存储,表示范围: -922337203685477.5808 到 922337203685477.5807, smallmoney 采用 4 字节存储,表示范围: -214748.3648 到 214748.3647。

(4) 位型

bit 表示位类型,能够保存 0、1。

(5) 日期时间型

datetime 用于描述日期和时间。datetime 的日期部分表示范围: 1753 年 1 月 1 日到

9999 年 12 月 31 日;时间部分表示范围:00:00:00 到 23:59:59.997。date 用于描述日期,表示范围:0001-01-01 到 9999-12-31。time 用于描述时间,表示范围:00:00:00.0000000 到 23:59:59.9999999。

（6）字符串型

char、varchar 用于存储字符数据。字符数据长度固定的时候使用 char 类型,比如学生的学号长度都为 8,就可以使用 char 类型。字符数据长度发生变化的时候使用 varchar 类型,比如系部的名称,有的系部名称可能长一些,有的系部名称可能短一些,为了适应不同长度,使用 varchar 类型。在使用 char 和 varchar 类型的时候,需要在类型名后面使用括号,括号中填写字符的最大长度,默认表示长度为 1。如果长度超过 8000,那么需要使用 varchar(max)数据类型,max 指示最大存储大小是 $2^{31}-1$ 个字节。

（7）Unicode 字符型

nchar、nvarchar 用于存储字符数据,但该组 Unicode 数据使用 UNICODE UCS−2 字符集。如果需要使用多语言,考虑 nchar 或 nvarchar 类型。nchar 表示固定长度的 Unicode 字符数据,nvarchar 表示可变长度的 Unicode 字符数据,最大长度为 4000,超过 4000 需要使用 nvarchar(max)数据类型,max 指示最大存储大小为 $2^{31}-1$ 字节。

（8）二进制型

binary、varbinary 用于存储二进制数据,长度固定时使用 binary 类型,长度可变时使用 varbinary 类型。在使用时,需要在类型名后面写括号,括号里面填写二进制数据的最大长度,默认表示 1,最大长度为 8000。超过 8000 将使用 varbinary(max)类型,max 指示最大存储大小为 $2^{31}-1$ 字节。

（9）其他数据类型

cursor 包含对游标的使用。rowversion 通常用作给表行加版本戳的机制。uniqueidentifier 生成唯一标识符,可以通过 NEWID()函数或者××××××××-×××-××××-××××-××××××××××××形式赋值。sql_variant 用于存储 SQL Server 支持的各种数据类型(不包括 rowversion 和 sql_variant)的值。xml 用于存储 xml 数据。table 用于存储结果集以进行后续处理,主要用于临时存储一组作为表值函数的结果集返回的行。

2. 用户定义的数据类型

系统提供的数据类型不能满足用户要求的时候,用户可以自定义数据类型。使用 CREATE TYPE 语句创建用户数据类型,语法如下。

```
CREATE TYPE [schema_name.] type_name
{
    FROM base_type [(precision [,scale])]
    [NULL|NOT NULL]
}
```

其中,schema_name 表示用户定义数据类型的架构名称,type_name 表示用户定义数据类型的名称,base_type 表示用户定义数据类型所基于的系统数据类型名称,如果基于 deciaml 或者 numeric 数据类型,则需要提供 precision 和 scale,precision 代表精度,表示小数点左边和小数点右边的位数总和,scale 代表小数位数,表示小数点右边可以存放的最大位数。

　　🐭 **提示**　任何数据类型都可以允许空值(NULL),空值表示不确定的、未知的数据,空值不同于零,也不同于空格。零表示一个数字,空格表示一个字符,空值只表示一个不明确的值。

4.2.3　自动增量

　　通过使用 IDENTITY 属性可以实现标识符列。这使得设计者可以为表中所插入的第一行指定一个标识号,并确定要添加到种子上的增量以确定后面的标识号。将值插入到有标识符列的表中之后,数据库引擎会通过向种子添加增量来自动生成下一个标识值。语法如下。

```
IDENTITY [(seed,increment)]
```

　　其中,seed 表示装载到表中的第一个行使用的值,叫作种子。increment 表示与前一个加载的行的标识值相加的增量值,叫作增量。

　　必须同时指定种子和增量,或者二者都不指定。如果二者都未指定,则取默认值(1,1)。

　　🐭 **提示**　一个表只能有一个使用 IDENTITY 属性定义的列,并且该列只能使用 decimal、int、numeric、smallint、bigint 或 tinyint 数据类型。

4.2.4　计算列

　　计算列由使用同一表中的其他列的表达式计算获得。表达式可以是非计算列的列名、常量、函数,也可以是用一个或多个运算符连接的上述元素的任意组合。计算列是未实际存储在表中的虚拟列。每当在查询中引用计算列时,都将重新计算它们的值。如果在计算列的计算更改时涉及任何列,将更新计算列的值。语法如下。

```
column_name AS computed_column_expression
```

　　其中,column_name 表示计算列的列名,computed_column_expression 表示计算列的计算表达式。

　　在描述商品销售的时候,表中会存储商品的单价和卖出数量,销售金额为单价 * 卖出数量,此时可以使用计算列自动计算得到,如图 4-2 所示。

	unitprice	quantity	total
1	1.20	10	12.00
2	15.90	25	397.50

图 4-2　销售表(sale)中的 total 计算列

4.2.5　创建表

　　创建表的实质就是定义表结构以及约束等属性。使用图形化界面方式或 SQL 命令创建表时,需要确定表的名字、所包含的各列名、列的数据类型和长度、是否可为空值、默认值情况以及设定主关键字等。

　　当创建一个表时,必须要指定表名、列名以及该列的数据类型,并且在创建一个表时,列名必须是唯一的。但对于不同的表来说,列名可以相同。

1. 表和列的命名

　　由于要重复使用数据库中的表和列,所以要避免使用冗长的名字。在命名的时候,只要遵从 SQL Server 2000 标识符规则就可以了。以下是 SQL Server 2000 标识符规则。

（1）必须以字母、下划线（_）、at 符号（@）或者数字符号（♯）开头。

（2）可以使用字母、下划线（_）、at 符号（@）或者数字符号（♯）和美元符号（$）。

（3）不能使用 Transact-SQL 的保留字。

（4）不允许嵌入空格或其他特殊字符。

2. 指定 NULL 或 NOT NULL

用来指定在表中每个列上是否允许空值。如果表的某一列被指定具有 NULL 属性，那么就允许在插入数据时省略该列的值；如果表的某一列被指定具有 NOT NULL 属性，那么就不允许在没有指定列默认值的情况下插入省略该列值的数据行。在 SQL Server 中，列的默认属性是 NOT NULL。

（1）使用可视化数据库工具创建

【例 4-1】　使用可视化数据库工具在 student 数据库中创建 tb_dep 表。

使用可视化数据库工具创建表可以按照以下步骤进行。

① 打开 SQL Server Management Studio，找到数据库"student"，展开左边的"＋"，右击"表"，在弹出的快捷菜单中选择"新建表"命令，如图 4-3 所示。

② 选择"新建表"命令以后，弹出图 4-4 所示的表设计器窗口。在此可以是设定表的列名、数据类型、精度、默认值等属性。

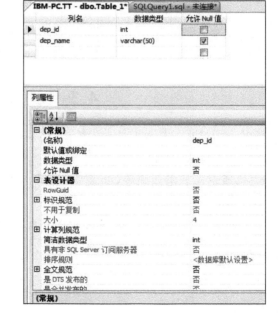

图 4-3　新建表　　　　　　　　图 4-4　给表添加列

③ 在图 4-4 所示的对话框中选中 dep_id 列，右击，如图 4-5 所示，在弹出的快捷菜单中选择"设置主键"命令，为表设置主关键列。

④ 单击"保存"按钮，输入表名，如图 4-6 所示。

（2）使用 T-SQL 语句创建

在 SQL Server 2008 中，使用 CREATE TABLE 命令来创建表。其部分语法格式如下。

图 4-5　设置主键

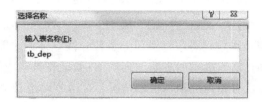

图 4-6　"选择名称"对话框

```
CREATE TABLE table_name{
    column_name data type [NULL| NOT NULL]
        | column_name AS computed_column_expression
        |[PRIMARY KEY|UNIQUE]
        |[IDENTITY [(seed , increment)
        [,...n]
}
```

其中,table_Name 表示要创建的表名;column_Name 表示表中的列名;data type 表示创建的列的数据类型;NULL| NOT NULL 表示指定该列是否允许为空;computed_column_expression 表示定义计算列值的表达式;PRIMARY KEY 表示主键约束,每一个表只允许有一个主键约束;UNIQUE 表示指定该列是唯一值;IDENTITY 表示列是自动增长列。

4.3　方案设计

按照以下结构创建教师表(如表 4-2 所示)、课程表(如表 4-3 所示)、学生表(如表 4-4 所示)、学生测教师表(如表 4-5 所示)、学院表(如表 4-6 所示)、系部表(如表 4-7 所示)、角色表(如表 4-8 所示)、权限详细表(如表 4-9 所示)、权限表(如表 4-10 所示)、菜单表(如表 4-11 所示)、方案角色使用表(如表 4-12 所示)。

表 4-2　教师表——TTS_Teacher

列　名	数 据 类 型	可否为空	说　明
TeacherID	int IDENTITY(1,1)	not null	教师编号(主键)
TeacherName	nvarchar(50)	not null	教师姓名
DeptID	int	not null	系部编号
GroupID	int	not null	教研室编号
TeacherType	nvarchar(50)	not null	教师类型
TeacherIntro	nvarchar(500)	not null	教师介绍
TeacherStatus	nvarchar(50)	not null	教师状态
TeacherTitleID	int	not null	职称编号

表 4-3   课程表——TTS_Course

列　　名	数 据 类 型	可否为空	说　　明
CourseID	int IDENTITY(1,1)	not null	课程编号
TeacherID	int	not null	教师编号（外键）
ClassID	int	not null	授课班级代码（外键）
CourseName	nvarchar(50)	not null	课程名称
CourseType	nvarchar(50)	not null	课程性质
Term	nvarchar(50)	not null	开设学期

表 4-4   学生表——TTS_Student

列　　名	数 据 类 型	可否为空	说　　明
StudentNO	char(8)	not null	学生学号（主键）
StudentName	nvarchar(50)	not null	学生姓名
ClassName	int	not null	学生所在班级
UserName	nvarchar(50)	not null	学生登录系统的用户名
UserPwd	nvarchar(50)	not null	学生登录系统密码
RoleID	int	Not null	学生角色 ID
StudentStatus	nvarchar(50)	not null	学生状态
AcademicID	int	not null	学生所在学院 ID
IDCard	nvarchar(18)	Not null	身份证号码

表 4-5   学生测教师表——TTS_StuTestTeacher

列　　名	数 据 类 型	可否为空	说　　明
CourseID	int	not null	课程编号
StudentID	int	not null	学生编号
Score	numeric(8,2)	not null	得分
TestTime	Date	not null	测评时间
TestStatus	nvarchar(50)	not null	测评状态

表 4-6   学院表——TTS_Academic

列　　名	数 据 类 型	可否为空	说　　明
AcademicID	int IDENTITY(1,1)	not null	学院编号（主键）
AcademicName	nvarchar(50)	not null	学院名称

表 4-7   系部表——TTS_Department

列　　名	数 据 类 型	可否为空	说　　明
DeptID	int IDENTITY(1,1)	not null	系部编号（主键）
DeptName	nvarchar(50)	not null	系部名称
AcademicID	int	not null	学院编号（外键）

表 4-8   角色表——TTS_Role

列　名	数 据 类 型	可否为空	说　　明
RoleID	int IDENTITY(1,1)	not null	角色编号（主键）
RoleName	nvarchar(50)	not null	角色名称
RoleDescription	nvarchar(500)	not null	角色描述

表 4-9   权限详细表——TTS_AuthorityDetail

列　名	数 据 类 型	可否为空	说　　明
AuthorityID	int IDENTITY(1,1)	not null	权限编号（外键）
RoleID	int	not null	角色编号（外键）

表 4-10   权限表——TTS_Authority

列　名	数 据 类 型	可否为空	说　　明
AuthorityID	int IDENTITY(1,1)	not null	权限编号（主键）
AuthorityName	nvarchar(50)	not null	权限名称
AuthorityValue	int	not null	权限值

表 4-11   菜单表——TTS_Menu

列　名	数 据 类 型	可否为空	说　　明
MenuID	int IDENTITY(1,1)	not null	菜单编号（主键）
AuthorityID	int	not null	权限编号（外键）
MenuName	nvarchar(50)	not null	菜单名称
MenuPath	nvarchar(50)	not null	菜单路径

表 4-12   方案角色使用表——TTS_PlanRoleUse

列　名	数 据 类 型	可否为空	说　　明
PlanRoleID	int IDENTITY(1,1)	not null	方案角色编号（主键）
PlanID	int	not null	方案编号
RoleID	int	not null	角色编号（外键）
Term	nvarchar(50)	not null	当前测评学期
StartTime	Date	not null	开始时间
Time	Date	not null	结束时间
UseStatus	nvarchar(50)	not null	使用状态
UseDescription	nvarchar(50)	not null	使用说明

4.4　项 目 实 施

4.4.1　使用 SSMS 图形化界面为教学评测系统数据库创建表

【例 4-2】　使用图形化界面创建 TTS_Teacher 表。

（1）在"对象资源管理器"中，展开"TTS"节点，右击"表"节点，在弹出的快捷菜单中选择"新建表"命令,如图 4-7 所示。

（2）在弹出的"表设计器"窗口中分别输入各个列的列名、数据类型、是否为空,如图 4-8 所示。

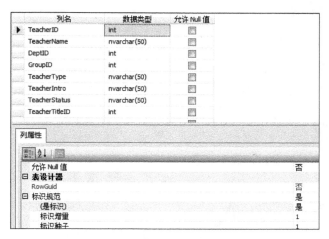

图 4-8   表设计器

图 4-7   新建表

（3）单击"保存"按钮,在弹出的"选择名称"对话框中输入表名"Teacher",单击"确定"按钮,成功创建 TTS_Teacher 表,如图 4-9 所示。

图 4-9   选择名称

 课堂测试

利用 SSMS 图形化界面创建学生测教师表。

4.4.2   使用 T-SQL 语句为教学评测系统创建表

【例 4-3】   创建课程表。

利用 CREATE TABLE 语句创建课程表,在 SQL Server management Studio 中键入以下代码执行。

```
create table TTS_Course
{
    CourseID int identity(1,1) not null,
    TeacherID int not null,
    ClassID int not null,
    CourseName nvarchar(50) not null,
    CourseType nvarchar(50) not null,
    Term nvarchar(50) not null
}
```

课堂测试

利用 CREATE TABLE 语句创建学生表。

答案

```
create table TTS_Student
{
  StudentNO char(8) not null,
  StudentName nvarchar(50) not null,
  ClassName int not null,
  StudentStatus nvarchar(50) not null
}
```

4.5 扩展知识：分区表

大型表的数据量非常大，不同行集可能拥有不同的使用模式。为了提高大型表的性能和具有各种访问模式的表的可管理性，需要使用分区表。

分区表将数据按照某种标准划分成区域，存储在不同的文件组中，分区可以将非常大的表和索引分为更小、更容易管理的部分，从而提供一定的性能帮助。

SQL Server 通过以下步骤创建分区表。

（1）创建分区函数，确定如何为数据表进行分区；

（2）创建分区方案，确定分区所在的具体位置；

（3）创建分区表，为大型表应用分区方案。

4.6 小　　结

表是数据库中的基本对象，用于保存数据库中的数据。

数据类型是一种属性，用于指定对象可保存的数据的类型：整数数据、字符数据、货币数据、日期和时间数据、二进制字符串等。

创建表有两种常用方式：SSMS 图形化界面和 CREATE TABLE 语句。

习　　题

1. 在 tblStudent 表中的 Age 列用来存放学生的年龄，请问用下列（　　）数据类型最节省空间？

　　A. int　　　　　　B. smallint　　　　　　C. tinyint　　　　　　D. decimal(3,0)

2. 你在 SQL Server 2008 数据库中建立了一些相似的表，其格式如下，只是表名和列名不同。

```
CREATE TABLE OneTable
{ pk      uniqueidentifier,
  name    varchar(20),
```

```
    other  uniqueidentifier,
}
```

　　应用程序开发人员对这些表编写了一些相似的查询。因为列的名称相似,他们喜欢用 ROWGUIDCOL 关键字来引用列名。当执行这些查询时,会产生什么结果?(　　　　)

　　　　A. SQL Server 2008 会返回错误,因为表包含两个类型为 uniqueidentifier 的列

　　　　B. 当执行的查询在引用 ROWGUIDCOL 关键字的时候,SQL Server 2000 会返回错误

　　　　C. SQL Server 2008 会返回错误,因为列 pk 没有声明为关键字

　　　　D. SQL Server 2008 不会产生错误

　　3. 一个数据库中的用户定义数据类型能够用于同一个服务器上的另一个数据库中吗?

　　4. 你正在设计一个要存储数百万种不同产品的信息数据库,而且想以最少的空间存储产品信息。每一个产品在 products 表中都有一行描述。有时候,产品描述需要 200 个字符,但绝大多数产品描述只需要 50 个字符。那么,你应该使用哪一种数据类型?

　　5. 在 Employees 表中的列 Remarks 用来记录员工的备注信息,该列大部分不到 800 字节,但有时会达到 20000 字节。如何处理以提高读取性能?

项目 5

在教学评测系统数据库中修改表

5.1 用户需求与分析

在实际项目中，由于用户需求发生变化，可能直接导致的数据库结构修改。这就需要使用 SQL Server Management Studio。修改表结构包括给表增加新的一列、删除列以及修改现有列的数据类型。

5.2 相关知识

5.2.1 增加列

例如在教学测评系统中，新建 TTS_Department 表。表结构如图 5-1 所示。

后来由于需求发生变化，需要存储二级学院，然后二级学院下设系部。图 5-1 所示的表结构已经不能满足要求，需要在 TTS_Department 表中新增一列，存储系部所属的二级学院。修改表结构可以使用 SQL Server Management Studio，也可以使用 SQL 语句。

1. 使用 SQL Server Management Studio 增加列

【例 5-1】 TTS_Department 表中增加新列。

（1）在 SQL Server Management Studio 中选中要修改的表，右击，在弹出的快捷菜单中选择"设计"命令，如图 5-2 所示。

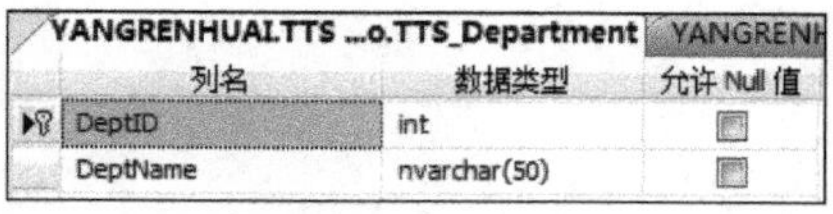

图 5-1 TTS_Department 表结构

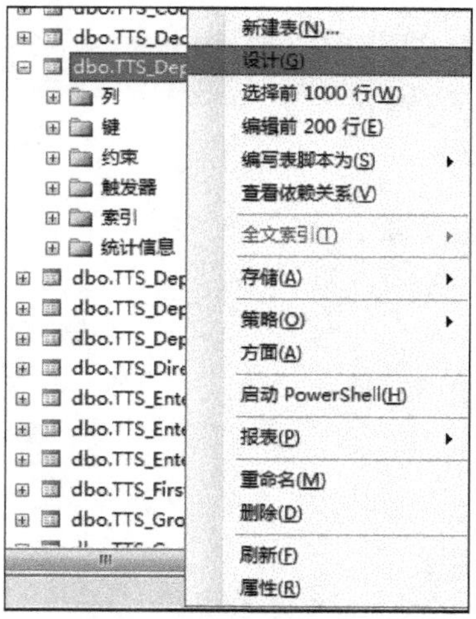

图 5-2 选择"设计"命令

（2）选择"设计"命令后，弹出图 5-3 所示的表设计器窗口。

（3）在图 5-3 所示的表设计器窗口中增加列，如图 5-4 所示。

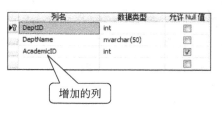

图 5-3　TTS_Department 表结构　　　　　图 5-4　增加新列

（4）完成以上操作后，单击"保存"按钮，弹出图 5-5 所示的对话框，单击"是"按钮完成表的修改。

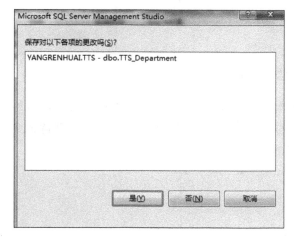

图 5-5　保存表修改对话框

2. 使用 SQL 语句给表增加列

使用 SQL 语句向表中增加字段，语法结构如下。

```
Alter Table 表名 Add(列名 数据类型 [Default 默认值],
列名 数据类型 [Default 默认值])
```

【例 5-2】　向 TTS_Department 表中增加字段。

```
Alter Table TTS_Department Add{
    AcademicID Int
}
```

提示　如果新增的列没有默认值，则新增数据的列的内容为 NULL，如果指定了默认值，则所有列的内容为默认值。

5.2.2　从表中删除列

1. 使用 SQL Server Management Studio 删除列

【例 5-3】　删除 TTS_Student 表中的 AcademicID 列。

（1）在 SQL Server Management Studio 中选中要修改的表，右击，在弹出的快捷菜单中选择"设计"命令，如图 5-6 所示。

（2）选择"设计"命令，弹出图 5-7 所示的表设计器窗口。

图 5-6　选择"设计"菜单

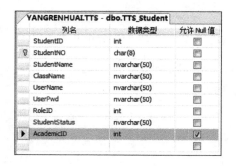

图 5-7　修改 TTS_Student 表

（3）在图 5-6 所示的表设计器窗口中，选择要删除的列，右击，如图 5-8 所示，在弹出的快捷菜单中选择"删除列"命令，单击"保存"按钮即可。如果删除的列与其他表有关系，则会弹出图 5-9 所示的提示对话框。

图 5-8　删除 TTS_Student 表的 AcademicID 列

图 5-9　删除列提示对话框

2. 使用 SQL 语句删除列

删除列的语法如下。

```
Alter Table 表名 Drop Column 列名
```

【例 5-4】　删除 TTS_Student 表的 AcademicID 列。

```
Alter Table TTS_Department Drop Column AcademicID
```

5.2.3　数据完整性

1. 实体完整性(Entity Integrity)

实体完整性规则：若属性 A 是基本关系 R 中的主属性，则属性 A 中不能出现空值。如在关系"学生(学号、姓名、性别、年龄、系别)"中，学号为主键，则学号属性不能取空值。

实体完整性规则规定基本关系的所有主属性都不能取空值，而不仅仅是主键整体不能取空值。如在关系"选修(学号、课程号、成绩)"中，(学号、课程号)是主键，则学号和课程号两个属性都不能取空值。

表中定义的 UNIQUE、PRIMARY KEY 约束就是实体完整性的体现。

2. 域完整性(Domain Integrity)

域完整性是指数据库表中的列必须满足某种特定的数据类型和约束。其中约束又包括取值范围、精度等。

表中定义的 CHECK、DEFAULT、NOT NULL 都属于域完整性的范畴。

3. 参照完整性(Referential Integrity)

现实世界中的实体之间往往存在某种联系，在关系模型中实体及实体间的联系都是用关系来描述的。这样就存在着关系与关系间的引用。例如学生实体和专业实体用以下关系表示，其中主键用下划线标识。

学生 (学号,姓名,性别,专业号,年龄)
专业 (专业号,专业名)

在这两个关系中，学生关系引用了专业关系的主键"专业号"。也就是说，学生关系中的某个属性的取值参照专业关系的属性取值。

定义：设 F 是基本关系 R 的一个或一组属性，但不是 R 的码，如果 F 与基本关系 S 的主键 Ks 相对应，则称 F 是基本关系 R 的外键(Foreign Key)，并称基本关系 R 为参照关系，基本关系 S 为被参照关系或目标关系。

在上面的例子中，学生关系的"专业号"属性与专业关系的主键"专业号"相对应，因此"专业号"属性是学生关系的外键。学生关系为参照关系，专业关系为被参照关系。

参照完整性规则：若属性(或属性组)F 是基本关系 R 的外键，它与基本关系 S 的主键 Ks 相对应，则对于 R 中每个元组在 F 上的值必须为以下两者之一。

(1) 取空值；

(2) 等于 S 中某个元组的主键值。

上面例子中，学生关系中每个元组的"专业号"属性只能取下面两类值。

(1) 空值，表示学生还没有分专业；

(2) 非空值，这时该值必须是专业关系中某个元组的专业号值，表示该学生不可能分到一个不存在的专业中。

在 SQL Server 2008 中，参照完整性作用主要表现在以下几个方面。

(1) 禁止在子表中插入包含父表中不存在的关键字的数据行。

(2) 禁止会导致子表中的相应值孤立的父表中的外关键字值改变。

(3) 禁止删除在子表中的有对应记录的主表记录。

表中定义的 FOREIGN KEY 约束就是实体完整性的体现。

4. 用户定义的完整性（User-defined Integrity）

不同的关系数据库系统根据其应用环境的不同，往往还需要一些特殊的约束条件。用户定义的完整性即是针对某个特定关系数据库的约束条件，它反映某一具体应用所涉及的数据必须满足的语义要求。SQL Server 2008 提供了定义和检验这些完整性的机制，以便用统一的系统方法来处理它们，而不是用应用程序来承担这一功能。其他的完整性类型都支持用户定义的完整性。

SQL Server 2008 提供了一些工具来帮助用户实现数据完整性，其中最主要的是：规则、默认值、约束、触发器。

5.2.4　使用约束实施数据完整性

约束（CONSTRAINT）是 SQL Server 2008 提供的自动保持数据库完整性的一种方法，定义了可输入表或表的单个列中的数据的限制条件。在 SQL Server 2008 中有 5 种约束：主关键字约束（PRIMARY KEY CONSTRAINT）、外关键字约束（FOREIGN KEY CONSTRAINT）、唯一性约束（UNIQUE CONSTRAINT）、检查约束（CHECK CONSTRAINT）、默认约束（DEFAULT CONSTRAINT）。

1. PRIMARY KEY 约束

PRIMARY KEY 约束定义了表的主键，指定表的一列或几列的组合的值在表中具有唯一性，即能唯一地指定一行记录。它可以强制实体完整性。每个表中只能定义一个 PRIMARY KEY 约束，而且 IMAGE 和 TEXT 类型的列不能被指定为 PRIMARY KEY 约束，也不允许指定有 NULL 值的列为 PRIMARY KEY 约束。

定义 PRIMARY KEY 约束，语法如下。

```
CONSTRAINT constraint_name
    PRIMARY KEY [CLUSTERED|NONCLUSTERED]
    {column_name1[,column_name2...]}
```

参数说明如下。

constraint_name：指定约束的名称。约束的名称在数据库中应是唯一的。如果不指定，则系统会自动生成一个约束名。

CLUSTERED|NONCLUSTERED：指定索引的类别，CLUSTERED 为默认值。为 PRIMARY KEY 约束创建的索引不能直接删除，必须在删除约束时删除。

column_name：指定组成 PRIMARY KEY 的列名。

【例 5-5】 创建一个学生信息表，以学号为主关键字。

```
CREATE TABLE [dbo].[TTS_Student]{
    [StudentID] [int] IDENTITY(1,1) NOT NULL,
    [StudentNO] [char](8) NOT NULL,
    [StudentName] [nvarchar](50) NOT NULL,
    [ClassName] [nvarchar](50) NOT NULL,
    [UserName] [nvarchar](50) NOT NULL,
    [UserPwd] [nvarchar](50) NOT NULL,
```

```
    [RoleID] [int] NOT NULL,
    [StudentStatus] [nvarchar](50) NOT NULL,
    [AcademicID] [int] NULL,
    CONSTRAINT [PK_TTS_Student] PRIMARY KEY(StudentNO)
}
```

执行结果如图 5-10 所示。

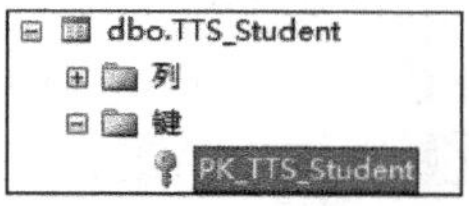

图 5-10　主键约束

2. UNIQUE 约束

UNIQUE 约束指定一个或多个列的组合的值具有唯一性,以防止在列中输入重复的值。该约束使用唯一的索引来强制实体完整性。

若已经有一个主键,但又想保证其他的标识符也是唯一的,此时可使用 UNIQUE 约束。

定义 UNIQUE 约束,语法如下。

```
CONSTRAINT constraint_name
  UNIQUE [CLUSTERED|NONCLUSTERED]
  (column_name1[,column_name2,...])
```

【例 5-6】　创建一个学生基本信息表,其中学生的身份证号(IDCard)具有唯一性。

```
CREATE TABLE [dbo].[TTS_Student]{
    [StudentID] [int] IDENTITY(1,1) NOT NULL,
    [StudentNO] [char](8) NOT NULL,
    [StudentName] [nvarchar](50) NOT NULL,
    [IDCard] [nvarchar](50) Unique,
    [ClassName] [nvarchar](50) NOT NULL,
    [UserName] [nvarchar](50) NOT NULL,
    [UserPwd] [nvarchar](50) NOT NULL,
    [RoleID] [int] NOT NULL,
    [StudentStatus] [nvarchar](50) NOT NULL,
    [AcademicID] [int] NULL,
    CONSTRAINT [PK_TTS_Student] PRIMARY KEY(StudentNO)
}
```

（1）PRIMARY KEY 约束和 UNIQUE KEY 约束

声明 PRIMARY KEY 约束或 UNIQUE KEY 约束只会在指定的一列或多列中创建唯一的索引,这个索引和手动在列中创建的唯一索引一样,来强制列的唯一性。查询优化器依照已存在的唯一索引做决定,而不是依照将列声明为主键的事实。索引是如何占据首要位置与优化器无关。

（2）为空性

所有组成主键的列必须声明为 NOT NULL。UNIQUE 约束的部分列可以声明为运行 NULL。然而,唯一索引的效果,就是使所有空值都被认为是相等的。所以如果唯一索引在一个单列上,则只能存储一个 NULL 值。如果唯一索引在组合键上,只要其他列的值是唯一的,则其中的一列可以有许多空值。

（3）索引属性

在声明约束时,可以明确地指定索引属性为聚集（CLUSTERED）或非聚集

(NONCLUSTERED)。如果不这样做,UNIQUE 约束的索引将是非聚集的,而 PRIMARY KEY 约束的索引将是聚集的。

3. FOREIGN KEY 约束

FOREIGN KEY 约束强制参照完整性。FOREIGN KEY 约束定义了表之间的列引用关系。当一个表中的一个列或多个列的组合和其他表中的主关键字定义相同时,就可以将这些列或列的组合定义为外关键字,并设定它是和哪个表中哪些列相关联。这样,当在定义 PRIMARY KEY 约束的表中更新列值时,其他表中有与之相关联的外关键字约束的表中的外关键字列也将被相应的做相同的更新。FOREIGN KEY 约束的作用还体现在,当向含有外关键字的表插入数据时,如果与之相关联的表的列中无与插入的外关键字列值相同的值时,系统会拒绝插入数据。与主关键字相同,不能使用一个定义为 TEXT 或 IMAGE 数据类型的列创建外关键字。

定义 FOREIGN KEY 约束,语法如下。

```
CONSTRAINT constraint_name
FOREIGN KEY(column_name1[,column_name2,...])
REFERENCES ref_table [{ref_column1[,ref_column2,...]} ]
[ ON DELETE { CASCADE|NO ACTION } ]
[ ON UPDATE { CASCADE|NO ACTION } ] ]
[ NOT FOR REPLICATION ]
```

参数说明如下。

REFERENCES:指定要建立关联的表的信息。

ref_table:指定要建立关联的表的名称。

ref_column:指定要建立关联的表中的相关列的名称。

ON DELETE {CASCADE|NO ACTION}:指定在删除表中数据时,对关联表所做的相关操作。在子表中有数据行与父表中的对应数据行相关联的情况下,如果指定了值 CASCADE,则在删除父表数据行时,会将子表中对应的数据行删除;如果指定的是 NO ACTION,则 SQL Server 2008 会产生一个错误,并将父表中的删除操作回滚。NO ACTION 是默认值。

ON UPDATE {CASCADE|NO ACTION}:指定在更新表中数据时,对关联表所做的相关操作。在子表中有数据行与父表中的对应数据行相关联的情况下,如果指定了值 CASCADE,则在更新父表数据行时会将子表中对应的数据行更新;如果指定的是 NO ACTION,则 SQL Server 2008 会产生一个错误并将父表中的更新操作回滚。NO ACTION 是默认值。

NOT FOR REPLICATION:指定列的外关键字约束在把从其他表中复制的数据插入到表中时不发生作用。

【例 5-7】 创建系部信息表(TTS_Department)和学院信息表(TTS_Academic),学院信息表和系部信息表相关联。

```
Create Table TTS_Academic
{
    AcademicID Int,
```

```
    AcademicName Nvarchar(50) Not NULL,
    Constraint PK_Department Primary Key(AcademicID)
}

Create Table TTS_Department
{
    DeptID Int,
    DeptName Nvarchar(50) Not NULL,
    AcademicID Int Not NULL
    Constraint PK_Department Primary Key(DeptID)
    Foreign Key(AcademicID) References TTS_Academic(AcademicID)
}
```

（1）FOREIGN KEY 约束提供了单列或多列参照完整性。FOREIGN KEY 语句中指定的列数和数据类型必须与 REFERENCES 子句中的列数和数据类型匹配。

（2）与 PRIMARY KEY 或 UNIQUE 约束不同，FOREIGN KEY 约束并不自动创建索引。但是，如果在数据库中使用了多个连接，那么应该为 FOREIGN KEY 创建索引，以提高连接的性能。

（3）为了修改数据，用户在由 FOREIGN KEY 约束引用的其他表上必须拥有 SELECT 或 REFERENCWES 权限。

（4）在同一表中引用列时，可以只使用没有 FOREIGN KEY 子句的 REFERENCES 子句。

（5）临时表不能指定 FOREIGN KEY 约束。

4. DEFAULT 约束

当 INSERT 语句没有指定值时，DEFAULT 约束会在列中输入一个值。DEFAULT 约束强制了域完整性。如果 INSERT 语句中存在未知值或缺少某列，DEFAULT 约束将允许指定常量、NULL 或系统函数运行时的值。

SQL Server 2008 提供了两种创建默认值的方法。可以定义列的默认值或使用数据库的默认值对象绑定表的列。

定义默认约束，语法如下。

```
constraint constraint_name default constant_expression
```

【例 5-8】　给 TTS_Student 表添加默认约束。

```
CREATE TABLE [dbo].[TTS_Student]{
    [StudentID] [int] IDENTITY(1,1) NOT NULL,
    [StudentNO] [char](8) NOT NULL,
    [StudentName] [nvarchar](50) NOT NULL,
    [IDCard] [nvarchar](50) Unique,
    [ClassName] [nvarchar](50) NOT NULL,
    [UserName] [nvarchar](50) NOT NULL,
    [UserPwd] [nvarchar](50) NOT NULL,
    [RoleID] [int] NOT NULL,
    [StudentStatus] [nvarchar](50) NOT NULL,
    [AcademicID] [int] NULL,
```

```
    [CreateDate] [date] DEFAULT GETDATE()
    CONSTRAINT [PK_TTS_Student] PRIMARY KEY(StudentNO)
}
```

（1）DEFAULT 约束只用于 INSERT 语句。

（2）DEFAULT 约束不能用于有 Identity 属性的列或具有 rowversion 数据类型的列。

（3）每个列上只能定义一个 DEFAULT 约束。DEFAULT 约束总是一个单列约束，因为它只适合单列。

（4）DEFAULT 约束可以使用一些系统提供的值（USER、CURRENT_USER、SYSTEM_USER、CURRENT_TIMSTAMP、SESSION_USER），而不可以使用用户定义的值。

（5）尽管可以为 PRIMARY KEY 或 UNIQUE 约束的列分配默认值，但是这样做没有多大的意义。因为这些列必须有唯一值，所以在这些列中只有一行是默认值。

（6）可以在括号内写入一个常量值，DEFAULT(1)，或者不使用括号，如 DEFAULT1，但是字符或日期型常量必须加单引号或双引号。

5. CHECK 约束

CHECK 约束对输入列或整个表中的值设置检查条件，以限制输入值，保证数据库的数据完整性。可以对每个列设置符合检查。

定义 CHECK 约束，语法如下。

```
CONSTRAINT constraint_name CHECK [NOT FOR REPLICATION](logical_expression)
```

参数说明如下。

NOT FOR REPLICATION：指定 CHECK 约束在把从其他表中复制的数据插入到表中时不发生作用。

logical_expression：指定逻辑条件表达式，返回值为 TRUE 或 FALSE。

【例 5-9】 修改学生基本信息表，添加邮编列，邮编必须为 6 位数字。

```
Alter Table TTS_Student Add Postcode Char(6) Constraint ConstraintPostCode
Check(Postcode Like '[0-9][0-9][0-9][0-9][0-9][0-9]')
```

（1）对计算列不能作除 CHECK 约束外的任何约束。

（2）每次执行 INSERT 语句或 UPDATE 语句时，CHECK 约束都要检查数据。

（3）该约束不能放在 rowversion 数据类型的列里。

（4）该约束不能包括子查询。

（5）如果任何数据违反了 CHECK 约束，可以执行 DBCC CHECKCONTRAINTS 语句来返回违反约束的行。

（6）该约束可以使用规则表达式。

（7）表达式可以同时使用 AND 和 OR 来表示更复杂的情况。

5.2.5 禁用约束

当在表中添加、更新或删除数据时，可以禁用约束。禁用约束能够执行下列事务。

（1）如果表中的现有行已不再必须遵从过去的特定业务规则，则可以向该表添加新的数据行。例如,过去可能要求邮政编码必须是 5 位数字,但现在却需要新数据允许有 9 位邮政编码。包含 5 位邮政编码的旧数据将与包含 9 位邮政编码的新数据共存。

(2) 如果表中的现有行已不再必须遵从过去的特定业务规则,则可以修改现有行。例如,可能需要将所有现有的 5 位邮政编码更新为 9 位邮政编码。

(3) 如果知道新数据将违反约束,或者约束仅适用于数据库中的已有数据,则选择在事务处理期间禁用约束。

1. 禁用在现有数据上的约束检查

当在已经包含数据的表中定义约束时,SQL Server 2008 会自动检验数据来验证其是否满足约束的条件。但是,当向表中添加约束时,也可以禁用对现有数据的约束检查。

禁用在现有数据上的约束检查时,注意以下几点。

(1) 只能禁用 CHECK 和 FOREIGN KEY 约束,其他约束只能删除再重新添加。

(2) 当向已有数据的表添加 CHECK 和 FOREIGN KEY 约束时,为了禁止这些约束检查,需要在 ALTER TABLE 语句中包含 WITH NOCHECK 选项。

(3) 如果已经存在的数据不会发生变化,就使用 WITH NOCHECK 选项;如果更新数据,则必须保证数据与 CHECK 约束一致。

(4) 确信要禁用的约束检查是恰当的。在决定添加一个约束之前,可以执行查询来修改已经存在的数据。

在现有数据上禁用约束检查,语法如下。

```
ALTER TABLE table_name
[WITH CHECK|WITH NOCHECK]
ADD CONSTRAINT constraint_name
[FOREIGN KEY][(column[,…n)] REFERENCES ref_table[(ref_col[,…n)]]
[CHECK (search_conditions)]
```

【例 5-10】　添加 CHECK 约束,验证所有学生的性别为"男"或者"女"。在添加时,并没有强制已有的数据。

```
Alter Table TTS_Student With Nocheck
Add Constraint ConstraintSex Check(Sex like '女' Or Sex Like '男')
```

2. 在加载新数据时禁用约束检查

可以禁用 CHECK 和 FOREIGN KEY 约束上的约束检查,以便修改和添加数据时不检查是否违反了约束。

在以下情况可以禁用约束。

(1) 已经确定数据与约束一致。

(2) 希望添加与约束不一致的数据。添加后可以通过查询来改变数据,然后使约束重新有效。

在一个表中禁用约束不会影响到引用该原始表的其他表的约束。更新表仍然会产生违反约束的错误。

启用被禁用的约束需要执行另一个 ALTER TABLE 语句,该语句包含 CHECK 或 CHECK ALL 子句。

在加载数据时禁用约束,语法如下。

```
ALTER TABLE table_name
{ CHECK|NOCHECK } CONSTRAINT
{ ALL|constraint[,...n]}
```

参数说明如下。

NOCHECK 和 ALL:禁止对数据加载时应用 CHECK 约束和 FOREIGN KEY 约束。

NOCHECK 和 constraint_name:禁止对数据加载时应用的约束。

【例 5-11】　禁用约束,通过执行另一个包含 CHECK 子句的 ALTER TABLE 语句可以重新启用它。

```
Alter Table TTS_Department Add Constraint CheckAcademicID
Check(AcademicID>0)
Insert Into TTS_Department(DeptName,AcademicID) Values('计算机工程系',0)
Insert Into TTS_Department(DeptName,AcademicID) Values('汽车工程系',1)
Insert Into TTS_Department(DeptName,AcademicID) Values('建筑工程系',2)
```

执行以上 SQL 语句出现图 5-11 所示的错误。在列 AcademicID 列上定义了 CHECK 约束,在插入数据时,验证 AcademicID 的值应该大于 0,而第一条 Insert 语句中 AcademicID 的值未大于 0,引发了错误。

> 📄 消息
> 消息 547,级别 16,状态 0,第 3 行
> INSERT 语句与 CHECK 约束"CheckAcademicID"冲突。该冲突发生于数据库"TTS",表"dbo.TTS_Department", column 'AcademicID'。
> 语句已终止。

图 5-11　消息错误

有时为了确定表中一个约束是禁用还是启用,可以执行 sp_help 系统存储过程。其用法如下。

```
sp_help [[@objname=] 'name']
```

如查看 TTS_Department 表启用了哪些约束,可以使用如下语句:

```
sp_help [TTS_Student]
```

执行结果如图 5-12 所示。

	constraint_type	constraint_name	delete_action	update_action	status_enabled	status_for_replication	constraint_keys
1	DEFAULT on column AcademicID	DF_TTS_Student_AcademicID	(n/a)	(n/a)	(n/a)	(n/a)	(1)
2	FOREIGN KEY	FK_TTS_Student_TTS_Role	No Action	Cascade	Enabled	Is_For_Replication	RoleID
3							REFERENCE...
4	PRIMARY KEY (clustered)	PK_TTS_Student	(n/a)	(n/a)	(n/a)	(n/a)	StudentNO

图 5-12　查看约束启用

5.2.6　查看表的相关信息

查看表相关信息同样可以使用 sp_help 系统存储过程。

1. 不带参数执行 sp_help

如果不带参数执行 sp_help 存储过程，则返回当前数据库中现有的所有类型对象的汇总信息，如图 5-13 所示，返回值说明如表 5-1 所示。

	Name	Owner	Object_type
1	ViewAcademicUser	dbo	view
2	ViewAuthorityMenu	dbo	view
3	ViewCourse	dbo	view
4	ViewDepartment	dbo	view
5	ViewDeptTestTeacher	dbo	view
6	ViewDeptTotalScoreOrder	dbo	view
7	ViewDeptUser	dbo	view
8	ViewEnterpriseTestTeacher	dbo	view
9	ViewEnterpriseUser	dbo	view
10	ViewGroup	dbo	view
11	ViewGroupTestResult	dbo	view

图 5-13 不带参数执行 sp_help

表 5-1 不带参数执行 sp_help

列　名	数据类型	说　明
Name	nvarchar(128)	对象名
Owner	nvarchar(128)	对象所有者（拥有对象的数据库主体，默认为包含对象的架构所有者）
Object_type	nvarchar(31)	对象类型

2. 参数为数据类型

如果参数是 SQL Server 数据类型或用户定义数据类型，则 sp_help 将返回此结果集，如图 5-14，返回值说明如表 5-2 所示。

	Type_name	Storage_type	Length	Prec	Scale	Nullable	Default_name	Rule_name	Collation
1	int	int	4	10	0	yes	none	none	NULL

图 5-14 参数类型为 int

表 5-2 参数类型为数据类型

列　名	数据类型	说　明
Type_name	nvarchar(128)	数据类型名称
Storage_type	nvarchar(128)	SQL Server 类型名称
Length	smallint	数据类型的物理长度（以字节为单位）
Prec	int	精度（数字总位数）
Scale	int	小数点右边的数字位数
Nullable	varchar(35)	指示是否允许 NULL 值："是"或"否"
Default_name	nvarchar(128)	绑定到此类型的默认值的名称 NULL＝未绑定默认值
Rule_name	nvarchar(128)	绑定到此类型的规则的名称 NULL＝未绑定默认值
Collation	sysname	数据类型的排序规则，如果是非字符数据类型，则为 NULL

3. 参数为数据库对象

如果参数是数据库对象（表、视图等）而不是数据类型，则 sp_help 将根据指定的对象类型返回此结果集，同时返回其他结果集，如图 5-15 所示，针对表返回信息说明如表 5-3 所示和针对列返回信息说明如表 5-4 所示。

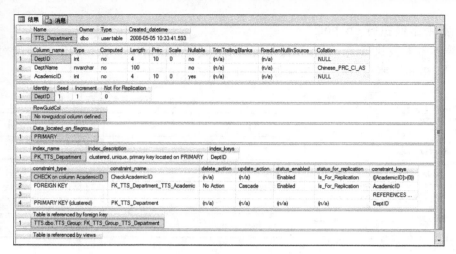

图 5-15　参数为表名称

表 5-3　针对表返回的信息

列　　名	数 据 类 型	说　　明
Name	nvarchar(128)	表名
Owner	nvarchar(128)	表所有者
Type	nvarchar(31)	表类型
Created_datetime	datetime	表的创建日期

表 5-4　针对列返回的信息

列　　名	数 据 类 型	说　　　明
Column_name	nvarchar(128)	列名
Type	nvarchar(128)	列数据类型
Computed	varchar(35)	指示是否计算列中的值："是"或"否"
Length	int	以字节为单位的列长度
Prec	char(5)	列精度
Scale	char(5)	列小数位数
Nullable	varchar(35)	指示是否允许列中包含 NULL 值："是"或"否"
TrimTrailingBlanks	varchar(35)	剪裁尾随空格。返回 Yes 或 No
FixedLenNullInSource	varchar(35)	仅为保持向后兼容性
Collation	sysname	列的排序规则,对于非字符数据类性为 NULL

提示　sp_help 过程仅在当前数据库中查找对象。如果未指定 name,则 sp_help 将列出当前数据库中所有对象的对象名称、所有者和对象类型。

【例 5-12】　查看 TTS_Student 表结构。

执行如下 SQL 语句。

```
sp_help [TTS_Student]
```

执行结果如图 5-16 所示。

	Name	Owner	Type	Created_datetime							
1	TTS_Student	dbo	user table	2008-04-25 22:39:14.060							

	Column_name	Type	Computed	Length	Prec	Scale	Nullable	Trim Trailing Blanks	FixedLenNullInSource	Collation
1	StudentID	int	no	4	10	0	no	(n/a)	(n/a)	NULL
2	StudentNO	char	no	8			no	no	no	Chinese_PRC_CI_AS
3	StudentName	nvarchar	no	100			no	(n/a)	(n/a)	Chinese_PRC_CI_AS
4	ClassName	nvarchar	no	100			no	(n/a)	(n/a)	Chinese_PRC_CI_AS
5	UserName	nvarchar	no	100			no	(n/a)	(n/a)	Chinese_PRC_CI_AS
6	UserPwd	nvarchar	no	100			no	(n/a)	(n/a)	Chinese_PRC_CI_AS
7	RoleID	int	no	4	10	0	no	(n/a)	(n/a)	NULL
8	StudentStatus	nvarchar	no	100			no	(n/a)	(n/a)	Chinese_PRC_CI_AS

图 5-16 TTS_Student 表信息和列信息

5.2.7 删除表

1. 使用 SQL Server Management Studio 删除表

【例 5-13】 删除 TTS_Department 表。

（1）在 SQL Server Management Studio 中
选中要删除的表，右击，弹出图 5-17 所示的快捷
菜单。

（2）在图 5-17 所示的快捷菜单中选择"删
除"命令，弹出图 5-18 所示的对话框，单击"确
定"按钮即可。

2. 使用 SQL 语句删除表

可以使用 DROP TABLE 命令删除一个表
和表中的数据及其与表有关的所有索引、触发
器、约束和许可对象（与表相关视图使用 DROP
VIEW 命令来删除，与表相关的存储过程使用
DROP PROCEDURE 命令来删除）。其语法格
式如下。

图 5-17 使用 SQL Server Management
Studio 删除表

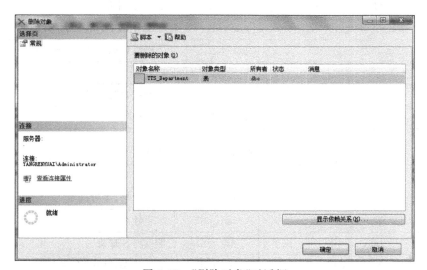

图 5-18 "删除对象"对话框

```
DROP TABLE [tablename]
```

【例 5-14】 删除 TTS_Department 表。

```
DROP TABLE TTS_Department
```

5.3 方案设计

在项目 4 中创建了教师评测系统数据库,根据需求,需要对表增加约束。按照以下结构修改教师表(如表 5-5 所示)、课程表(如表 5-6 所示)、学生表(如表 5-7 所示)、学生测教师表(如表 5-8 所示)、部门表(如表 5-9 所示)、教研室表(如表 5-10 所示)、授课班级表(如表 5-11所示)和学院表(如表 5-12 所示)。

表 5-5   教师表——TTS_Teacher

列 名	数据类型	可否为空	说 明
TeacherID	Int IDENTITY(1,1)	not null	教师编号,主键约束
TeacherName	Nvarchar(50)	not null	教师姓名
DeptID	Int	not null	系部编号,TTS_Department 外键约束
GroupID	Int	not null	教研室编号,TTS_Group 外键约束
TeacherType	Nvarchar(50)	not null	教师类型,默认"专职"
TeacherIntro	Nvarchar(500)	not null	教师介绍,默认"暂无"
TeacherStatus	Nvarchar(50)	not null	教师状态,默认"在岗"
TeacherTitleID	Int	not null	职称编号,默认"0"

表 5-6   课程表——TTS_Course

列 名	数据类型	可否为空	说 明
CourseID	Int IDENTITY(1,1)	not null	课程编号,主键约束
TeacherID	Int	not null	教师编号,TTS_Teacher 外键约束
ClassID	Int	not null	授课班级代码,TTS_CourseClass 外键约束
CourseName	Nvarchar(50)	not null	课程名称
CourseType	Nvarchar(50)	not null	课程性质,默认"1"
Term	Nvarchar(50)	not null	开设学期

表 5-7   学生表——TTS_Student

列 名	数据类型	可否为空	说 明
StudentNO	Char(8)	not null	学生学号,主键约束
StudentName	Nvarchar(50)	not null	学生姓名
ClassName	Int	not null	学生所在班级
StudentStatus	Nvarchar(50)	not null	学生状态,默认"在读"

表 5-8 学生测教师表——TTS_StuTestTeacher

列 名	数 据 类 型	可否为空	说 明
CouseID	Int	not null	课程编号,和 StudentID 为联合主键
StudentID	Int	not null	学生编号,和 CourseID 为联合主键
Score	Numeric(8,2)	not null	得分,默认"0",数据范围 0~100
TestTime	Date	not null	测评时间
TestStatus	Nvarchar(50)	not null	测评状态

表 5-9 部门表——TTS_Department

列 名	数 据 类 型	可否为空	说 明
DeptID	int IDENTITY(1,1)	not null	系部编号,主键约束
DeptName	nvarchar(50)	not null	系部名称
AcademicID	int	not null	学院编号,TTS_Academic 表外键

表 5-10 教研室表——TTS_Group

列 名	数 据 类 型	可否为空	说 明
GroupID	int IDENTITY(1,1)	not null	教研室编号,主键约束
DeptID	int	not null	系部编号,TTS_Department 外键约束
GroupName	nvarchar(50)	not null	教研室名

表 5-11 授课班级表——TTS_CourseClass

列 名	数 据 类 型	可否为空	说 明
ClassID	int IDENTITY(1,1)	not null	授课班级代码,主键约束
StudentNO	int	not null	学生学号,TTS_Student 外键约束

表 5-12 学院表——TTS_Academic

列 名	数 据 类 型	可否为空	说 明
AcademicID	int IDENTITY(1,1)	not null	学院编号,主键约束
AcademicName	nvarchar(50)	not null	学院名称

5.4 项 目 实 施

5.4.1 使用 SQL Server Management Studio 图形化界面为教学评测系统数据库修改表

【例 5-15】 修改 TTS_Course 表。

(1) 在"对象资源管理器"中,展开"TTS",选中要修改的表,右击,在弹出的快捷菜单中选择"设计"命令,如图 5-19 所示。

（2）在弹出的"表设计器"窗口中分别输入各个列的列名、数据类型、是否为空，在默认值栏目中输入列的默认值，如图 5-20 所示。

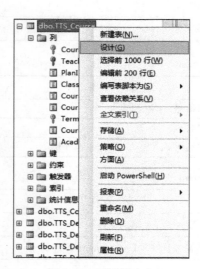

图 5-19 "设计"命令

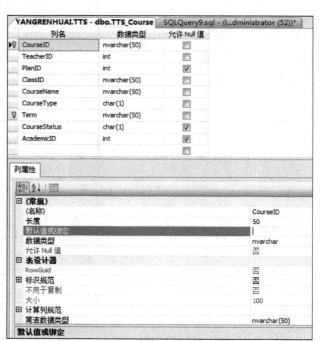

图 5-20 设计表以及列属性

（3）选中外键列，右击，在弹出的快捷菜单中选择"关系"命令，如图 5-21 所示。

图 5-21 设计表"关系"

（4）在选择关系对话框中，单击"添加"按钮，选择"表和列规范"，选择主表列和外键表列，如图 5-22 所示。

（5）单击"保存"按钮。

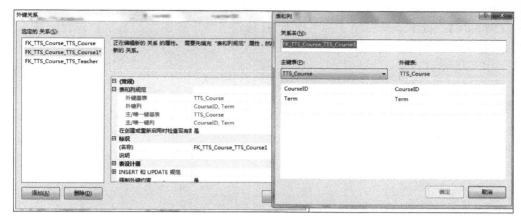

图 5-22　选择表列

 课堂测试

利用 SQL Server Management Studio 图形化界面修改 TTS_Teacher 表。

5.4.2　使用 T-SQL 语句为教学评测系统修改表

利用 Alter TABLE 语句修改 TTS_Student 表。

```
ALTER TABLE [dbo].[TTS_Student]

ADD CONSTRAINT [FK_TTS_Student_TTS_Role] FOREIGN KEY([RoleID])
REFERENCES [dbo].[TTS_Role] ([RoleID])

GO
```

 课堂测试

利用 Alter TABLE 语句修改 TTS_Teacher 表。

5.5　扩展知识：默认值和规则

1. 默认值

在 SQL Server 2008 中,如果插入行时没有为列指定值,默认值则指定列中使用什么值。默认值可以是计算结果为常量的任何值,例如常量、内置函数或数学表达式。

若要应用默认值,可以通过在 CREATE TABLE 中使用 DEFAULT 关键字来创建默认值定义。这将为每一列分配一个常量表达式作为默认值。有关详细信息,参见 5.2.4 节 DEFAULT 约束。

2. 规则

SQL Server 中,规则是一个向后兼容的功能,用于执行一些与 CHECK 约束相同的功能。使用 CHECK 约束是限制列值的首选标准方法。CHECK 约束还比规则更简明。一个列只能应用一个规则,但可以应用多个 CHECK 约束。CHECK 约束被指定为 CREATE

TABLE 语句的一部分,而规则是作为单独的对象创建,然后绑定到列上。

【例 5-16】 以下示例创建了一个规则,只指定了指定范围内的数字。该规则被绑定到表 cust_sample 的 cust_id 列上。

```
CREATE RULE id_chk AS @id BETWEEN 0 and 10000;
GO
CREATE TABLE cust_sample
{
    cust_id              int
    PRIMARY KEY,
    cust_name            char(50),
    cust_address         char(50),
    cust_credit_limit    money,
};
GO
sp_bindrule id_chk, 'cust_sample.cust_id';
GO
```

提示　后续版本的 Microsoft SQL Server 将删除该功能。为了避免在新的开发工作中使用该功能,并着手修改当前还在使用该功能的应用程序,将使用 CHECK 约束。有关详细信息,参阅约束。

5.6 小　　结

本章介绍了什么是表,以及表的关键字。详细介绍了用不同的两种方法来创建表、修改表和删除表;以及数据库的数据完整性,介绍了实体完整性、域完整性、参照完整性和用户自定义的完整性;使用约束实施数据完整,包括 PRIMARY KEY 约束、UNIQUE 约束、FOREIGN KEY 约束、DEFAULT 约束和 CHECK 约束,并介绍了如何启用和禁用已经创建好的约束。

学生在学习本章知识后,能够掌握表的构成,主要关键字、候选关键字的作用;能够使用 SQL Server 2008 Management Studio 和 SQL 语句来创建表、修改表、删除表和创建约束。

习　　题

1. 什么是表?

2. 什么是主关键字?什么是候选关键字?它们有什么用途?

3. 使用 SQL Server 2008 Management Studio 在数据库中创建表 tb_stujbxx。要求具有如下的列:姓名、学号、性别、班级和所在系部。

4. 使用 CREATE TABLE 命令在数据库 student 中重新创建表 tb_stujbxx。要求具有如下的列:姓名、学号、性别、班级和所在系部。

5. 使用 DROP TABLE 命令删除上题中创建的表 tb_stujbxx。

6. 什么是数据完整性?实施数据完整性的方法有哪些?

7. 规则的作用是_____。

8. 创建默认值用＿＿＿＿＿＿＿＿语句,删除默认值用＿＿＿＿＿＿＿＿语句。绑定默认值用＿＿＿＿＿＿＿＿＿＿语句,解除绑定的默认值用＿＿＿＿＿＿＿＿＿＿语句。

9. 创建两个数据库表:

产品 (产品号,产品名称,供应商号,价格,库存量)
供应商 (供应商号,供应商名称,城市,电话)

产品表中关键字是产品号,外键为供应商号,每个字段都非空,且库存量的默认值为 0。
供应商表中关键字是供应商号,每个字段都非空。

给产品表中的库存量字段绑定一个名称为"KUNCUN_RULE"的规则,限制库存量不能大于 1000;给供应商表中的城市字段绑定一个名称为"CITY_RULE"的规则,限制城市只能是南京、上海、北京、苏州、广州中的一个。

项目 6

在教学评测系统数据库表中操作数据

6.1 用户需求与分析

在教学测评系统中,经常需要向系统中新增学生信息,这就需要用到 Insert 语句来完成。同时,也经常需要对数据进行汇总,例如,统计某一个教师一学期所上班级的学生对其评分的总分、平均分等,这就需要用到单表、多表查询的知识。

6.2 相 关 知 识

6.2.1 插入数据

用户经常需要往数据库的表中添加数据,如某一个班转入了一个新的学生,这都需要使用 INSERT 语句。插入数据分为插入单个元组和批量插入数据。

1. 插入单个元组

插入单个元组的 INSERT 语句的格式为:

```
INSERT INTO<表名>[(<属性列 1>[,<属性列 2>…])]
VALUES(<常量 1>[,<常量 2>]…)
```

其功能是将新元组插入指定表中。其中新记录属性列 1 的值为常量 1,属性列 2 的值为常量 2,……如果某些属性列在 INTO 子句中没有出现,则新记录在这些列上将取空值。

用户应当了解关于默认值和空值优先的常规 INSERT 行为。如果遗漏了列表和数值表中的一列,那么当默认值存在时,该列会使用默认值。如果默认值不存在,SQL Server 会尝试补上一个空值。如果列声明了 NOT NULL,尝试空值会导致错误。在数值表中,如果明确指定了 NULL,即使默认值存在,该列仍会设置为 NULL(假设它允许 NULL)。当在一个允许 NULL 且没有声明默认值的列中使用 DEFAULT 时,NULL 会被插入到该列中。如果在一个声明 NOT NULL 且没有默认值的列中指定 NULL 或 DEFAULT,或者完全省略了该值,将导致错误。

根据列是否声明 NULL 或 NOT NULL 以及它是否有指定的默认值,表 6-1 总结了 INSERT 语句的行为。

下面显示了 3 种情况的结果。

(1) 完全忽略列(不输入)。

表 6-1 INSERT 语句的行为

	不输入		输入 NULL		输入 DEFAULT	
	没有默认值	默认值	没有默认值	默认值	没有默认值	默认值
NULL	NULL	默认值	NULL	NULL	NULL	默认值
NOT NULL	出错	默认值	出错	出错	出错	默认值

（2）INSERT 语句在值列表中使用 NULL 值。

（3）指定列并在值列表中使用 DEFAULT。

提示

（1）必须符合目标约束，否则 INSERT 将失败。

（2）使用"属性列"来指定用于保存引入值的每一列。必须用括号将"属性列"括起来，并用逗号把其中的内容隔开。如果为所有的列提供值，那么"属性列"是可选的。

（3）使用 VALUES 子句指定想要插入的数据。表或"属性列"中的每一列都需要使用 VALUES 子句。列的顺序和新数据的数据类型必须与表中列的顺序和数据类型保持一致。许多数据类型都有相应的输入格式，例如，字符数据必须包括在单引号中。

【例 6-1】 插入一条学院信息记录。

```
Insert TTS_Academic(AcademicID,AcademicName) values('计算机学院')
```

执行结果如下。

(所影响的行数为 1 行)

通过执行下面的语句，可以验证数据是否插入成功。

```
Select * From TTS_Academic
```

插入结果如图 6-1 所示。

提示 由于 TTS_Academic 表中的 AcademicID 列是自动增长列，因此在 Insert 语句中不用显示插入的 AcademicID 的值。

图 6-1 插入元组

2. 插入子查询结果

子查询不仅可以嵌套在 SELECT 语句中，用以构造父查询的条件，也可以嵌套在 INSERT 语句中，用以生成要插入的数据。

插入子查询结果的 INSERT 语句的格式为：

```
INSERT INTO<表名>[(<属性列 1>[,<属性列 2>...])] 子查询
```

其功能是可以批量插入。通过 SELECT 语句生成结果集，由 INSERT…SELECT 语句把这些行添加到表中。通过 INSERT…SELECT 语句把其他数据源的行添加到现有的表中。使用 INSERT…SELECT 语句比使用单行的 INSERT 语句效率要高得多。

提示

（1）INSERT INTO 中，列的数目必须等于从 SELECT 语句返回的列的数目。

（2）INSERT INTO 中，列的数据类型必须与从 SELECT 语句返回的列的数据类型

相同。

（3）必须检验插入了新行的表是否在数据库中。

（4）必须确定是否存在默认值，或所有被忽略的列是否允许空值。如果不允许空值，必须为这些列提供值。

【例 6-2】 统计学校每一个班级的学生总人数，并把结果存入数据库。

对于这一道题，首先要在数据库中建立一个有两个属性列的新表，其中一列用来存放班级名称，另一列用来存放相应班级的总人数。

```
Create Table test1(ClassName VarChar(50),Number Smallint)
```

然后对数据库的 TTS_Student 表按班级分组统计学生人数，然后将数据插入到表 test1 中。

```
Insert Into test1(ClassName,Number)
Select ClassName,Count(ClassName)From TTS_Student
Group by ClassName
```

执行结果如下。

（所影响的行数为 19 行）

通过执行下面的语句，可以验证数据是否插入成功。

```
Select * From test1
```

批量插入的结果如图 6-2 所示。

	ClassName	Number
1	BCIT07-1	14
2	动漫(软件)06-1班	31
3	动漫（软件）07-1	38
4	动漫(素材)06-1班	45
5	软件工程师07-1	54
6	数据库07-1	14
7	图形05-1班	47
8	图形图像07-1	16
9	网管05-1班	39
10	网管06-1班	22
11	网管07-1	17
12	网络06-1班	41
13	网络07-1班	44

图 6-2　查询批量插入的结果

6.2.2　修改数据

UPDATE 语句可以更新表中的指定单行、多行或者所有行的数值。

1. 更新指定元组

更新数据的 UPDATE 语句的格式如下。

```
UPDATE{ table_name }
SET{ column_name={ expression|DEFAULT|NULL }
[ WHERE<search_condition>]
```

提示

（1）用 WHERE 子句指定需要更新的行。

（2）用 SET 子句指定新值。

（3）检验输入值的类型与列定义的数据类型是否兼容。

（4）SQL Server 不会更新违反任何完整性约束的行。违反约束的修改不会发生，语句将回滚。

（5）每次只能修改一个表中的数据。

（6）可以同时把一列或多列、一个变量或多个变量放在一个表达式中。

【例 6-3】 TTS_Department 表中有如下数据，如图 6-3 所示。将"经济管理系"的名称改为"经济管理学院"。

语句如下。

```
Update TTS_Department
Set DeptName='经济管理学院' Where DeptID=3
```

执行结果如下。

(所影响的行数为 1 行)

2. 更新所有元组

也可以不使用 where 子句指定元组,这时将更新所有的元组。

【例 6-4】 将 TTS_Department 表中的所有部门名称都更改为"经济管理学院"。

```
Update TTS_Department Set DeptName='经济管理学院'
```

执行结果如下。

(所影响的行数为 10 行)

使用查询语句验证结果如图 6-4 所示。

	DeptID	DeptName	AcademicID
1	1	道路与桥梁工程系	1
2	2	汽车工程系	1
3	3	经济管理系	1
4	4	计算机工程系	1
5	5	自动化工程系	1
6	6	建筑工程系	1
7	7	人文社会科学系	1
8	8	基础部	1
9	9	航运工程系	1
10	11	汽车工程系	1

图 6-3 TTS_Department 表的数据

	DeptID	DeptName	AcademicID
1	1	经济管理学院	1
2	2	经济管理学院	1
3	3	经济管理学院	1
4	4	经济管理学院	1
5	5	经济管理学院	1
6	6	经济管理学院	1
7	7	经济管理学院	1
8	8	经济管理学院	1
9	9	经济管理学院	1
10	11	经济管理学院	1

图 6-4 验证 TTS_Department 表的数据

6.2.3 删除数据

用户经常需要删除数据,如学生毕业了,需要将学生信息,学生课程信息等数据从数据库中删除。这就需要用到 DELETE 语句。DELETE 语句可以通过使用事务从表或视图中删除一行或多行。通过筛选目标表或者使用子查询指定 SQL Server 要删除的行。DELETE 语句的语法结构如下。

```
DELETE FROM {table_name}
[WHERE<search_condition>]
```

其中,table_name 为要删除数据的表名称,search_condition 为条件。

1. 删除指定元组

指定 search_condition 即可删除指定的元组。如果满足 search_condition 条件的数据为多行,则删除多条数据;如果没有满足条件的数据,则不删除任何数。

【例 6-5】 删除学号为"20100001"的学生信息。

```
Delete From TTS_Student
```

```
Where StudentNO='20100001'
```

执行结果如下。

```
(所影响的行数为 1 行)
```

【例 6-6】 删除系号为"1003"的系列信息。

```
Delete From TTS_Department
Where DeptID=1003
```

执行结果如下。

```
(所影响的行数为 1 行)
```

DELETE 操作也是一次只能操作一个表，如果需要删除多个表中的数据，则需要使用多条 DELETE 语句完成。

2．删除所有元组

DELETE 语句的功能是从指定表中删除满足 WHERE 子句条件的所有元组。如果省略 WHERE 子句，表示删除表中全部元组。

【例 6-7】 删除所有课程信息。

```
Delete From TTS_Course
```

这条 DELETE 语句使 TTS_Course 表成为空表，它删除了 TTS_Course 表的所有元组，但 TTS_Course 表依然存在。也就是说，DELETE 语句删除的是表中的数据，而不是表的定义。

提示　　如果需要删除大数据，不要使用 DELETE 语句，需要使用 TRUNCATE TABLE 语句。TRUNCATE TABLE 删除数据的速度比 DELETE 语句更快，因为其不会保留日志，也就是说 TRUNCATE TABLE 删除的数据是无法恢复的。如果表有一个 IDENTITY 列，那么 TRUNCATE TABLE 语句会重新设置种子值。

【例 6-8】 删除 a 表中所有的行。

```
TRUNCATE TABLE a
```

【例 6-9】 TTS_Academic 表和 TTS_Department 表存在主外键关系，如图 6-5 所示。其中 INSERT 和 UPDATE 规范中的删除规则为"不执行任何操作"，则在删除 TTS_Academic 表中的数据时，则有可能失败。

```
Delete From TTS_Academic
Where AcademicID=1
```

执行以上的 SQL 语句，出现如下错误。

```
消息 547,级别 16,状态 0,第 2 行
DELETE 语句与 REFERENCE 约束"FK_TTS_Department_TTS_Academic"冲突。该冲突发生于数
据库"TTS",表"dbo.TTS_Department",column 'AcademicID'.
语句已终止
```

要删除 AcademicID 为 1 的数据，应该先删除子表（TTS_Department）的数据，然后再

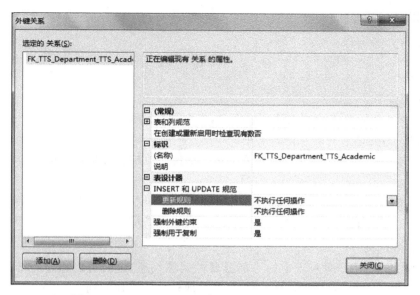

图 6-5 TTS_Department 表和 TTS_Academic 表关系

删除父表(TTS_Academic)的数据。

```
Delete From TTS_Department
Where AcademicID=1

Delete From TTS_Academic
Where AcademicID=1
```

6.2.4 SELECT 语句

建立数据库的目的是为了查询数据,因此,可以说数据库查询是数据库的核心操作。在数据库中,数据查询是通过 SELECT 语句来完成的。SELECT 语句的功能是从数据库中按用户要求检索数据,并将查询结果以表格的形式返回,其一般格式如下。

```
SELECT [ALL|DISTINCT]<select_list>[,<select_list>]...
FROM<table_name|view_name>[,<table_name|view_name>]...
[WHERE<expression>]
[GROUP BY<select_list>[HAVING<expression>]]
[ORDER BY<select_list>[ASC|DESC]]
```

6.2.5 单表查询

1. 选择表中的列

选择表中的全部列或部分列,这类运算又称为投影。其变化方式主要表现在 SELECT 子句的<select_list>上。

语法格式如下。

```
SELECT<select_list>
```

```
<select_list>::=
{ *
| { table_name|view_name }.*
| { column_name|expression }
} [,...n]
```

参数说明如下。

select_list：是所要查询的表的列的集合，多个列之间用逗号分开。

*：通配符，返回所有对象的所有列。

table_name|view_name.*：限制通配符*的作用范围。凡是带*的项，均返回其中所有的列。

column_name：指定返回的列名。

expression：表达式可以为列名、常量、函数或它们的组合。

2．显示指定列

在很多情况下，用户只对表中的一部分属性列感兴趣，这时可以通过在 SELECT 子句的＜ select_list ＞中指定要查询的属性，有选择地列出感兴趣的列。

【例 6-10】 查询全体学生的学号、姓名和班级。

```
Select StudentNO,StudentName,ClassName From TTS_Student
```

查询结果如图 6-6 所示。

＜select_list＞中各个列的先后顺序可以与表中的顺序不一致。也就是说，用户在查询时可以根据应用的需要改变列的显示顺序。

【例 6-11】 查询全体学生的班级、姓名和学号。

```
Select ClassName,StudentName,StudentNO From TTS_Student
```

执行结果如图 6-7 所示。

	StudentNO	StudentName	ClassName
1	20050179	林莉	桌面应用开发05-1
2	20050184	蔡新彪	网络构建05-1班
3	20050225	黄宇	图形05-1班
4	20050295	闫春香	网管05-1班
5	20050298	田月	网络构建05-1班
6	20050334	魏铭	网络构建05-1班
7	20050349	谢川川	网管05-1班
8	20050364	曾智凡	网络构建05-1班
9	20050365	吴佳茹	图形05-1班

	ClassName	StudentName	StudentNO
1	桌面应用开发05-1	林莉	20050179
2	网络构建05-1班	蔡新彪	20050184
3	图形05-1班	黄宇	20050225
4	网管05-1班	闫春香	20050295
5	网络构建05-1班	田月	20050298
6	网络构建05-1班	魏铭	20050334
7	网管05-1班	谢川川	20050349
8	网络构建05-1班	曾智凡	20050364
9	图形05-1班	吴佳茹	20050365

图 6-6　查询全体学生的学号、姓名和
班级信息执行结果

图 6-7　查询全体学生的班级、姓名和
学校信息执行结果

例 6-10 和例 6-11 的执行结果列显示的顺序不相同，因为在查询数据时，SELECT 子句中列的顺序不相同。

3．显示全部列

将表中的所有属性列都选出来，可以有两种方法。一种方法就是在 SELECT 关键字后面列出所有列名。如果列的显示顺序与其在基表中的顺序相同，也可以简单地将＜select_list＞指定为 *。

【例 6-12】 查询全体学生的详细信息。

```
SELECT [StudentID]
    ,[StudentNO]
    ,[StudentName]
    ,[ClassName]
    ,[UserName]
    ,[UserPwd]
    ,[RoleID]
    ,[StudentStatus]
    ,[AcademicID]
FROM [TTS].[dbo].[TTS_Student]
```

执行结果如图 6-8 所示。

	StudentID	StudentNO	StudentName	ClassName	UserName	UserPwd	RoleID	StudentStatus	AcademicID
1	107	20050179	林莉	桌面应用开发05-1	20050179	20052259	1	在读	1
2	330	20050184	蔡新彪	网络构建05-1班	20050184	20050184	1	在读	1
3	466	20050225	黄宇	图形05-1班	20050225	20050225	1	在读	1
4	427	20050295	闫春香	网管05-1班	20050295	20050295	1	在读	1
5	331	20050298	田月	网络构建05-1班	20050298	20050298	1	在读	1
6	332	20050334	魏铭	网络构建05-1班	20050334	20050334	1	在读	1

图 6-8   使用列名查询全体学生的详细信息的执行结果

【例 6-13】 查询全体学生的详细信息。

```
SELECT *
    FROM [TTS].[dbo].[TTS_Student]
```

执行结果如图 6-9 所示。

	StudentID	StudentNO	StudentName	ClassName	UserName	UserPwd	RoleID	StudentStatus	AcademicID
1	107	20050179	林莉	桌面应用开发05-1	20050179	20052259	1	在读	1
2	330	20050184	蔡新彪	网络构建05-1班	20050184	20050184	1	在读	1
3	466	20050225	黄宇	图形05-1班	20050225	20050225	1	在读	1
4	427	20050295	闫春香	网管05-1班	20050295	20050295	1	在读	1
5	331	20050298	田月	网络构建05-1班	20050298	20050298	1	在读	1
6	332	20050334	魏铭	网络构建05-1班	20050334	20050334	1	在读	1

图 6-9   使用 * 查询全体学生的详细信息的执行结果

该 SELECT 语句实际上是无条件地把 TTS_Student 表的全部信息都查询出来,所以也称为全表查询。

4. 显示经过计算的列

SELECT 子句的<select_list>不仅可以是表中的属性列,也可以是有关系表达式,即可以将查询出来的属性列经过一定的计算后列出结果。

【例 6-14】 查询全体学生的学号、姓名及其年级。

学生学号由 8 位数字构成,前四位数字表示学生的年级。如学生学号为"20100001",则该生为 2010 级的学生。

```
SELECT [StudentNO]
    ,[StudentName]
    ,SubString([StudentNO],1,4)
FROM [TTS].[dbo].[TTS_Student]
```

	StudentNO	StudentName	[无列名]
1	20050179	林莉	2005
2	20050184	蔡新彪	2005
3	20050225	黄宇	2005
4	20050295	闫春香	2005
5	20050298	田月	2005
6	20050334	魏铭	2005

执行结果如图 6-10 所示。

图 6-10   显示计算列的执行结果

例 6-14 中，<select_list>中第 3 项不是通常的列名，而是一个计算表达式，其中用到了 SubString(字符串截取)函数，截取了学号的前 4 位，这样，所得的即是学生的出生年份。<select_list>不仅可以是函数，也可以是算术表达式、字符串常量等。

5. 显示字面值

字面值包括字母、数字或在结果集中作为特殊值的符号。在选择列表中使用字面值，使结果集更具可读性。

	学号	姓名	年级
1	20050179	林莉	2005
2	20050184	蔡新彪	2005
3	20050225	黄宇	2005
4	20050295	闫春香	2005
5	20050298	田月	2005

图 6-11　使用字面值显示学号、姓名和年级的执行结果

【例 6-15】　查询全体学生的学号、姓名及其年级。

```
SELECT [StudentNO] As 学号
    ,[StudentName] 姓名
    ,SubString([StudentNO],1,4) As 年级
FROM [TTS].[dbo].[TTS_Student]
```

执行结果如图 6-11 所示。

🖐 **提示**　AS 关键字可以省略。

6. 使用比较运算符过滤数据

使用比较运算符可以让表中值与指定值或表达式作比较，也可以使用比较运算符来做条件检查。比较运算符用来比较兼容数据类型的列或变量。表 6-2 列出了比较运算符。

表 6-2　比较运算符

操作符	说　　明	操作符	说　　明
=	等于	>=	大于或等于
>	大于	<=	小于或等于
<	小于	<>	不等于

🖐 **提示**　避免在查询条件中使用 NOT。它会降低数据查询的速度，这是因为在使用 NOT 时需要计算表中所有行的值。

【例 6-16】　查询 DeptID 为 11 的系部名称。

```
SELECT  *
FROM    dbo.TTS_Department
WHERE   DeptID=11
```

执行结果如图 6-12 所示。

图 6-12　查询 DeptID 为 11 的系部信息的执行结果

【例 6-17】　查询学号大于 20050179 的学生信息。

```
SELECT  *
FROM    dbo.TTS_Student
WHERE   StudentNO>'20050179'
```

执行结果如图 6-13 所示。

7. 使用逻辑运算符过滤数据

使用逻辑运算符 AND、OR 和 NOT 来连接一系列表达式并且简化查询处理。查询结果将根据表达式的分组情况和选择条件的顺序的不同而有所不同。使用逻辑运算符要遵循

结果　消息

	StudentID	StudentNO	StudentName	ClassName	UserName	UserPwd	RoleID	StudentStatus	AcademicID
1	107	20050179	林莉	桌面应用开发05-1	20050179	20052259	1	在读	1
2	330	20050184	禁新彪	网络构建05-1班	20050184	20050184	1	在读	1
3	466	20050225	黄宇	图形05-1班	20050225	20050225	1	在读	1
4	427	20050295	闫春香	网管05-1班	20050295	20050295	1	在读	1
5	331	20050298	田月	网络构建05-1班	20050298	20050298	1	在读	1
6	332	20050334	魏铭	网络构建05-1班	20050334	20050334	1	在读	1
7	428	20050349	谢川川	网管05-1班	20050349	20050349	1	在读	1

图 6-13　查询学号大于 20050179 的学生信息的执行结果

以下规则。

(1) 使用 AND 运算符选择满足所有选择条件的行。

(2) 使用 OR 运算符选择满足任意选择条件的行。

(3) 使用 NOT 运算符否定 NOT 后面的表达式。

(4) 当有两个或更多的表达式作为选择条件时，可以使用括号。使用括号可以将表达式分组，改变求值的次序，增加表达式的可读性。

(5) 当在一条语句中使用多个逻辑运算符时，需要考虑以下的事项。

① SQL Server 2000 将首先求 NOT 运算符的值，然后是 AND 运算符，最后求 OR 运算符的值。

② 当一个表达式中的所有运算符具有相同的优先级时，则按照从左到右的顺序依次求值。

【例 6-18】 查询班级为“图形 05-1 班”，并且在校的学生信息。

```
SELECT  *
FROM    dbo.TTS_Student
WHERE   ClassName='图形 05-1 班'
   AND StudentStatus='在读''
```

执行结果如图 6-14 所示。

结果　消息

	StudentID	StudentNO	StudentName	ClassName	UserName	UserPwd	RoleID	StudentStatus	AcademicID
1	466	20050225	黄宇	图形05-1班	20050225	20050225	1	在读	1
2	467	20050365	吴佳茹	图形05-1班	20050365	20050365	1	在读	1
3	468	20050551	黄冬梅	图形05-1班	20050551	20050551	1	在读	1
4	469	20050570	谢萍	图形05-1班	20050570	20050570	1	在读	1
5	470	20050584	王建	图形05-1班	20050584	20050584	1	在读	1
6	471	20050726	吴香美	图形05-1班	20050726	20050726	1	在读	1
7	472	20050734	王权英	图形05-1班	20050734	20050734	1	在读	1
8	473	20050832	王晓勤	图形05-1班	20050832	20050832	1	在读	1

图 6-14　查询班级为“图形 05-1”且在校学生信息的执行结果

8. 使用字符串比较符过滤数据

使用通配符结合 LIKE 查询条件，通过进行字符串比较来查询符合条件的行。使用 Like 关键字可以实现模糊查询，例如，查询姓名为“王”开头的学生或姓名中含有“王”的学生信息。使用 Like 关键字应遵循以下规则。

(1) 模式字符串中的所有字符都有意义，包括开头与结尾的空格。

(2) LIKE 只适用数据类型为 char、nachar、varchar、nvarchar、binary、varbinary、

smalldatetime 或 datetime 的数据,以及特定条件下数据类型为 text、next 和 image 的数据。

使用表 6-3 中的 4 种通配符来形成字符串选择条件。

表 6-3　通配符

通配符	说　　明	通配符	说　　明
%	包含零个或更多字符的任意字符串	[]	指定范围或集合内任何单个字符
_	任何单个字符	[^]	不在指定的范围或集合内的任何单个字符

表 6-4 列出了几个在 LIKE 选择条件中使用通配符的示例。

表 6-4　通配符表达式

表　达　式	返　回　值
LIKE 'BR%'	每个以字母 BR 开头的名称
LIKE 'Br%'	每个以字母 Br 开头的名称
LIKE '%een'	每个以字母 een 结尾的名称
LIKE '%en%'	每个包含字母 en 的名称
LIKE '_en'	每个以字母 en 结尾、包含 3 个字母的名称
LIKE '[CK]%'	每个以字母 C 或 K 开头的名称
LIKE '[S-V]ing'	每个以 ing 结尾并且以 S 到 V 中的任何字母开头的四字符名称
LIKE 'M[^c]%'	每个以字母 M 开头、第二个字母不是 c 的名称

【例 6-19】　查询姓名为吴佳茹的学生的信息。

```
SELECT  *
FROM    dbo.TTS_Student
WHERE   StudentName Like '吴佳茹'
```

执行结果如图 6-15 所示。

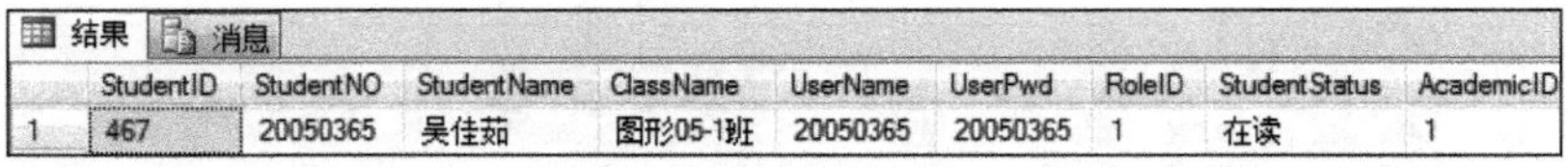

图 6-15　查询姓名为吴佳茹的学生信息的执行结果

该语句实际上与下面的语句完全等价。

```
SELECT *
FROM    dbo.TTS_Student
WHERE   StudentName='吴佳茹'
```

也就是说,如果 LIKE 后面的匹配串中不含有通配符,则可以用=(等于)运算符取代
LIKE,用!=或<>运算符取代 NOT LIKE。

【例 6-20】　查询姓吴的学生信息。

```
SELECT   *
FROM    dbo.TTS_Student
WHERE   StudentName Like '吴% '
```

执行结果如图 6-16 所示。

	StudentID	StudentNO	StudentName	ClassName	UserName	UserPwd	RoleID	StudentStatus	AcademicID
1	467	20050365	吴佳茹	图形05-1班	20050365	20050365	1	在读	1
2	336	20050449	吴东峰	网络构建05-1班	20050449	20050449	1	在读	1
3	471	20050726	吴香美	图形05-1班	20050726	20050726	1	在读	1
4	431	20050821	吴强胜	网管05-1班	20050821	20050821	1	在读	1
5	509	20053986	吴海彬	图形05-1班	20053986	20053986	1	在读	1
6	360	20054042	吴一林	网络构建05-1班	20054042	20054042	1	在读	1
7	207	20060285	吴怡婷	动漫(素材)06-1班	20060285	20060285	1	在读	1
8	236	20062979	吴沁霆	动漫(素材)06-1班	20062979	20062979	1	在读	1

图 6-16 查询姓吴的学生信息的执行结果

【例 6-21】 查询不姓吴的学生信息。

```
SELECT    *
FROM    dbo.TTS_Student
WHERE    StudentName Not Like '吴% '
```

执行结果如图 6-17 所示。

	StudentID	StudentNO	StudentName	ClassName	UserName	UserPwd	RoleID	StudentStatus	AcademicID
1	107	20050179	林莉	桌面应用开发05-1	20050179	20052259	1	在读	1
2	330	20050184	蔡新彪	网络构建05-1班	20050184	20050184	1	在读	1
3	466	20050225	黄春	图形05-1班	20050225	20050225	1	在读	1
4	427	20050295	闫春香	网管05-1班	20050295	20050295	1	在读	1
5	331	20050298	田月	网络构建05-1班	20050298	20050298	1	在读	1
6	332	20050334	魏铭	网络构建05-1班	20050334	20050334	1	在读	1
7	428	20050349	谢川川	网管05-1班	20050349	20050349	1	在读	1
8	333	20050364	曾智凡	网络构建05-1班	20050364	20050364	1	在读	1
9	334	20050402	肖伟	网络构建05-1班	20050402	20050402	1	在读	1

图 6-17 查询不姓吴的学生信息的执行结果

如果用户要查询的匹配字符串本身就含有％或＿,这时就要使用 ESCAPE＜换码字符＞短语对通配符进行转义了。

9. 根据值的范围过滤

在 WHERE 子句中,使用 BETWEEN…AND…和 NOT BEJWEEN…AND…来选择属性值在(或不在)指定范围内的行。其中 BETWEEN 后是范围的下限(即低值),AND 后面是上限(即高值)。例如查询学号介于“20050001”和“20051000”之间的学生信息。使用 BETWEEN…AND…或 NOT BETWEEN…AND…应该遵循以下规则。

(1) 在结果集中,SQL Server 包括边界值。

(2) 为了简化语法,使用 BETWEEN 选择条件而不使用由 AND 运算符连接的两个比较运算符所组成的表达式($>=x$ AND $<=y$)。然而,要选择不包含边界值范围的返回值,就要使用包括 AND 运算符的表达式($>x$ AND $<y$)。

(3) 使用 NOT BETWEEN…AND…来选择指定范围外的行。注意,使用 NOT 条件会降低数据选择的速度。

【例 6-22】 查询学号介于“20050001”和“20051000”之间的学生信息。

```
SELECT    *
FROM    dbo.TTS_Student
WHERE    StudentNO BETWEEN '20050001' AND '20051000'
```

执行结果如图 6-18 所示。

	StudentID	StudentNO	StudentName	ClassName	UserName	UserPwd	RoleID	StudentStatus	AcademicID
1	107	20050179	林莉	桌面应用开发05-1	20050179	20052259	1	在读	1
2	330	20050184	蔡新彪	网络构建05-1班	20050184	20050184	1	在读	1
3	466	20050225	黄宇	图形05-1班	20050225	20050225	1	在读	1
4	427	20050295	闫春香	网管05-1班	20050295	20050295	1	在读	1
5	331	20050298	田月	网络构建05-1班	20050298	20050298	1	在读	1
6	332	20050334	魏铭	网络构建05-1班	20050334	20050334	1	在读	1

图 6-18　查询学号介于"20050001"和"20051000"之间的学生信息的执行结果

【例 6-23】　查询学号介于"20050001"和"20051000"之间的学生信息。使用比较运算符完成。

```
SELECT  *
FROM    dbo.TTS_Student
WHERE   StudentNO> ='20050001'
    AND StudentNO< ='20051000'
```

例 6-23 不使用 BETWEEN 选择条件，用 AND 运算符连接两个使用比较运算符的表达式。这个结果集与例 6-22 的结果集完全相同。执行结果如图 6-19 所示。

	StudentID	StudentNO	StudentName	ClassName	UserName	UserPwd	RoleID	StudentStatus	AcademicID
1	107	20050179	林莉	桌面应用开发05-1	20050179	20052259	1	在读	1
2	330	20050184	蔡新彪	网络构建05-1班	20050184	20050184	1	在读	1
3	466	20050225	黄宇	图形05-1班	20050225	20050225	1	在读	1
4	427	20050295	闫春香	网管05-1班	20050295	20050295	1	在读	1
5	331	20050298	田月	网络构建05-1班	20050298	20050298	1	在读	1
6	332	20050334	魏铭	网络构建05-1班	20050334	20050334	1	在读	1

图 6-19　使用比较运算符查询的执行结果

如果需要查询学号不介于"20050001"和"20051000"之间的学生信息，可以使用 NOT BETWEEN…AND…完成。

【例 6-24】　查询学号不介于"20050001"和"20051000"之间的学生信息。

```
SELECT  *
FROM    dbo.TTS_Student
WHERE   StudentNO NOT BETWEEN '20050001' AND '20051000'
```

执行结果如图 6-20 所示。

		StudentID	StudentNO	StudentName	ClassName	UserName	UserPwd	RoleID	StudentStatus	AcademicID
結果	消息									
1		436	20051003	李健	网管05-1班	20051003	20051003	1	在读	1
2		478	20051092	程娟	图形05-1班	20051092	20051092	1	在读	1
3		343	20051093	杨秀	网络构建05-1班	20051093	20051093	1	在读	1
4		437	20051098	谢泉	网管05-1班	20051098	20051098	1	在读	1
5		344	20051104	杨虹	网络构建05-1班	20051104	20051104	1	在读	1
6		438	20051105	唐颖	网管05-1班	20051105	20051105	1	在读	1
7		345	20051114	夏林全	网络构建05-1班	20051114	20051114	1	在读	1

图 6-20　使用 NOT BETWEEN…AND…查询的执行结果

10．根据值的列表过滤

在 WHERE 子句中使用 IN 选择条件来选择与指定值列表相匹配的行。使用 IN 选择条件应遵循以下规则。

（1）不管是使用 IN 选择条件还是使用由 OR 运算符连接的一系列比较表达式，SQL Server 都用相同的方式处理，返回完全相同的结果集。

（2）在选择条件中不要包含空值。

（3）使用 NOT IN 选择条件查询不在指定值列表中的行。注意，使用 NOT 会降低数据选择的速度。

【例 6-25】　查询班级为"网管 05-1 班"和"图形 05-1 班"的学生信息。

```
SELECT    *
FROM    dbo.TTS_Student
WHERE    ClassName IN ( '网管 05-1 班', '图形 05-1 班' )
```

执行结果如图 6-21 所示。

	StudentID	StudentNO	StudentName	ClassName	UserName	UserPwd	RoleID	StudentStatus	AcademicID
1	466	20050225	黄宇	图形05-1班	20050225	20050225	1	在读	1
2	427	20050295	闫春香	网管05-1班	20050295	20050295	1	在读	1
3	428	20050349	谢川川	网管05-1班	20050349	20050349	1	在读	1
4	467	20050365	吴佳茹	图形05-1班	20050365	20050365	1	在读	1
5	468	20050551	黄冬梅	图形05-1班	20050551	20050551	1	在读	1
6	469	20050570	谢萍	图形05-1班	20050570	20050570	1	在读	1
7	470	20050584	王建	图形05-1班	20050584	20050584	1	在读	1
8	429	20050655	罗晶	网管05-1班	20050655	20050655	1	在读	1

图 6-21　使用 IN 的执行结果

【例 6-26】　查询班级为"网管 05-1 班"和"图形 05-1 班"的学生信息。

```
SELECT    *
FROM    dbo.TTS_Student
WHERE    ClassName='网管 05-1 班'
    OR ClassName='图形 05-1 班'
```

例 6-26 不使用 IN，用 OR 运算符连接两个使用比较运算符的表达式。这个结果集与例 6-25 的结果集完全相同。执行结果如图 6-22 所示。

	StudentID	StudentNO	StudentName	ClassName	UserName	UserPwd	RoleID	StudentStatus	AcademicID
1	466	20050225	黄宇	图形05-1班	20050225	20050225	1	在读	1
2	427	20050295	闫春香	网管05-1班	20050295	20050295	1	在读	1
3	428	20050349	谢川川	网管05-1班	20050349	20050349	1	在读	1
4	467	20050365	吴佳茹	图形05-1班	20050365	20050365	1	在读	1
5	468	20050551	黄冬梅	图形05-1班	20050551	20050551	1	在读	1
6	469	20050570	谢萍	图形05-1班	20050570	20050570	1	在读	1
7	470	20050584	王建	图形05-1班	20050584	20050584	1	在读	1
8	429	20050655	罗晶	网管05-1班	20050655	20050655	1	在读	1

图 6-22　使用 OR 运算符的执行结果

提示　与 IN 相对的谓词是 NOT IN，用于查询属性值不属于指定集合的行。

11．涉及未知值的查询

如果在数据输入过程中没有给某个列输入值并且没有给该列定义默认值，那么该列就存在一个空值。空值不等同于数值 0 或空字符。使用 IS NULL 查询条件来查询那些指定列中遗漏信息的行。使用 NULL 应遵循以下规则。

（1）空值与任何值比较都会失败，因为空值不等于任何值。

（2）在 CREATE TABLE 语句中定义列是否允许有空值。

（3）使用 IS NOT NULL 查询条件来查询在指定列上具有已知值的行。

【例 6-27】 查询身份证号码为空的学生信息。

```
ELECT   *
FROM    dbo.TTS_Student
WHERE   IDCard IS NULL
```

执行结果如图 6-23 所示。

	StudentID	StudentNO	StudentName	ClassName	UserName	UserPwd	RoleID	StudentStatus	AcademicID	IDCard
1	107	20050179	林莉	桌面应用开发05-1	20050179	20052259	1	在读	1	NULL
2	330	20050184	蔡新彪	网络构建05-1班	20050184	20050184	1	在读	1	NULL
3	466	20050225	黄宇	图形05-1班	20050225	20050225	1	在读	1	NULL
4	427	20050295	闫春香	网管05-1班	20050295	20050295	1	在读	1	NULL
5	331	20050298	田月	网络构建05-1班	20050298	20050298	1	在读	1	NULL
6	332	20050334	魏铭	网络构建05-1班	20050334	20050334	1	在读	1	NULL
7	428	20050349	谢川川	网管05-1班	20050349	20050349	1	在读	1	NULL

图 6-23 使用 NULL 的执行结果

提示 "IS"不能用等号（＝）代替。

12．消除重复行

两个本来并不完全相同的行，投影到指定的某些列上后，可能变成完全相同的行了。如果希望一个列表没有重复值，则可以使用 DISTINCT 子句来消除结果集中的重复行。

语法格式为：

```
SELECT DISTINCT<select_list>
```

使用 DISTINCT 关键字应遵循以下规则。

（1）在结果集中，除非已经指定了 DISTINCT 子句，否则将返回所有符合 SELECT 语句中指定的查询条件的行。

（2）选择列表中所有值的组合决定其唯一性。

（3）查询包含任何唯一值组合的行，并且将这些行返回到结果集中。

（4）DISTINCT 子句以随机的次序排列结果集，除非使用 ORDER BY 子句。

（5）如果指定 DISTINCT 子句，ORDER BY 指定的列必须出现在 SELECT 语句的选择列表中。

（6）对于 DISTINCT 关键字来说，各空值将被认为是相互重复的内容。当 SELECT 语句中包括 DISTINCT 时，不论遇到多少个空值，在结果中只返回一个 NULL。

DISTINCT 关键字有一个与其对应的关键字 ALL，无论选择列表中的值的组合唯一与否，它让 SQL Server 返回所有的行。由于 ALL 关键字是 SELECT 语句的默认行为，所以在一般情况下不使用 ALL，但可以使用它来查询。

	ClassName
1	桌面应用开发05-1
2	网络构建05-1班
3	图形05-1班
4	网管05-1班
5	网络构建05-1班
6	网络构建05-1班
7	网管05-1班
8	网络构建05-1班
9	图形05-1班

【例 6-28】 查询学生表中的班级名称。

```
SELECT  ClassName
FROM    dbo.TTS_Student
```

执行结果如图 6-24 所示。

图 6-24 不使用 DISTINCT
查询的执行结果

该查询结果里包含了许多重复的行。如果想去掉表中的重复行,必须指定 DISTINCT 子句。

【例 6-29】　查询学生表中的班级名称。

```
SELECT    DISTINCT ClassName
FROM      dbo.TTS_Student
```

执行结果如图 6-25 所示。

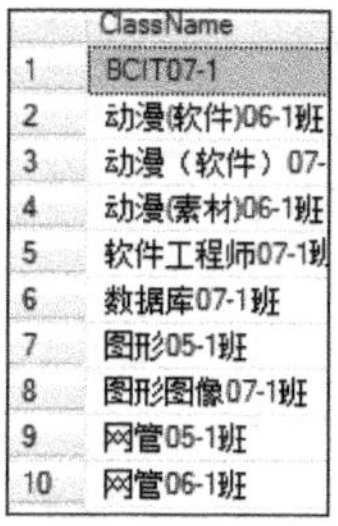

	ClassName
1	BCIT07-1
2	动漫(软件)06-1班
3	动漫(软件)07-
4	动漫(素材)06-1班
5	软件工程师07-1班
6	数据库07-1班
7	图形05-1班
8	图形图像07-1班
9	网管05-1班
10	网管06-1班

图 6-25　使用 DISTINCT 查询执行结果

13. 对查询结果排序

如果没有指定查询结果的显示顺序,SQL Server 2008 将按其最方便的顺序(通常是行在表中的先后顺序)输出查询结果。用户也可以用 ORDER BY 子句指定按照一个或多个属性列的升序或降序重新排列查询结果。

语法格式如下。

```
ORDER BY {order_by_expression [ASC|DESC]}...[ ,...n]]
```

参数说明如下。

order_by_expression:指定要排序的列。可以将排序列指定为列名或列的别名(可由表名或视图名限定)和表达式,或者指定为选择列表内的名称、别名或表达式的位置的负整数。可指定多个排序列。ORDER BY 子句中的排序列的序列定义排序结果集的结构。ORDER BY 子句可包括未出现在此选择列表中的项目。然而,如果指定 SELECT DISTINCT,或者如果 SELECT 语句包含 UNION 运算符,则排序列必定出现在选择列表中。此外,当 SELECT 语句包含 UNION 运算符时,列名或列的别名必须是在第一选择列表内指定的列名或列的别名。

ASC:指定列按递增顺序排列,从最低值到最高值对指定列中的值进行排序。

DESC:指定列按递减顺序排列,从最高值到最低值对指定列中的值进行排序。空值被视为最低的可能值。

排序时应该遵循以下规则。

(1) 在安装 SQL Server 时,就指定了排序次序。

(2) 默认情况下,SQL Server 将结果集按升序排列。

(3) ORDER BY 子句包含的列并不一定要出现在选择列表中。

(4) 可以通过列名、计算的值或表达式进行排序。

(5) 在 ORDER BY 子句中,可以根据选择列表中列的位置序号来替代列名进行排序,可以返回相同的结果集。

(6) 不可以在 ORDER BY 子句中使用 text、ntext、image 类型的列。

(7) 使用适当的索引能使 ORDER BY 的排序效率更高。

(8) 对 ORDER BY 子句中的项目数没有限制。然而,对于排序操作所需的中间级工作表的大小有 8060 字节的限制。这限制了在 ORDER BY 子句中指定的列的合计大小。

【例 6-30】　查询学生信息,按照学号进行排序。

```
SELECT    *
```

```
FROM  dbo.TTS_Student
ORDER BY StudentNO
```

执行结果如图 6-26 所示。

	StudentID	StudentNO	StudentName	ClassName	UserName	UserPwd	RoleID	StudentStatus	AcademicID
1	107	20050179	林莉	桌面应用开发05-1	20050179	20052259	1	在读	1
2	330	20050184	蔡新彪	网络构建05-1班	20050184	20050184	1	在读	1
3	466	20050225	黄宇	图形05-1班	20050225	20050225	1	在读	1
4	427	20050295	闫春香	网管05-1班	20050295	20050295	1	在读	1
5	331	20050298	田月	网络构建05-1班	20050298	20050298	1	在读	1
6	332	20050334	魏铭	网络构建05-1班	20050334	20050334	1	在读	1
7	428	20050349	谢川川	网管05-1班	20050349	20050349	1	在读	1

图 6-26　按学号排序显示信息的执行结果

6.2.6　使用聚合函数

为了有效地进行数据集分类汇总、求平均值等计算,SQL Server 2000 提供了一系列统计函数(也称聚合函数或集合函数),如 SUM、AVG 等,通过它们可以在查询结果集中生成汇总值。

语法格式如下。

```
COUNT|MAX|MIN|SUM|AVG
    ([ALL|DISTINCT] expression|*)
```

参数说明如下。

ALL：对所有的值进行聚合函数运算。ALL 是默认设置。

1. COUNT()函数

COUNT()函数用于统计查询结果集中记录的个数。使用 COUNT()函数应该遵循以下规则。

(1) DISTINCT：指定 COUNT 返回唯一非空值的数量。

(2) expression：一个表达式,其类型是除 uniqueidentifier、text、image 或 ntext 之外的任何类型。不允许使用聚合函数和子查询。

(3) *：指定应该计算所有行以返回表中行的总数。COUNT(*)不需要任何参数,而且不能与 DISTINCT 一起使用。COUNT(*)不需要 expression 参数,因为根据定义,该函数不使用有关任何特定列的信息。COUNT(*)返回指定表中行的数量而不消除副本。它对每行分别进行计数,包括含有空值的行。

(4) COUNT(*)返回组中项目的数量,这些项目包括 NULL 值和副本。

COUNT(ALL expression) 对组中的每一行都计算 expression 并返回非空值的数量。

COUNT(DISTINCT expression) 对组中的每一行都计算 expression 并返回唯一非空值的数量。

【例 6-31】 查询全校系部的个数。

```
SELECT  COUNT(*)
FROM    dbo.TTS_Department
```

执行结果如图 6-27 所示。

	(无列名)
1	10

图 6-27　查询系部个数的执行结果

【例 6-32】 查询全校系部的个数。

```
SELECT   COUNT(DeptID)
FROM     dbo.TTS_Department
```

例 6-32 使用的是对系部编号计数,因为每两个系部的编号是不相等的,所以本例和例 6-31 的执行结果完全相同。

2. MAX()函数

MAX()函数用于返回指定列中的最大值。使用 MAX()函数应遵循以下规则。

(1) DISTINCT:指定每个唯一值都被考虑。DISTINCT 对于 MAX 无意义,使用它仅仅是为了符合 SQL-92 兼容性。

(2) expression:常量、列名、函数以及算术运算符、按位运算符和字符串运算符的任意组合。MAX 可用于数字列、字符列和 datetime 列,但不能用于 bit 列。不允许使用聚合函数和子查询。

【例 6-33】 查询数据库中最大的学号。

```
SELECT   MAX(TTS_Student.StudentNO)
FROM     dbo.TTS_Student
```

执行结果如图 6-28 所示。

3. MIN()函数

MIN()函数用于返回指定列中的最小值。

【例 6-34】 查询数据库中最小的学号。

```
SELECT   MIN(TTS_Student.StudentNO)
FROM     dbo.TTS_Student
```

执行结果如图 6-29 所示。

图 6-28   查询最大学号的执行结果   图 6-29   查询最小学号的执行结果

4. SUM()函数

SUM()函数返回表达式中所有值的和,或只返回 DISTINCT 值。SUM 只能用于数字列。空值将被忽略。使用 SUM 函数,有两种形式,SUM(expression)或 SUM(DISTINCT expression),参数说明如下。

DISTINCT:指定 SUM 返回唯一值的和。

expression:是常量、列或函数,或者是算术、按位与字符串等运算符的任意组合。expression 是精确数字或近似数字数据类型分类(bit 数据类型除外)的表达式。不允许使用聚合函数和子查询。

【例 6-35】 教师测评表数据如图 6-30 所示,请统计 TeacherID 为 1 的教师 2007 学年测评总分。

```
ELECT   SUM(score)
FROM    dbo.TTS_DeptTestTeacher Where TeacherID=1
```

	TeacherID	DeptID	Score	Term	TestTime	TestStatus
1	1	4	96.00	2007A	2008-04-22 22:31:58.877	1
2	32	4	96.00	2007A	2008-05-05 15:27:38.750	1
3	2	4	98.00	2007A	2008-05-05 16:11:38.843	1
4	1	4	80.00	2007B	2008-05-09 15:53:16.250	1

图 6-30　教师测评表数据

执行结果如图 6-31 所示。

5. AVG()函数

AVG()函数返回组中值的平均值,该组中的 NULL 值在计算过程中将被忽略。使用 AVG()函数应遵循以下规则。

(1) DISTINCT:指定 AVG 操作只使用每个值的唯一实例,而不管该值出现了多少次。

(2) expression:精确数字或近似数字数据类型类别的表达式(bit 数据类型除外)。不允许使用聚合函数和子查询。

【例 6-36】　教师测评表数据如图 6-30 所示,请统计 TeacherID 为 1 的教师 2007 学年测评平均分。

```
SELECT   AVG(score)
FROM     dbo.TTS_DeptTestTeacher Where TeacherID=1
```

执行结果如图 6-32 所示。

图 6-31　教师 2007 学年的平均分　　　　图 6-32　教师 2007 学年的平均分

6.2.7　分组查询

在某列中,聚合函数会产生一个所有行的汇总值。如果想要在一列中生成多个汇总值,可以使用聚合函数与 GROUP BY 子句。使用 HAVING 子句和 GROUP BY 子句在结果集中返回满足条件的行。例如,想要汇总每一个班级的总人数。

1. 分组查询

在某些列或表达式中使用 GROUP BY 子句,把表分成组,并对组进行汇总。使用 GROUP BY 应遵循以下规则。

(1) SQL Server 为每一个定义的组生成一个列值。

(2) SQL Server 只是为每一个指定的组返回单一的行,并不返回详细信息。

(3) 所有在 GROUP BY 子句中指定的列必须包含在选择列表中。

(4) 如果包含 WHERE 子句,则 SQL Server 只对满足 WHERE 子句条件的行进行分组。

(5) GROUP BY 列的大小、聚合的列和包含在查询中的聚合的值限制了列项的数目。这个限制来源与中间工作表每行最多只能有 8060 字节的限制,中间工作表用来存放中间查询结果。

（6）因为空值是作为一个组处理的，所以不要在包含多个空值的列中使用 GROUP BY 子句。

（7）使用 ALL 关键字与 GROUP BY 子句显示在聚合列中含有空值的所有行，而忽略这些记录是否满足 WHERE 子句。

【例 6-37】 汇总每一个班级的总人数。

```
SELECT  TTS_Student.ClassName,
        COUNT(*) AS [COUNT]
FROM    dbo.TTS_Student
GROUP BY tts_student.ClassName
```

执行结果如图 6-33 所示。

2．筛选分组结果

对列或表达式使用 HAVING 子句为结果集中的组设置条件。HAVING 子句为 GROUP BY 子句设置条件的方式与 WHERE 子句为 SELECT 语句设置条件的方式大致相同。使用 HAVING 子句应遵循以下规则。

（1）HAVING 子句只有与 GROUP BY 子句连用才能对分组进行约束。只使用 HAVING 子句而不使用 GROUP BY 子句是没有意义的。

（2）可以引用任何出现在选择列表中的列。

（3）不要与 HAVING 子句一起使用 ALL 关键字，因为 HAVING 子句会忽略 ALL 关键字而返回只满足自己条件的分组。

【例 6-38】 汇总每班级的总人数大于 40 人的班级。

```
SELECT  TTS_Student.ClassName,
        COUNT(*) AS [COUNT]
FROM    dbo.TTS_Student
GROUP BY tts_student.ClassName
HAVING COUNT(*)>40
```

执行结果如图 6-34 所示。

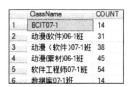 

图 6-33　汇总每班级总人数的执行结果　　　图 6-34　汇总每班级总人数大于 40 的执行结果

6.2.8　连接查询

一个数据库中的多个表之间一般都存在某种内在联系，它们共同提供有用的信息。前面的查询都是针对一个表进行的。若一个查询同时涉及两个以上的表，则称为连接查询。连接查询实际上是关系数据库中最主要的查询，主要包括等值连接、非等值连接、内连接、外连接、交叉连接和自身连接。

1. 等值与非等值连接查询

用户的一个查询请求涉及数据库的多个表时，必须按照一定的条件把这些表连接在一起，以便能够共同提供用户需要的信息。用来连接两个表的条件成为连接条件或连接谓词，其一般格式为：

[<表名 1>.]<列名 1><比较运算符>[<表名 2>.]<列名 2>

其中比较运算符主要有：＝、＞、＜、＞＝、＜＝、!＝。

此外，连接谓词还可以使用下面形式。

[<表名 1>.]<列名 1>BETWEEN [<表名 2>.]<列名 2> AND [<表名 2>.]<列名 3>

连接运算符为"＝"时，成为等值连接。使用其他运算符成为非等值连接。

连接谓词中的列名称为连接字段。连接条件中的各连接字段类型必须是可比的，但不必是相同的。例如，可以都是字符型，或都是日期型；也可以一个是整型，另一个是实型，整型和实型都是数值型，因此是可比的。但若一个是字符型，另一个是日期型就不允许了，因为它们是不可比的类型。

从概念上讲，SQL Server 2008 执行连接操作的过程是，首先在表 1 中找到第一个行，然后从头开始顺序扫描或按索引扫描表 2，查找满足连接条件的行，每找到一个行，就将表 1 中的第一个行与该行拼接起来，形成结果表中的一个行。表 2 全部扫描完毕后，再到表 1 中找第二个行，然后再从头开始顺序扫描或按索引扫描表 2，查找满足连接条件的行，每找到一个行，就将表 1 中的第二个行与该行拼接起来，形成结果表中的一个行。重复上述操作，直到表 1 全部行都处理完毕为止。

【例 6-39】 查询教师的测评分数，要求显示教师姓名、测评学期和分数。

```
SELECT   TTS_Teacher.TeacherName,
    TTS_DeptTestTeacher.Term,
    dbo.TTS_DeptTestTeacher.Score
FROM   TTS_Teacher,
    dbo.TTS_DeptTestTeacher
WHERE   dbo.TTS_Teacher.TeacherID=dbo.TTS_DeptTestTeacher.TeacherID
ORDER BY TeacherName
```

执行结果如图 6-35 所示。

从上例中可以看到，进行多表连接查询时，SELECT 子句与 WHERE 子句中的属性名前都加上了表名前缀，这是为了避免混淆。如果属性名在参加连接的各表中是唯一的，则可以省略表名前缀。

	TeacherName	Term	Score
1	雷菡	2007A	96.00
2	吴光戚	2007A	98.00
3	杨桦	2007B	80.00
4	杨桦	2007A	96.00

图 6-35　等值连接查询的执行结果

2. 内连接查询

内连接通过比较两个表共同拥有的列的值，把两个表连接起来。SQL Server 2008 将只返回满足条件的行。使用内连接可以得到两个单独的表中的信息，并把这些信息组合到一个结果集中。使用内连接查询应遵循以下规则。

（1）内连接是 SQL Server 2008 默认的连接方式。可以把 INNER JOIN 子句简写成 JOIN。

（2）在 SELECT 语句选择列表中包含合法列名，以指定要在结果集中显示的列名。

（3）使用 WHERE 子句以限制结果集要返回的行。

（4）在连接的条件中不要使用空值，因为空值和其他值都不相等。

【例 6-40】   查询教师的测评分数，要求显示教师姓名、测评学期和分数，使用内连接实现。

```
SELECT  TTS_Teacher.TeacherName,
    TTS_DeptTestTeacher.Term,
    dbo.TTS_DeptTestTeacher.Score
FROM   TTS_Teacher
    JOIN dbo.TTS_DeptTestTeacher ON dbo.TTS_Teacher.TeacherID=
    dbo.TTS_DeptTestTeacher.TeacherID
ORDER BY TeacherName
```

执行结果如图 6-36 所示。

	TeacherName	Term	Score
1	雷菡	2007A	96.00
2	吴光成	2007A	98.00
3	杨梓	2007B	80.00
4	杨梓	2007A	96.00

3．外连接查询

若要创建一个查询，以返回一个或多个表中的所有行（无论在另一个表中是否含有相匹配行），则需要使用外连接。外连接

图 6-36   执行结果

包括左外连接和右外连接。左外连接或右外连接可以将两个表中返回符合连接条件的行组合在一起，同时也将左边或右边的表中不符合连接条件的行组合在一起。在结果集中，不满足连接条件的行将显示空值。使用外连接应遵循以下规则。

（1）左外连接可以显示表达式左边的那个表中的所有行。如果反置 FROM 子句中两个表的顺序，则生成的结果集同使用右外连接的结果集相同。

（2）右外连接可以显示表达式右边的那个表中的所有行。如果反置 FROM 子句中两个表的顺序，则生成的结果集同使用左外连接的结果集相同。

（3）可以把 LEFT OUTER JOIN（左外连接）或 RIGHT OUTER JOIN（右外连接）简写成 LEFT JOIN 或 RIGHT JOIN。

【例 6-41】   查询教师的测评分数，要求显示教师姓名、测评学期和分数，如果教师还没有被测评，也需要显示出来。

```
SELECT  TTS_Teacher.TeacherName,
    TTS_DeptTestTeacher.Term,
    dbo.TTS_DeptTestTeacher.Score
FROM   TTS_Teacher
    Left JOIN dbo.TTS_DeptTestTeacher ON dbo.TTS_Teacher.TeacherID=
    dbo.TTS_DeptTestTeacher.TeacherID
ORDER BY TeacherName
```

执行结果如图 6-37 所示。

【例 6-42】   例 6-41 使用左外连接实现，也可以使用右外连接实现。

```
SELECT  TTS_Teacher.TeacherName,
    TTS_DeptTestTeacher.Term,
    dbo.TTS_DeptTestTeacher.Score
FROM   TTS_DeptTestTeacher
    RIGHT JOIN dbo.TTS_Teacher ON dbo.TTS_DeptTestTeacher.TeacherID=
```

```
dbo.TTS_Teacher.TeacherID
ORDER BY TeacherName
```

执行结果如图 6-38 所示。

	DeptName1	DeptName2
1	计算机工程系	计算机工程系
2	经济管理系统	经济管理系统
3	道路桥梁工程系	道路桥梁工程系
4	汽车工程系	汽车工程系
5	人文社会科学系	人文社会科学系
6	自动化工程系	自动化工程系
7	航运工程系	航运工程系
8	数学系	数学系
9	物理系	物理系
10	历史系	历史系

	ClassName
1	网络构建05-1班

图 6-37   左外连接查询的执行结果   图 6-38   右外连接查询的执行结果

4. 交叉连接查询

交叉连接将从被连接的表中返回所有可能的行的组合。使用交叉连接时不要求连接的表一定拥有相同的列。

尽管在一个规范化的数据库中很少使用交叉连接,但可以用它为数据库生成测试数据,或为核对表及业务模板生成所有可能组合的清单。

【例 6-43】 列出 TTS_Academic 表和 TTS_Department 表所有可能得组合。显示的列包括学院名称和系部名称。

```
SELECT   dbo.TTS_Academic.AcademicName,
    TTS_Department.DeptName
FROM    dbo.TTS_Academic
    CROSS JOIN dbo.TTS_Department
```

	AcademicName	DeptName
1	四川省交通职业技术学院	计算机工程系
2	四川省交通职业技术学院	经济管理系统
3	四川省交通职业技术学院	道路桥梁工程系
4	四川省交通职业技术学院	汽车工程系
5	四川省交通职业技术学院	人文社会科学系
6	四川省交通职业技术学院	自动化工程系
7	四川省交通职业技术学院	航运工程系
8	四川省交通职业技术学院	数学系
9	四川省交通职业技术学院	物理系
10	四川省交通职业技术学院	历史系
11	西南交通大学	计算机工程系
12	西南交通大学	经济管理系统
13	西南交通大学	道路桥梁工程系

执行结果如图 6-39 所示。

5. 自身连接查询

如果想查找同一个表中拥有相同值的行,可以使用自身连接,它能把一个表和它自身的另一个实例连接起来。

图 6-39   交叉连接查询的执行结果

尽管规范化的数据库中很少使用自身连接,但在比较同一个表中各不同行中的列值时,可以使用自身连接减少查询的次数。使用自身连接查询应遵循以下规则。

(1) 当引用表的两份复本时,必须指定表的别名。注意表的列名和列的别名是不同的。表的别名是由跟在表名后的别名来指定的。

(2) 当创建自身连接时,由于表中的每一行都和自己匹配并且成对的重复,导致生成重复的行。使用 WHERE 子句删除这些重复的行。

【例 6-44】 对 TTS_Department 表自连接。

```
SELECT   d1.DeptName 'DeptName1',
    d2.DeptName 'DeptName2'
FROM    dbo.TTS_Department d1
    INNER JOIN dbo.TTS_Department d2 ON d1.DeptID=d2.DeptID
```

执行结果如图 6-40 所示。

	DeptName1	DeptName2
1	计算机工程系	计算机工程系
2	经济管理系统	经济管理系统
3	道路桥梁工程系	道路桥梁工程系
4	汽车工程系	汽车工程系
5	人文社会科学系	人文社会科学系
6	自动化工程系	自动化工程系
7	航运工程系	航运工程系
8	数学系	数学系
9	物理系	物理系
10	历史系	历史系

图 6-40   自身连接查询的
执行结果

6.2.9   子查询

1. 什么是子查询

在 SQL 语言中,一个 SELECT-FROM-WHERE 语句称为一个查询块。将一个查询块嵌套在另一个查询块的 WHERE 子句或 HAVING 条件中的查询称为嵌套查询或子查询。

子查询可以把一个复杂的查询分解成一系列的逻辑步骤,这样就可以用单个语句来解决问题。当一个查询依赖于另一个查询的结果时,子查询会很有用。

一般情况下,包含子查询的查询语句也可以写成连接查询语句。连接查询的查询性能和子查询的查询性能比较相似。通常,查询优化器可以优化子查询语句,使子查询语句可以使用与其相当的连接查询语句所使用的样本执行计划。其区别在于子查询可能要求查询优化器执行额外的操作,而这些操作将会影响查询的处理策略。

嵌套查询的求解方法是由里向外处理,即每个子查询在其上一级查询处理之前求解,子查询的结果用于建立其父查询的查询条件。

嵌套查询使得可以用一系列简单查询构成复杂的查询,从而明显增强了 SQL 的查询能力。以层层嵌套的方式构造程序正是 SQL 中"结构化"的含义所在。使用子查询应遵循以下规则。

(1) 子查询要用括号括起来。

(2) 当需要返回一个值或一个值列表时,可以用子查询代替一个表达式。可以用子查询返回含有多个列的结果集以代替表或完成与连接查询操作相同的功能。

(3) 子查询不能检索包含数据类型为 text 或 image 的列。

(4) 子查询中也可以再包含子查询,嵌套最多可以达 32 层。这个嵌套值会因现有的内存和查询中其他表达式的复杂程度而变化。个别查询可能不能支持嵌套达 32 层的子查询。

2. 带有比较运算符的子查询

带有比较运算符的子查询是指父查询与子查询之间用比较运算符进行连接。当用户确切知道内层查询返回的是单值时,可以用>、<、=、>=、<=、!=、<>等比较运算符。

【例 6-45】   查询学生"蔡新彪"所在班级的所有学生信息。

要查询学生"蔡新彪"所在班级的所有学生信息,首先需要确定"蔡新彪"所在班级的名称,然后再查询该班级的所有学生即可。可以分步完成此查询。

(1) 确定"蔡新彪"所在班级名称。

```
SELECT   ClassName
FROM     TTS_Student
WHERE    StudentName='蔡新彪'
```

图 6-41   查询"蔡新彪"班级
名称的执行结果

执行结果如图 6-41 所示。

(2) 查询班级名称为"网络构建 05-1 班"的学生信息。

```
SELECT   *
```

```
FROM TTS_Student
WHERE ClassName='网络构建05-1班'
```

执行结果如图 6-42 所示。

	StudentID	StudentNO	StudentName	ClassName	UserName	UserPwd	RoleID	StudentStatus	AcademicID
1	330	20050184	蔡新彪	网络构建05-1班	20050184	20050184	1	在读	1
2	331	20050298	田月	网络构建05-1班	20050298	20050298	1	在读	1
3	332	20050334	魏铭	网络构建05-1班	20050334	20050334	1	在读	1
4	333	20050364	曾智凡	网络构建05-1班	20050364	20050364	1	在读	1
5	334	20050402	肖伟	网络构建05-1班	20050402	20050402	1	在读	1
6	335	20050448	谭亮	网络构建05-1班	20050448	20050448	1	在读	1
7	336	20050449	吴东峰	网络构建05-1班	20050449	20050449	1	在读	1
8	337	20050761	周道海	网络构建05-1班	20050761	20050761	1	在读	1
9	338	20050809	刘仁强	网络构建05-1班	20050809	20050809	1	在读	1
10	339	20050822	谢虹	网络构建05-1班	20050822	20050822	1	在读	1
11	340	20050862	王林军	网络构建05-1班	20050862	20050862	1	在读	1
12	341	20050872	张传树	网络构建05-1班	20050872	20050872	1	在读	1

图 6-42 查询班级学生信息的执行结果

分步查询比较麻烦,上述查询实际上可以用子查询来实现,即将第一步查询嵌入到第二步查询中,用以构造第二步查询的条件。SQL 语句如下。

```
SELECT   *
FROM     TTS_Student
WHERE    ClassName=(SELECT  ClassName
                    FROM    TTS_Student
                    WHERE   StudentName='蔡新彪'
                    )
```

3. 带有 IN 谓词的子查询

带有 IN 谓词的子查询是指父查询与子查询之间用 IN 进行连接,判断某个属性列值是否在子查询的结果中。

【例 6-46】 例 6-40 也可使用 IN 谓词。

```
SELECT   *
FROM     TTS_Student
WHERE    ClassName IN (SELECT  ClassName
                       FROM    TTS_Student
                       WHERE   StudentName='蔡新彪'
                       )
```

4. 带有 ANY、ALL 谓词的子查询

子查询返回单值时可以用比较运算符外,而使用 ANY 或 ALL 谓词时则必须同时使用比较运算符。其语义如表 6-5 所示。

表 6-5　ANY、ALL 谓词

谓　词	说　明
>ANY	大于子查询结果中的某个值
<ANY	小于子查询结果中的某个值
>=ANY	大于等于子查询结果中的某个值
<=ANY	小于等于子查询结果中的某个值

续表

谓　词	说　明
＝ANY	等于子查询结果中的某个值
!＝ANY 或＜＞ANY	不等于子查询结果中的某个值
＞ALL	大于子查询结果中的所有值
＜ALL	小于子查询结果中的所有值
＞＝ALL	大于等于子查询结果中的所有值
＜＝ALL	小于等于子查询结果中的所有值
＝ALL	等于子查询结果中的所有值
!＝ALL 或＜＞ALL	不等于子查询结果中的所有值

【例 6-47】　查询比所有女生年龄都大的男生姓名。

```
SELECT   StudentName
FROM     TTS_Student
WHERE    Age
         >ALL ( SELECT   Age
         FROM    dbo.TTS_Student
         WHERE   Sex='女')
         AND Sex='男'
```

5. 带有 EXISTS、NOT EXISTS 运算符的子查询

可以用 EXISTS 和 NOT EXISTS 运算符来判断某个值是否存在于值列表中。使用 EXISTS 和 NOT EXISTS 运算符与关联子查询来限制外部查询的结果集,使之满足子查询的条件。根据子查询是否返回行来决定 EXISTS 和 NOT EXISTS 运算符返回 TRUE 还是 FALSE。

为子查询引入 EXISTS 运算符时,SQL Server 2008 将检查是否存在与子查询相匹配的数据,实际上并没有检索行。当 SQL Server 2008 知道至少有一行满足子查询中的 WHERE 条件时,就将终止对行的检索。

语法格式如下:

```
WHERE [NOT] EXISTS (subquery)
```

提示

(1) 外部查询检查子查询返回的行是否存在。

(2) 根据查询所指定的条件,子查询返回 TRUE 或 FALSE。

【例 6-48】　列出班级人数超过 50 的系部名称。

```
SELECT   DeptName
FROM     dbo.TTS_Department AS a
WHERE    EXISTS (SELECT *
           FROM   TTS_Class AS b
           WHERE a.DeptID =  b.DeptID
             AND b.StuCount>50)
```

6.3 方案设计

（1）项目中需要列出某一学期教师的授课班级，写出相应的 SQL 语句。

```
SELECT  dbo.TTS_Course.Cl0assID,
        dbo.TTS_Course.CourseName,
        dbo.TTS_Course.CourseType,
        dbo.TTS_Course.Term,
        dbo.TTS_Course.CourseStatus,
        dbo.TTS_Course.TeacherID,
        dbo.TTS_Teacher.TeacherName,
        dbo.TTS_Course.PlanID,
        dbo.TTS_Course.CourseID
FROM  dbo.TTS_Course
        INNER JOIN dbo.TTS_Teacher ON dbo.TTS_Course.TeacherID=
dbo.TTS_Teacher.TeacherID
```

执行结果如图 6-43 所示。

	ClassID	CourseName	CourseType	Term	CourseStatus	TeacherID	TeacherName	PlanID	CourseID
1	1	高等数学	1	2006B	0	1	杨桦	2	1
2	1	Java程序设计	1	2007A	0	1	杨桦	1	1
3	A0387	两课2(2)	1	2008A	1	1	杨桦	2	1100041
4	A0866	Protel99实训	1	2006A	1	1	杨桦	1	1100050
5	A0216	专业资料检索	1	2007A	1	1	杨桦	2	1100059
6	A0889	C语言	1	2007A	1	1	杨桦	1	1200012
7	A0349	家电技术(5)	1	2007A	1	2	吴光成	2	1200099

图 6-43 教师授课信息执行结果

（2）项目中需要统计教研室所有教师的评价分，这就需要列出教研室信息。写出相应的 SQL 语句。

```
SELECT  dbo.TTS_Group.GroupID,
        dbo.TTS_Group.GroupName,
        dbo.TTS_Group.DeptID,
        dbo.TTS_Department.DeptName,
        dbo.TTS_Department.AcademicID,
        dbo.TTS_Academic.AcademicName
FROM  dbo.TTS_Academic
        INNER JOIN dbo.TTS_Department ON dbo.TTS_Academic.AcademicID=
dbo.TTS_Department.AcademicID
        INNER JOIN dbo.TTS_Group ON dbo.TTS_Department.DeptID=
dbo.TTS_Group.DeptID
```

执行结果如图 6-44 所示。

（3）项目中需要列出所有学生测评数据，写出相应的 SQL 语句。

```
SELECT  dbo.TTS_Course.ClassID,
        dbo.TTS_Course.CourseName,
        dbo.TTS_Course.CourseType,
        dbo.TTS_Course.Term,
```

结果 | 消息

	GroupID	GroupName	DeptID	DeptName	AcademicID	AcademicName
1	1	道路与桥梁技术教研室	1	计算机工程系	1	四川省交通职业技术学院
2	2	桥梁与隧道技术教研室	1	计算机工程系	1	四川省交通职业技术学院
3	4	监理技术教研室	1	计算机工程系	1	四川省交通职业技术学院
4	5	高等级公路管理教研室	1	计算机工程系	1	四川省交通职业技术学院
5	6	技术基础教研室	1	计算机工程系	1	四川省交通职业技术学院
6	7	汽车运用技术教研室	2	经济管理系统	1	四川省交通职业技术学院
7	8	汽车技术服务与营销教研室	2	经济管理系统	1	四川省交通职业技术学院
8	9	汽车整形教研室	2	经济管理系统	1	四川省交通职业技术学院
9	10	汽车实训教研室	2	经济管理系统	1	四川省交通职业技术学院
10	11	财会教研室	3	道路桥梁工程系	1	四川省交通职业技术学院
11	12	物流教研室	3	道路桥梁工程系	1	四川省交通职业技术学院

图 6-44　执行结果

```
        dbo.TTS_StuTestTeacher.StudentID,
        dbo.TTS_Student.StudentName,
        dbo.TTS_StuTestTeacher.Score,
        dbo.TTS_StuTestTeacher.TestTime,
        dbo.TTS_StuTestTeacher.TestStatus,
        dbo.TTS_StuTestTeacher.CourseID,
        dbo.TTS_Student.StudentNO,
        dbo.TTS_Course.TeacherID
FROM  dbo.TTS_Course
        INNER JOIN dbo.TTS_StuTestTeacher ON dbo.TTS_Course.CourseID=
dbo.TTS_StuTestTeacher.CourseID
        AND dbo.TTS_Course.Term=dbo.TTS_StuTestTeacher.Term
        INNER JOIN dbo.TTS_Student ON dbo.TTS_StuTestTeacher.StudentID=
dbo.TTS_Student.StudentID
```

执行结果如图 6-45 所示。

	ClassID	CourseName	CourseType	Term	StudentID	StudentName	Score	TestTime	TestStatus	CourseID	StudentNO	TeacherID
1	1	Java程序设计	1	2007A	1	张千毅	98.00	2008-04-22 22:26:38.140	1	1	20052259	1
2	A0866	Protel99实训	1	2006A	2	李东升	95.00	2008-05-03 10:08:31.860	1	1100050	20052749	1
3	A0501	特种加工实训	1	2006B	2	李东升	94.00	2008-05-03 10:10:47.220	1	3400030	20052749	1

图 6-45　执行结果

(4) 项目中需要列出教研室教师的测评结果，写出相应的 SQL 语句。

```
SELECT  dbo.TTS_GroupTestTeacher.TeacherID,
        dbo.TTS_Teacher.TeacherName,
        dbo.TTS_GroupTestTeacher.Term,
        dbo.TTS_GroupTestTeacher.TestTime,
        dbo.TTS_GroupTestTeacher.TestStatus,
        dbo.TTS_Academic.AcademicID,
        dbo.TTS_Academic.AcademicName,
        dbo.TTS_Group.GroupID,
        dbo.TTS_Group.GroupName,
        dbo.TTS_GroupTestTeacher.Score
FROM  dbo.TTS_GroupTestTeacher
        INNER JOIN dbo.TTS_Teacher ON dbo.TTS_GroupTestTeacher.TeacherID=
dbo.TTS_Teacher.TeacherID
        INNER JOIN dbo.TTS_Group ON dbo.TTS_GroupTestTeacher.GroupID=
dbo.TTS_Group.GroupID
```

```
        INNER JOIN dbo.TTS_Department ON dbo.TTS_Group.DeptID=
dbo.TTS_Department.DeptID
        INNER JOIN dbo.TTS_Academic ON dbo.TTS_Department.AcademicID=
dbo.TTS_Academic.AcademicID
```

执行结果如图 6-46 所示。

	TeacherID	TeacherName	Term	Test Time	TestStatus	AcademicID	AcademicName	GroupID	GroupName	Score
1	2	吴光成	2007A	2008-04-22 22:30:54.483	1	1	四川省交通职业技术学院	18	软件技术教研室	95.00
2	3	时云锋	2007A	2008-05-03 09:38:28.827	1	1	四川省交通职业技术学院	18	软件技术教研室	99.00
3	4	朗川萍	2007A	2008-05-03 09:39:07.687	1	1	四川省交通职业技术学院	18	软件技术教研室	75.00
4	2	吴光成	2007B	2008-05-09 11:29:38.703	1	1	四川省交通职业技术学院	18	软件技术教研室	91.00
5	3	时云锋	2007B	2008-05-09 11:31:46.877	1	1	四川省交通职业技术学院	18	软件技术教研室	85.00

图 6-46　执行结果

（5）项目中需要列出所有教师的测评结果，写出相应的 SQL 语句。

```
SELECT  dbo.TTS_TestTotalResult.TeacherID,
        dbo.TTS_Teacher.TeacherName,
        dbo.TTS_TestTotalResult.TestScore,
        dbo.TTS_TestTotalResult.TotalEvaluation,
        dbo.TTS_TestTotalResult.Term,
        dbo.TTS_Teacher.DeptID,
        dbo.TTS_Teacher.GroupID,
        dbo.TTS_Department.AcademicID
FROM  dbo.TTS_TestTotalResult
        INNER JOIN dbo.TTS_Teacher ON dbo.TTS_TestTotalResult.TeacherID=
dbo.TTS_Teacher.TeacherID
        INNER JOIN dbo.TTS_Department ON dbo.TTS_Teacher.DeptID=
dbo.TTS_Department.DeptID
```

执行结果如图 6-47 所示。

	TeacherID	TeacherName	TestScore	TotalEvaluation	Term	DeptID	GroupID	AcademicID
1	1	杨桦	97.00	NULL	2007A	4	18	1
2	2	吴光成	96.50	NULL	2007A	4	18	1
3	3	时云锋	99.00	NULL	2007A	4	18	1
4	4	朗川萍	75.00	NULL	2007A	4	18	1
5	1	杨桦	85.00	NULL	2007B	4	18	1
6	1	杨桦	95.00	NULL	2006A	4	18	1
7	1	杨桦	94.00	NULL	2006B	4	18	1
8	32	雷蕾	96.00	NULL	2007A	4	20	1
9	2	吴光成	91.00	NULL	2007B	4	18	1
10	3	时云锋	85.00	NULL	2007B	4	18	1
11	4	朗川萍	98.00	NULL	2007B	4	18	1

图 6-47　执行结果

6.4　项 目 实 施

（1）启动 Microsoft SQL Management Studio。

（2）单击菜单栏上的"新建 SQL 查询"按钮。

（3）在 SQL 语句编辑窗口中输入相应的 SQL 语句，单击菜单栏上的"执行"按钮，运行 SQL 语句，观察执行结果。

6.5   扩展知识：使用事务确保数据一致性

6.5.1   事务及特性

事务是单个的工作单元。如果某一事务成功，则在该事务中进行的所有数据更改均会提交，成为数据库中的永久组成部分。如果事务遇到错误且必须取消或回滚，则所有数据更改均被清除，在 SQL Server 2008 中引入事务的处理可以确保数据的完整性和一致性。

1．事务的特性

事务是作为单个逻辑工作单元执行的一系列操作。一个逻辑工作单元必须有 4 个属性，称为 ACID（原子性、一致性、隔离性和持久性）属性。

（1）原子性。事务必须是原子工作单元；对于其数据修改，要么全都执行，要么全都不执行。

（2）一致性。事务执行前后，数据库中的数据都处于一致的状态。如将订单写到了数据库中，而相应的订单明细没有写入，则两者之间的一致性就被破坏了。

提示   原子性和一致性是通过事务管理来实现的。

（3）隔离性。由并发事务所作的修改必须与任何其他并发事务所作的修改隔离。事务查看数据时数据所处的状态，要么是另一并发事务修改它之前的状态，要么是另一事务修改它之后的状态，事务不会查看中间状态的数据。这称为可串行性，因为它能够重新装载起始数据，并且重播一系列事务，以使数据结束时的状态与原始事务执行的状态相同。该特性是通过上锁来实现的。

（4）持久性。事务完成之后，对于系统的影响是永久性的。该修改即使出现系统故障也将一直保持。这是通过备份和事务日志来完成的。

2．SQL Server 提供的特性

为实现 ACID 性质的需求，SQL Server 提供了下面的特性。

（1）事务管理。确保了所有事务的原子性和一致性。一个事务启动后必须成功地完成，否则 SQL Server 就撤销从事务处理启动以来发生的所有数据修改。

（2）上锁。保持事务隔离性的一种特性。

（3）事务日志。确保事务持久性的一种特性。数据库中所有的活动都记录在其中，日志用于如果出现系统失败时可以回滚事务。事务日志就像含金量巨大的"安全登记簿"，在事务管理中起着很大的作用。

6.5.2   事务的分类

1．自动提交事务

这是 SQL Server 默认的事务管理模式，每条单独的语句都是一个事务。也就是说，每个 T-SQL 语句结束时，事务被自动提交，若遇到错误就会回滚。

2．显式事务

每个事务都以 BEGIN TRANSACTION 语句显式开始，以 COMMIT TRANSACTION 语

句显式结束。

语法格式如下。

```
BEGIN TRAN[SACTION]  [transaction_Name  @variable]
    ⋮
COMMIT [TRANSACTION ] [transaction_Name  @variable]
```

或

```
COMMIT WORK
```

或

```
ROLLBACK
```

参数说明如下。

transaction_Name：事务的名字，遵循标识符的命名规则，长度不应多于 32 个字符，一般以 trn 作为前缀。

@variable：该变量的类型必须被声明为 char ，varchar，nchar，nvarchar 数据类型。

如果事务成功，则执行 COMMIT TRASACTION 或 COMMIT WORK 提交，COMMIT 语句保证事务的所有修改在数据库中都永久有效。COMMIT 语句还释放资源，如事务使用的锁。区别在于，COMMIT WORK 后不能跟事务的名。

【例 6-49】 在图书的截至当前销售额超过 8000 时，增加支付给作者的预付款。

```
BEGIN TRANSACTION trnUpdateTitiles
UPDATE   titles
SET      advance=advance * 1.25
WHERE    ytd_sales>8000
COMMIT  TRANSACTION  trnUpdateTitiles
```

ROLLBACK：如果事务中出现错误，或者用户决定取消事务，可回滚该事务。ROLLBACK 语句通过将数据返回到它在事务开始时所处的状态，来恢复在该事务中所作的所有修改。ROLLBACK 还会释放由事务占用的资源。

【例 6-50】 对产品名称为'Chai'的产品降价 10 美元，万一其价格低于 5 美元，则事务回滚并输出相应的信息。

```
BEGIN TRANSACTION
UPDATE products
SET      unitPrice=unitprice-10
WHERE    ProductName='Chai'
IF(SELECT unitprice
    FROM   products
    WHERE  ProductName='Chai'
    )<$ 5
    BEGIN
        ROLLBACK  TRANSACTION
        PRINT 'transaction Rolled Back'
    END
ELSE
```

```
BEGIN
    COMMIT TRANSACTION
    PRINT 'Transaction Committed'
END
```

6.6 小　　结

本章讲述了怎样编写 INSERT、DELETE、UPDATE 语句来修改表中的数据。

学生在学习本章知识后应该熟练掌握编写 INSERT、DELETE、UPDATE 语句修改表中的数据的方法，了解与更新数据相关的性能的知识。

SELECT 语句是 SQL 的核心语句，其语句成分多样，尤其是目标列表达式和条件表达式，可以有多种可选形式。这里总结一下它们的一般格式。

SELECT 语句的一般格式如下。

```
SELECT [ALL|DISTINCT]<select_list>[[AS] 'column_alias']
[,<select_list>][[AS] 'column_alias']...
FROM<table_name|view_name> [,< table_name|view_name> ]...
[WHERE<expression>]
[GROUP BY<select_list>[HAVING<expression>]]
[ORDER BY<select_list>[ASC|DESC]];
```

（1）目标列表达式有以下可选格式。

① ＊；

② ＜table_name＞. ＊；

③ COUTN（［DISTINCT｜ALL］＊）；

④ ［＜table_name＞. ］＜column_name｜expression＞［，［＜table_name＞. ］＜column_name｜expression＞］…。

其中＜column_name｜expression＞可以是由属性列、作用于属性列的聚合函数和常量的任意算术运算（＋、－、＊、\）组成的运算公式。

聚合函数的一般格式为

```
COUNT|SUM|AVG|MAX|MIN([DISTINCT|ALL]<column_name>)
```

（2）WHERE 子句的条件表达式有以下可选格式。

① ＜column_name＞

　　＜column_name＞｜＜constants＞｜［ANY｜ALL］（SELECT 语句）；

② ＜column_name＞［NOT］BETWEEN

　　＜column_name＞｜＜constants＞ ｜（SELECT 语句）

　　AND ＜column_name＞｜＜constants＞ ｜（SELECT 语句）；

③ ＜column_name＞［NOT］IN （＜VALUE1＞［，＜VALUE2＞…］）；

④ ＜column_name＞［NOT］LIKE ＜匹配串＞；

⑤ ＜column_name＞ IS ［NOT］NULL；

⑥ ［NOT］EXISTS （SELECT 语句）；

⑦ <expression> AND|OR <expression>(AND|OR <expression>)。

习　　题

练习使用以下 3 个表。

（1）学生表（Student）由学号（Sno），姓名（Sname），性别（Sex），年龄（Sage）、所在系（Sdept）5 个属性组成，可记为：

```
Student(Sno,Sname,Sex,Sage,Sdept)
```

（2）课程表（Course）由课程号（Cno），课程名（Cname），学分（Ccredit）3 个属性组成，可记为：

```
Course(Cno,Cname,Ccredit)
```

（3）选修表（SC）由课程号（Cno），学号（Sno），成绩（Grade）3 个属性组成，可记为：

```
SC(Cno,Sno,Grade)
```

用 SELECT 完成以下查询要求。

① 查询全体学生的学号和姓名。

② 查询全体学生的姓名及其出生年份。

③ 查询信息工程系全体学生名单。

④ 查询所有年龄在 20 岁以下的学生姓名及其年龄。

⑤ 查询年龄在 20～23 岁之间的学生的姓名、系别和年龄。

⑥ 查询信息工程系、汽车系和人文系的学生的姓名和性别。

⑦ 查询所有姓林的学生的姓名和学号。

⑧ 查询所有没参加考试的学生的学号和课程号。

⑨ 查询信息工程系 20 岁以下的女生姓名。

⑩ 查询全体学生情况，结果按系排升序，对同一系按年龄排降序。

⑪ 查询学生总人数。

⑫ 查询各门课程的选修人数。

⑬ 查询每个学生及其选修情况。

⑭ 查询高等数学成绩 85 分以上的学生。

⑮ 查询每个学生选修课程的课程名和成绩。

⑯ 查询每门课程的平均成绩。

项目 7

在教学评测系统数据库中使用索引

7.1 用户需求与分析

随着时间的推移,系统中的数据越来越多,用户访问系统的速度也会降低,为了提高用户访问系统的速度,提升用户体验,这就需要使用索引。索引类似于一本书的目录索引。当查阅书中某一章节的内容时,为了提高查阅速度,并不是从书的第一页开始查找,而是首先查看书的目录索引,找到需要的这一章节在目录中所列的页码,然后根据页码直接找到需要的章节。在数据库中,为了从大量的数据中迅速找到需要的内容,也采取了类似于书目录索引这样的技术,使数据库查询时不必扫描整个数据库,就能迅速查找到所需要的内容。

索引是一个单独的、物理的数据库结构,它是某个表中一列或若干列值的集合和相应的指向表中物理标识这些值的数据页的逻辑指针清单。索引是依赖于表建立的,它提供了数据库中编排表中数据的内部方法。在数据库中,一个表的存储是由两部分组成的,一部分用来存放表的数据页面,另一部分存放索引页面,索引就存放在索引页面上。通常,索引页面相对于数据页面来说小得多。当进行数据检索时,系统先搜索索引页面,从中找到所需数据的指针,再直接通过指针从数据页面中读取数据。从某种程度上,可以把数据库看作一本书,把索引看作书的目录,通过目录查找书中的信息,显然比没有目录的书查找起来更方便。在数据库中建立索引主要有以下作用。

(1)快速存储数据。

(2)保证数据记录的唯一性。

(3)实现表与表之间的参照完整性。

(4)在检索数据时,利用索引可以减少排序时间和分组的时间。

7.2 相 关 知 识

7.2.1 索引的分类

1. 簇索引

簇索引是一种特殊索引,它使数据按照索引的排序顺序存放表中。簇索引类似于字典,即所有词条在字典中都以字母顺序排列。簇索引实际上重组了表中的数据,所以只能在表中建立一个簇索引。

当数据按值的范围查询时,簇索引就显得特别有用。因为所有 SQL Server 都必须先找到所查询范围的第一行,然后依次下去,直到该范围的最后一个值找到为止,并且保证了所有的其他值也落在这个范围内。举一个例子,一个应用程序要查找首字母位于 G 和 P 之间的姓名列表,SQL Server 首先找到以字母 G 开头的名字,取出所有记录,直到找到以字母 P 开头的名字为止,这种方法使得查询过程非常高效。

当读者准备在表中创建簇索引时必须考虑到以下几点。

(1) 应该在尽可能少的列上定义一个簇索引。在表中创建的任何其他的索引都比正常的要大,因为它们不仅包含其他索引的值,而且还包含簇索引的关键字。

(2) 当列具有相对数量较少的相异值时,比如世界上国家的名称,创建簇索引应该说是个好主意。

(3) 如果要索引的值极少,例如一个列包含的全都是 1 和 0,创建簇索引就不是个好主意。

(4) 如果访问一个表并使用 BETWEEN、<、>、>=或<=操作符来返回一个一定范围的值时,应该考虑使用簇索引。

(5) 如果表中的值是按照顺序访问的,应该考虑使用簇索引。

(6) 如果访问表经常是为了返回一大堆数据,应该考虑使用簇索引。

(7) 如果表经常由一个指定的列来排序,该列将是簇索引的最佳候选列。这是因为表中的数据已经排好序了。

(8) 对于追求快速的应用程序,搜索用的那个列是簇索引的最佳候选列。

(9) 进行大量数据改动的表不适宜用簇索引,因为 SQL Server 将不得不在表中维护行的次序。

2. 非簇索引

非簇索引中的数据顺序不同于表中的数据存放顺序。这种类型的索引类似于课本里的索引。表里的数据存放无任何顺序,而该索引仅有一个按关键字的排序值和一个指向对应数据的指针,犹如页码一样。SQL Server 使用这种索引的方法,就像使用课本里的索引一样。当要查询某个特定值时,只需找到关键字的值,然后再到表中从索引指定的地方检索出数据。如果表包含一个簇索引,索引指针实际上指向的是簇索引的关键字。如果表中没有簇索引,索引指针则指向行标识(即 RID)。

非簇索引的一大优点是可以在同一个表中创建多个非簇索引。这样在以几种不同的方式访问表时,就可以根据这几种访问方式在表中创建不同的索引。

当准备在表中创建非簇索引时,必须考虑到以下几点。

(1) 当列包括大量唯一的值时,如姓名或地址,此时可以在表中建立非簇索引。

(2) 同簇索引一样,如果列中包含的相异值极少,比如仅有 0 和 1,就没有必要建立索引。

(3) 当查询不返回大量数据时最适合于非簇索引。

(4) 当应用程序要求通过大量的连结来创建结果集时,应该考虑使用高度索引的表。可以在一个表中对多个列创建索引,这些索引称为复合索引。当用户在 SELECT 语句的 WHERE 子句下使用多个列时,这些索引就显得特别有用。举例来说,用户通常要查寻作者住在哪个州、哪个城市,这时就要对这两个列创建一个索引。

3. 唯一索引

用户不能单独创建一个唯一索引,唯一索引是作为簇索引或非簇索引的一部分而创建的。唯一索引用来保证索引数据的唯一性。如果创建的索引包含多个列，唯一索引将保证包含在索引中的所有值的组合是唯一的。应用唯一索引的一个例子是包含社会保险号码的列，这个列是最适合于创建唯一索引，因为在理论上，没有两个人拥有同样的社会保险号码。另一方面，名和姓的组合不适合于创建唯一索引，因为这样就不可能在表中存放同名同姓的人了。当在表中创建 UNIQUE 或 PRIMARY KEY 约束后，SQL Server 将会在表中自动生成一个唯一索引。

7.2.2　创建索引

由于要经常对学生信息进行查询和更新。为了提高查询和更新速度，可以考虑对学生信息表建立索引。

1. 用索引创建向导创建索引

【例 7-1】　在 TTS_Teacher 表中按学号建立索引。

（1）在对象资源管理器中，选中 TTS_Teacher 表，在"索引"节点上右击，出现图 7-1 所示的快捷菜单。

（2）在图 7-1 所示的快捷菜单中，选择"新建索引"命令，弹出图 7-2 所示的对话框。

（3）在图 7-2 所示的对话框中，填写索引名称，选择索引类型。单击"添加"按钮，出现图 7-3 所示的对话框，在对话框中添加要建立索引的列。

图 7-1　新建索引

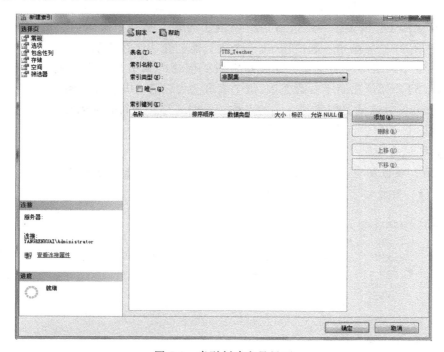

图 7-2　索引创建向导界面

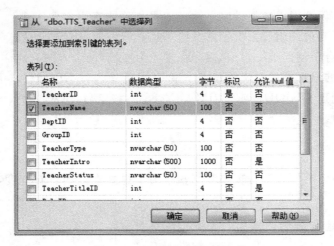

图 7-3　选择添加到索引的列

（4）选定数据列以后，单击"确定"按钮，即可完成索引添加。

2．用 CREATE INDEX 命令创建索引

其部分语法格式如下。

```
CREATE [UNIQUE] [CLUSTERED|NONCLUSTERED] INDEX index_name
ON<table|view>(<column [ASC|DESC] [,...n])
```

各关键字的含义如下。

UNIQUE：该关键字用来指定所要创建的索引是一个唯一索引。这个关键字必须和另外一个索引创建关键字联合使用。

CLUSTERED：该关键字用来指定所要创建的索引是一个簇索引。该关键字不能和NONCLUSTERED 关键字一起使用，每一个表只能创建一个簇索引。

NONCLUSTERED：该关键字用来指定所要创建的索引是一个非簇索引。该关键字不能和 CLUSTERED 关键字一起使用，每个表最多可以有 249 个非簇索引。

index_name：这是要创建的索引的名称。索引名称必须符合命名标准。

table：这是要创建索引的表的名称。

view：这是要创建索引的视图的名称。

提示　数据类型为 Text、Ntext、Image 或 Bit 的列不能作为索引。

【例 7-2】　为教师基本信息表创建索引。

```
IF EXISTS (SELECT name
        FROM    sysindexes
        WHERE   name='TTS_Teacher_TeacherNameIndx')
    DROP INDEX TTS_Teacher_TeacherNameIndx
GO

CREATE INDEX TTS_Teacher_TeacherNameIndx ON
TTS_Teacher(TeacherName)
```

【例 7-3】　为学生基本信息表创建唯一索引。

```
IFEXISTS {SELECTname
        FROMsysindexes
        WHERename= 'TTS_Student_StuNOIndx'}
        DROPINDEXTTS_Student_StuNOIndx
GO

CREATEUNIQUEINDEXTTS_Student_StuNOIndxONTTS_Student (StudentNO)
```

7.2.3　查看索引信息

1. 用 SQL Server Management Studio 查看维护索引

（1）在对象资源管理器中，选中 TTS_Teacher 表，展开"索引"节点，如图 7-4 所示。

（2）选中想要查看的索引，右击，在弹出的快捷菜单中选择"属性"命令，在弹出的对话框中查看、修改索引信息，如图 7-5所示。

2. 用 sp_helpindex 存储过程查看索引

sp_helpindex 可以返回表的所有索引的信息。其语法格式如下。

图 7-4　索引信息

```
sp_helpindex [@objname=] 'name'
```

其中［@objname＝］'name'子句指定要查看的表名或视图名。

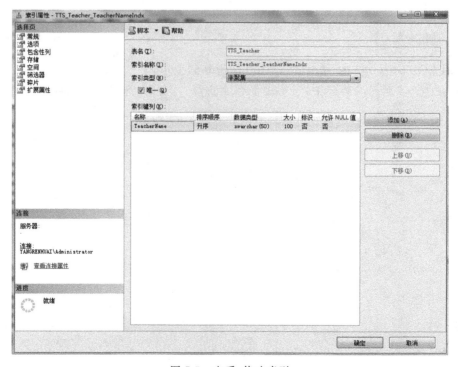

图 7-5　查看、修改索引

【例 7-4】 查看表 TTS_Teacher 中的索引。

```
sp_helpindex 'TTS_Teacher'
```

结果集如图 7-6 所示。

	index_name	index_description	index_keys
1	PK_TTS_Teacher	clustered, unique, primary key located on PRIMARY	TeacherID
2	TTS_Teacher_TeacherNameIndx	nonclustered, unique located on PRIMARY	TeacherName

图 7-6　索引信息

7.2.4　重命名索引

sp_rename 存储过程用来更改数据库中对象的名称。其语法格式如下。

```
sp_rename [@objname=] 'object_name',
[ @newname=] 'new_name'
    [,[@objtype=] 'object_type' ]
```

各关键字的含义如下。

[@objname＝] 'object_name'：用户对象的当前名称。

[@newname＝] 'new_name'：指定对象的新名称。

[@objtype＝] 'object_type'：要重命名对象的类型。

【例 7-5】 重命名索引的名字。

```
EXEC sp_rename 'TTS_Teacher_TeacherNameIndx',
'TTS_Teacher_TeacherNameIndx1', 'index'
```

7.2.5　删除索引

1. 用 SQL Server Management Studio 删除索引

（1）在图 7-4 所示的界面中，选中需要删除的索引，右击，弹出的快捷菜单如图 7-7 所示界面。

图 7-7　删除索引

（2）选择"删除"命令，删除索引。

2. 使用 DROP INDEX 命令删除索引

DROP INDEX 命令可以删除一个或多个当前数据库中的索引。其语法格式如下：

```
DROP INDEX 'table.index|view.index' [,...n]
```

【例 7-6】　删除表 TTS_Teacher 中的索引。

```
DROP INDEX dbo.TTS_Teacher.TTS_Teacher_TeacherNameIndx
```

提示　DROP INDEX 命令不能删除由 CREATE TABLE 或 ALTER TABLE 命令创建的 RIMARY KEY 或 UNIQUE 约束索引，也不能删除系统表中的索引。

7.3　方 案 设 计

在系统中，经常需要访问的表有 TTS_Teacher、TTS_Course、TTS_Student 等。特别是涉及多表访问的列，需要在相应的列上建立索引，以提高查询速度，如表 7-1～表 7-3 所示。

表 7-1　教师表——TTS_Teacher

列　名	索引类型	名　称
TeacherID	聚簇索引	Index_TeacherID
DeptID	唯一索引	Index_DeptID
GroupID	唯一索引	Index_GroupID
TeacherTitleID	唯一索引	Index_TeacherTitleID

表 7-2　课程表——TTS_Course

列　名	索引类型	名　称
CourseID	聚簇索引	Index_CourseID
TeacherID	唯一索引	Index_TeacherID
ClassID	唯一索引	Index_ClassID

表 7-3　学生表——TTS_Student

列　名	索引类型	名　称
StudentNO	聚簇索引	学生学号，主键约束

7.4　项 目 实 施

（1）通过 SQL Server 2008 Management Studio 建立索引。
（2）使用 SQL 语句建立索引。

7.5 小   结

本章主要介绍了什么是索引,索引的用途,索引的分类。详细介绍了如何来创建索引、修改维护索引和删除索引。

在学习的过程中要特别注意根据实际情况来创建索引,这是非常重要的一个环节,如果没有处理好这个问题,可能会带来一些负面的影响。同时,还要熟练掌握创建索引、修改维护索引和删除索引的方法。

习   题

1. 什么是索引?
2. 什么是簇索引?
3. 什么是非簇索引?
4. 在一个表中可以建立多个簇索引吗?
5. 在 TTS_Department 表上建立一个包括学生姓名和学号的复合非簇索引。

学习情境四

教学评测系统数据库中视图的使用

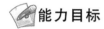能力目标

（1）能够创建教学评测系统数据库中相关视图；

（2）能够查看、重命名视图；

（3）能够修改视图；

（4）能够删除视图；

（5）能够使用视图更新数据。

项目 8

在教学评测系统数据库中创建视图

8.1 用户需求与分析

根据教学评测系统数据库设计说明书,在 TTS 数据库中需要用到权限菜单视图(ViewAuthorityMenu)、课程视图(ViewCourse)、学生选课视图(ViewStuSeltCourse)、学生测-教师视图(ViewStuTest)、教研室评教测评结果视图(ViewGroupTestResult)等 17 个视图。

权限菜单视图需要的信息:角色编号、角色名称、权限编号、权限名称、权限值、菜单编号、菜单名称、菜单路径。课程视图需要的信息:课程编号、授课班级代码、课程名称、课程性质、开设学期、课程状态、教师编号、教师姓名、方案编号。学生选课视图包括信息:学生学号(主键)、学生姓名、课程编号、授课班级代码、课程名称、课程性质、开设学期、课程状态、教师编号、教师姓名、方案编号。学生测-教师视图需要的信息:课程编号、授课班级代码、课程名称、课程性质、开设学期、学生编号、学生姓名、得分、测评时间、测评状态。教研室评教测评结果视图需要的信息:教师编号、教师姓名、当前测评学期、测评时间、测评状态、所属学院编号、所属学院名称、教研室编号、教研室名称。

8.2 相 关 知 识

8.2.1 什么是视图

视图是从一个或多个表或视图中导出的表,其结构和数据是建立在对表的查询基础上的。和表一样,视图也是包括几个被定义的数据列和多个数据行,但就本质而言,这些数据列和数据行来源于其所引用的表。所以视图不是真实存在的基础表而是一张虚表,视图所对应的数据并不实际地以视图结构存储在数据库中,而是存储在视图所引用的表中。

视图一经定义便存储在数据库中,与其相对应的数据并没有像表那样又在数据库中再存储一份,通过视图看到的数据只是存放在基本表中的数据。对视图的操作与对表的操作一样,可以对其进行查询、修改和删除。使用视图有以下优点。

(1)用户集中数据,简化用户的数据查询和处理。有时用户所需要的数据分散在多个表中,使用视图可以将这些数据集中在一起,从而方便用户的数据查询和处理。

(2)屏蔽数据库的复杂性。用户不必了解复杂的数据库中表的结构,并且数据库中表的更改也不会影响用户对数据库的使用。

(3)简化用户权限管理。只需要授予用户使用视图的权限,从而增加了安全性。

使用视图时,要注意以下事项。

(1) 只有在当前数据库中才能创建视图。

(2) 视图的命名必须符合标识符的命名规则,不能与表同名。

(3) 不能把规则、默认值或触发器与视图关联。

(4) 不能在视图上建立任何索引。

8.2.2 为什么使用视图

使用视图有很多优点,例如使得查询简单化、提高数据的安全性、降低数据库的复杂性等。其主要表现在以下几点。

(1) 简单性。视图不仅可以简化用户对数据的理解,也可以简化用户的操作。那些被经常使用的查询可以被定义为视图,从而使用户不必为以后的每次操作都指定全部的条件。

(2) 安全性。通过视图,用户只能查询和修改他们所能见到的数据。数据库中的其他数据则既看不见也取不到。数据库授权命令可以使每个用户对数据库的检索限制到特定的数据库对象上,但不能授权到数据库特定的行和特定的列上。通过视图,用户可以被限制在数据的不同子集上。

(3) 逻辑数据独立性。视图可以使应用程序和数据库表在一定程度上独立。如果没有视图,应用一定是建立在表上的。有了视图之后,程序可以建立在视图之上,从而程序与数据库表被视图分割开来。

8.2.3 创建视图

在 Microsoft SQL Server 2008 中,创建视图与创建表一样可以使用 SSMS 的对象资源管理器和使用 Transact-SQL 命令两种方法创建。

1. 使用 SSMS 对象资源管理器创建视图

(1) 在 SQL Server Management Studio 中,连接到包含默认的数据库的服务器实例。

(2) 在"对象资源管理器"中,依次展开"服务器"、"数据库"、"TTS"节点,右击"视图"节点,在弹出的快捷菜单中选择"新建视图"命令,进入"添加表"对话框,如图 8-1 所示。

图 8-1　选择视图的基本表

（3）选择视图的基本表或者基视图后，如果还需要添加其他表，则可以通过单击"添加"按钮继续选择添加基表或者基视图，如果不再需要添加，则可以单击"关闭"按钮，关闭"添加表"对话框。

（4）在关系图窗口中，可以建立表与表之间的联系，只需要将相关联的字段拖动到要连接的字段上即可。在每个表列名前的复选框上选择，可以设置视图需要输出的字段，在条件窗格里还可以设置要过滤的查询条件，如图 8-2 所示。

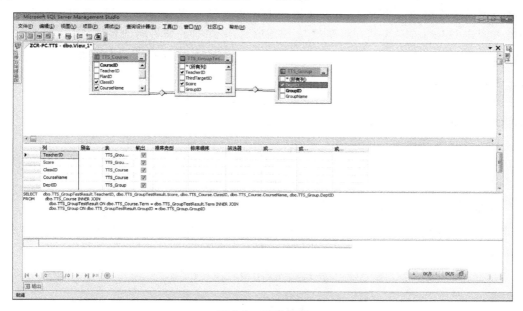

图 8-2　创建视图

（5）单击"执行 SQL"按钮，运行 select 语句，查看运行结果。

（6）测试正常后，单击"保存"按钮，在弹出的对话框中输入视图名称，完成视图的创建。

2. 使用 Transact-SQL 命令创建视图

在 SQL Server 2008 中只能在当前的数据库中创建视图，视图的名称必须符合命名规则，因为视图的外表和表的外表是一样的，因此应该使用一种能与表区别开的命名机制，使人容易分辨出表和视图，一般情况下，选择在视图名称前使用 vw_作为前缀。也可以使用 Create view 语句创建视图。语法格式如下。

```
CREATE VIEW [schema_name.] view_name [(column [,...n])]
[WITH<view_attribute>[,...n]]
AS select_statement
[WITH CHECK OPTION][;]
<view_attribute>::=
{
    [ENCRYPTION]
    [SCHEMABINDING]
    [VIEW_METADATA]
}
```

参数说明如下。

schema_name：视图所属架构的名称。

view_name：视图的名称。视图名称必须符合有关标识符的命名规则。可以选择是否指定视图所有者名称。

column：视图中的列使用的名称。仅在下列情况下需要列名：列是从算术表达式、函数或常量派生的；两个或更多的列可能会具有相同的名称（通常是由于连接的原因）；视图中的某个列的指定名称不同于其派生来源列的名称。还可以在 SELECT 语句中分配列名。如果未指定 column，则视图列将获得与 SELECT 语句中的列相同的名称。

   提示　在视图的各列中，列名的权限在 CREATE VIEW 或 ALTER VIEW 语句间均适用，与基础数据源无关。例如，如果在 CREATE VIEW 语句中授予了 SalesOrderID 列上的权限，则 ALTER VIEW 语句可以将 SalesOrderID 列改名（例如改为 OrderRef），但仍具有与使用 SalesOrderID 的视图相关联的权限。

AS：指定视图要执行的操作。

select_statement：定义视图的 SELECT 语句。该语句可以使用多个表和其他视图。需要相应的权限才能在已创建视图的 SELECT 子句引用的对象中选择。

   提示　但对 SELECT 语句有以下的限制。

（1）定义视图的用户必须对所参照的表或视图有查询权限，即可执行 SELECT 语句。

（2）不能使用 COMPUTE 或 COMPUTE BY 子句。

（3）不能使用 ORDER BY 子句。

（4）不能使用 INTO 子句。

（5）不能在临时表或表变量上创建视图。

CHECK OPTION：强制针对视图执行的所有数据修改语句都必须符合在 select_statement 中设置的条件。通过视图修改行时，WITH CHECK OPTION 可确保提交修改后，仍可通过视图看到数据。

ENCRYPTION：对 sys. syscomments 表中包含 CREATE VIEW 语句文本的项进行加密。使用 WITH ENCRYPTION 可防止在 SQL Server 复制过程中发布视图。

SCHEMABINDING：将视图绑定到基础表的架构。如果指定了 SCHEMABINDING，则不能按照将影响视图定义的方式修改基表或表。必须首先修改或删除视图定义本身，才能删除将要修改的表的依赖关系。

VIEW_METADATA：指定为引用视图的查询请求浏览模式的元数据时，SQL Server 实例将向 DB-Library、ODBC 和 OLE DB API 返回有关视图的元数据信息，而不返回基表的元数据信息。浏览模式的元数据是 SQL Server 实例向这些客户端 API 返回的附加元数据。如果使用此元数据，客户端 API 将可以实现更新客户端游标。浏览模式的元数据包含结果集中的列所属的基表的相关信息。

8.2.4　查看视图

创建视图以后，如果想要查看有关视图的定义文本，可以采用 SSMS 图形用户界面工具和使用 sp_helptext 系统存储过程实现。

1. 使用 SSMS 图形用户界面工具查看视图

在"对象资源管理器"中,展开"服务器"、"数据库"、"TTS"、"视图"节点,右击要查看的视图,在弹出的快捷菜单中选择"设计"命令,会弹出视图定义文本,如图 8-3 所示。

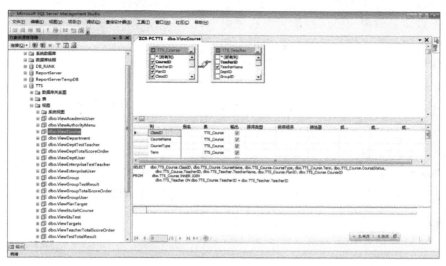

图 8-3　查看视图

2. 使用 sp_helptext 查看视图

(1) 在 SQL Server Management Studio 中选择"文件"、"新建"、"使用当前连接查询"命令,在弹出的查询编辑窗口中输入以下命令。

```
Use TTS
Exec sp_helptext ViewCourse
```

(2) 按 F5 键执行命令,执行结果如图 8-4 所示。

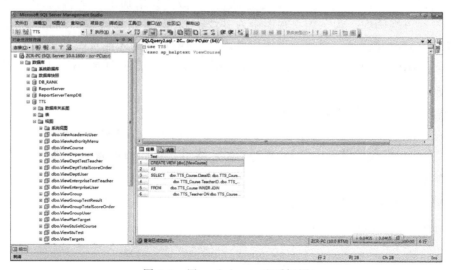

图 8-4　用 sp_helptext 查看视图

8.2.5 重命名视图

视图定义之后,可以更改视图的名称或视图的定义而无需删除并重新创建视图。删除并重新创建视图会造成与该视图关联的权限丢失。在重命名视图时可考虑以下原则。

(1) 要重命名的视图必须位于当前数据库中。

(2) 新名称必须遵守标识符命名规则。

(3) 仅可以重命名具有其更改权限的视图。

(4) 数据库所有者可以更改任何用户视图的名称。

在 SQL Server 2008 中可以通过 SSMS 图形用户界面工具或系统存储过程 sp_rename 为视图重命名。

1. 使用 SSMS 图形用户界面工具重命名视图

在"对象资源管理器"中,展开"服务器"、"数据库"、"TTS"、"视图"节点,右击要查看的视图,在弹出的快捷菜单中选择"重命名"命令,再输入修改后的视图名就好了。

2. 使用存储过程 sp_rename 重命名视图

sp_rename 的语法如下。

```
sp_rename [ @ objname=] 'object_name' , [@ newname=] 'new_name'
    [, [@ objtype=] 'object_type']
```

参数说明如下。

(1) [@objname=] 'object_name':指定视图名称,该视图必须是已存在的。

(2) [@newname=] 'new_name':指定视图的新名称。new_name 必须是名称的一部分,并且必须遵循标识符的命名规则。

8.2.6 修改视图

如果创建了一个视图,然后又修改了基表的结构,例如增加了一个新列,则这个新列不会自动出现在该视图中。为了能在视图中看到这个新列,必须修改视图的定义。只有对视图的定义经过修改并将新列增加到视图定义之后,新增加的列才能反映到视图中。

在 SQL Server 2008 中可以通过 SSMS 图形用户界面工具或 ALTER VIEW 修改视图。

1. 使用 SSMS 图形用户界面工具修改视图

(1) 在"对象资源管理器"中,展开"服务器"、"数据库"、"TTS"、"视图"节点,右击要查看的视图,在弹出的快捷菜单中选择"设计"命令,在弹出的窗口中修改视图。

(2) 修改完成后,选择"文件"→"保存"命令。

2. 使用 ALTER VIEW 语句修改视图

ALTER VIEW 的语法如下。

```
ALTER VIEW [schema_name .] view_name [(column [,...n])]
[WITH <view_attribute>[,...n]]
AS select_statement
```

```
[WITH CHECK OPTION] [;]

<view_attribute>::=
{
    [ENCRYPTION]
    [SCHEMABINDING]
    [VIEW_METADATA]
}
```

参数说明如下。

schema_name：视图所属架构的名称。

view_name：要更改的视图。

column：将成为指定视图的一部分的一个或多个列的名称(以逗号分隔)。

ENCRYPTION：加密 sys. syscomments 中包含 ALTER VIEW 语句文本的项。WITH ENCRYPTION 可防止视图作为 SQL Server 复制的一部分进行发布。

SCHEMABINDING：将视图绑定到基础表的架构。如果指定了 SCHEMABINDING，则不能以可影响视图定义的方式来修改基表。必须首先修改或删除视图定义本身，然后才能删除要修改的表的相关性。

VIEW_METADATA：指定为引用视图的查询请求浏览模式的元数据时，SQL Server 实例将向 DB-Library、ODBC 和 OLE DB API 返回有关视图的元数据信息，而不返回基表的元数据信息。

AS：视图要执行的操作。

select_statement：定义视图的 SELECT 语句。

WITH CHECK OPTION：要求对该视图执行的所有数据修改语句都必须符合 select_statement 中所设置的条件。

8.2.7　删除视图

在创建视图后，如果不再需要该视图，或想清除视图定义及与之相关联的权限，可以删除该视图。删除视图后，表和视图所基于的数据并不受到影响。任何使用基于已删除视图的对象的查询将会失败，除非创建了同样名称的一个视图。但是，如果新视图没有包含与之相关的任何对象所需要的列，则使用与视图相关的对象的查询在执行时将会失败。

在 SQL Server 2008 中可以通过 SSMS 图形用户界面工具或 DROP VIEW 语句删除视图。删除一个视图就是删除其定义和赋予它的全部权限。删除一个表并不能自动删除引用该表的视图，因此，视图必须明确地删除。

1. 使用 SSMS 图形用户界面工具删除视图

在"对象资源管理器"中，展开"服务器"、"数据库"、"TTS"、"视图"节点，右击要查看的视图，在弹出的快捷菜单中选择"删除"命令，在弹出的对话框中单击"确定"按钮，视图就被成功删除了，如图 8-5 所示。

2. 使用 DROP VIEW 语句删除视图

用 DROP VIEW 语句删除视图的语法如下。

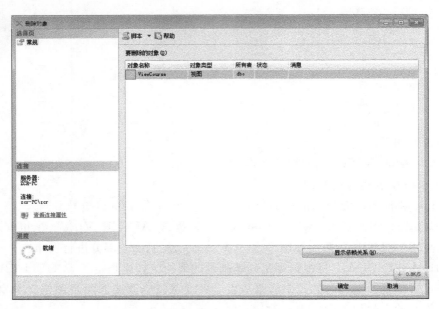

图 8-5　用图形用户界面工具删除视图

```
DROP VIEW [schema_name.] view_name [...,n] [;]
```

参数说明如下。

schema_name：视图所属架构的名称。

view_name：要删除的视图的名称。

8.3　方　案　设　计

按照以下结构创建权限菜单视图（ViewAuthorityMenu，如表 8-1 所示）、课程视图（ViewCourse，如表 8-2 所示）、学生选课视图（ViewStuSeltCourse，如表 8-3 所示）、学生测-教师视图（ViewStuTest，如表 8-4 所示）、教研室评教测评结果视图（ViewGroupTestResult，如表 8-5 所示）。

表 8-1　权限菜单视图——ViewAuthorityMenu

列　名	数 据 类 型	可否为空	说　明
RoleID	int IDENTITY(1,1)	not null	角色编号
RoleName	nvarchar(50)	not null	角色名称
AuthorityID	int IDENTITY(1,1)	not null	权限编号
AuthorityName	nvarchar(50)	not null	权限名称
AuthorityValue	int	not null	权限值
MenuID	int IDENTITY(1,1)	not null	菜单编号
MenuName	nvarchar(50)	not null	菜单名称
MenuPath	nvarchar(50)	not null	菜单路径

表 8-2　课程视图——ViewCourse

列　名	数 据 类 型	可否为空	说　明
CouseID	int	not null	课程编号
ClassID	int	not null	授课班级代码
CourseName	nvarchar(50)	not null	课程名称
CourseType	nvarchar(50)	not null	课程性质
Term	nvarchar(50)	not null	开设学期
CourseStatus	nvarchar(50)	not null	课程状态
TeacherID	int	not null	教师编号
TeacherName	nvarchar(50)	not null	教师姓名
PlanID	int	not null	方案编号

表 8-3　学生选课视图——ViewStuSeltCourse

列　名	数 据 类 型	可否为空	说　明
StudentNO	char(8)	not null	学生学号（主键）
StudentName	nvarchar(50)	not null	学生姓名
CouseID	int	not null	课程编号
ClassID	int	not null	授课班级代码
CourseName	nvarchar(50)	not null	课程名称
CourseType	nvarchar(50)	not null	课程性质
Term	nvarchar(50)	not null	开设学期
CourseStatus	nvarchar(50)	not null	课程状态
TeacherID	int	not null	教师编号
TeacherName	nvarchar(50)	not null	教师姓名
PlanID	int	not null	方案编号

表 8-4　学生测-教师视图——ViewStuTest

列　名	数 据 类 型	可否为空	说　明
CouseID	int	not null	课程编号
ClassID	int	not null	授课班级代码
CourseName	nvarchar(50)	not null	课程名称
CourseType	nvarchar(50)	not null	课程性质
Term	nvarchar(50)	not null	开设学期
StudentID	int	not null	学生编号
StudentName	nvarchar(50)	not null	学生姓名
Score	numeric(8,2)	not null	得分
TestTime	Date	not null	测评时间
TestStatus	nvarchar(50)	not null	测评状态

表 8-5   教研室评教测评结果视图——ViewGroupTestResult

列 名	数 据 类 型	可否为空	说 明
TeacherID	int	not null	教师编号
TeacherName	nvarchar(50)	not null	教师姓名
Term	nvarchar(50)	not null	当前测评学期
TestTime	Date	not null	测评时间
TestStatus	nvarchar(50)	not null	测评状态
AcademicID	int	not null	所属学院编号
AcademicName	nvarchar(50)	not null	所属学院名称
GroupID	int	not null	教研室编号
GroupName	nvarchar(50)	not null	教研室名称

8.4   项 目 实 施

8.4.1   使用 SSMS 图形用户界面工具创建权限菜单视图

（1）在"对象资源管理器"中，展开"TTS"，右击"视图"，在弹出的快捷菜单中选择"新建视图"命令，如图 8-6 所示。

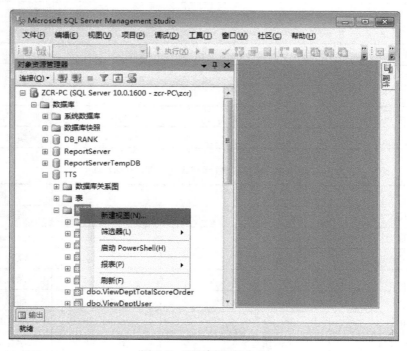

图 8-6   "新建视图"命令

（2）在弹出的"添加表"对话框中分别添加 TTS_Role、TTS_AuthorityDetail、TTS_Authority、TTS_Menu 4 个表，如图 8-7 所示。

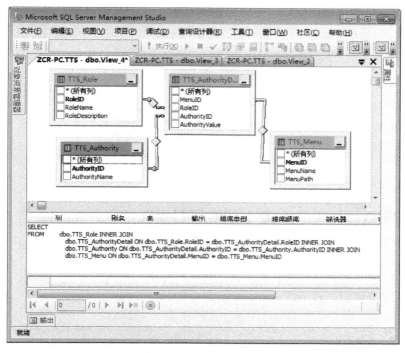

图 8-7　选择视图的基表

（3）选择视图中需要用到的列：选中 RoleID、RoleName、AuthorityID、AuthorityName、AuthorityValue、MenuID、MenuName、MenuPath 列前的复选框，如图 8-8 所示。

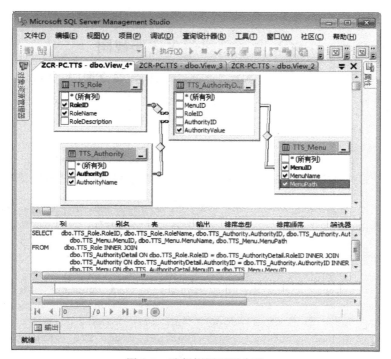

图 8-8　选择视图所需字段

（4）选择"文件"→"保存"命令，在弹出的对话框中输入视图名称"ViewAuthorityMenu"，单击"确定"按钮，视图创建成功了，如图 8-9 所示。

图 8-9　保存视图

8.4.2　使用 Transact-SQL 命令创建课程视图

（1）在 SSMS 中选择"文件"→"新建"→"使用当前连接查询"命令，在弹出的查询编辑窗口中输入以下命令。

```
CREATE VIEW [dbo].[ViewCourseTest]
AS
SELECT dbo.TTS_Course.ClassID, dbo.TTS_Course.CourseName, dbo.TTS_Course.
CourseType, dbo.TTS_Course.Term, dbo.TTS_Course.CourseStatus, dbo.TTS_Course.
TeacherID, dbo.TTS_Teacher.TeacherName, dbo.TTS_Course.PlanID, dbo.TTS_
Course.CourseID
FROM  dbo.TTS_Course INNER JOIN
     dbo.TTS_Teacher ON dbo.TTS_Course.TeacherID=dbo.TTS_Teacher.TeacherID
```

（2）按 F5 键执行命令，视图创建成功。

8.4.3　使用 Transact-SQL 命令创建学生选课视图

（1）在 SSMS 中选择"文件"→"新建"→"使用当前连接查询"命令，在弹出的查询编辑窗口中输入以下命令。

```
CREATE VIEW [dbo].[ViewStuSeltCourse]
AS
SELECT dbo.TTS_Student.StudentID, dbo.TTS_Student.StudentNO,
    dbo.TTS_Student.StudentName, dbo.TTS_Course.CourseID, dbo.TTS_Course.PlanID,
    dbo.TTS_Course.TeacherID, dbo.TTS_Course.CourseName,
    dbo.TTS_Course.CourseType, dbo.TTS_Course.Term, dbo.TTS_Course.CourseStatus,
    dbo.TTS_Teacher.TeacherName, dbo.TTS_Teacher.DeptID, dbo.TTS_Teacher.GroupID,
    dbo.TTS_CourseClass.ClassID, dbo.TTS_Student.ClassName
FROM dbo.TTS_Student INNER JOIN
    dbo.TTS_CourseClass ON
    dbo.TTS_Student.StudentNO=dbo.TTS_CourseClass.StudentNO INNER JOIN
    dbo.TTS_Course ON dbo.TTS_CourseClass.ClassID=dbo.TTS_Course.ClassID AND
    dbo.TTS_CourseClass.Term=dbo.TTS_Course.Term INNER JOIN
    dbo.TTS_Teacher ON dbo.TTS_Course.TeacherID=dbo.TTS_Teacher.TeacherID
```

（2）按 F5 键，视图创建成功。

8.4.4 用 sp_rename 将课程视图重命名为 ViewCourse

（1）在 SSMS 中选择"文件"→"新建"→"使用当前连接查询"命令，在弹出的查询编辑窗口中输入以下命令。

```
exec sp_rename 'ViewCourseTest','ViewCourse'
```

（2）按 F5 键，视图重命名成功。

8.4.5 用 Alter View 修改指定学生选课视图

（1）在 SSMS 中选择"文件"→"新建"→"使用当前连接查询"命令，在弹出的查询编辑窗口中输入以下命令。

```
ALTER VIEW [dbo].[ViewStuSeltCourse]
AS
SELECT dbo.TTS_Student.StudentNO,
    dbo.TTS_Student.StudentName, dbo.TTS_Course.CourseID, dbo.TTS_Course.PlanID,
    dbo.TTS_Course.TeacherID, dbo.TTS_Course.CourseName,
    dbo.TTS_Course.CourseType, dbo.TTS_Course.Term, dbo.TTS_Course.CourseStatus,
    dbo.TTS_Teacher.TeacherName, dbo.TTS_Teacher.DeptID, dbo.TTS_Teacher.GroupID,
    dbo.TTS_CourseClass.ClassID, dbo.TTS_Student.ClassName
FROM dbo.TTS_Student INNER JOIN
    dbo.TTS_CourseClass ON
    dbo.TTS_Student.StudentNO=dbo.TTS_CourseClass.StudentNO INNER JOIN
    dbo.TTS_Course ON dbo.TTS_CourseClass.ClassID=dbo.TTS_Course.ClassID AND
    dbo.TTS_CourseClass.Term=dbo.TTS_Course.Term INNER JOIN
    dbo.TTS_Teacher ON dbo.TTS_Course.TeacherID=dbo.TTS_Teacher.TeacherID
```

（2）按 F5 键，视图修改成功。

课堂测试

利用 CREATE VIEW 语句创建教研室评教测评结果视图。

答案

```
CREATE VIEW [dbo].[ViewGroupTestResult]
AS
SELECT dbo.TTS_GroupTestTeacher.TeacherID, dbo.TTS_Teacher.TeacherName,
    dbo.TTS_GroupTestTeacher.Term, dbo.TTS_GroupTestTeacher.TestTime,
    dbo.TTS_GroupTestTeacher.TestStatus, dbo.TTS_Academic.AcademicID,
    dbo.TTS_Academic.AcademicName, dbo.TTS_Group.GroupID,
    dbo.TTS_Group.GroupName, dbo.TTS_GroupTestTeacher.Score
FROM dbo.TTS_GroupTestTeacher INNER JOIN
    dbo.TTS_Teacher ON
    dbo.TTS_GroupTestTeacher.TeacherID=dbo.TTS_Teacher.TeacherID INNER JOIN
    dbo.TTS_Group ON
    dbo.TTS_GroupTestTeacher.GroupID=dbo.TTS_Group.GroupID INNER JOIN
    dbo.TTS_Department ON
```

```
dbo.TTS_Group.DeptID=dbo.TTS_Department.DeptID INNER JOIN
dbo.TTS_Academic ON
dbo.TTS_Department.AcademicID=dbo.TTS_Academic.AcademicID
```

课堂测试

利用 CREATE VIEW 语句创建专业课程视图（专业课程类型为 1）。

答案

```
CREATE VIEW [dbo].[ViewCourse]
AS
SELECT    dbo.TTS_Course.ClassID, dbo.TTS_Course.CourseName,
dbo.TTS_Course.CourseType, dbo.TTS_Course.Term,
dbo.TTS_Course.CourseStatus,
      dbo.TTS_Course.TeacherID, dbo.TTS_Teacher.TeacherName,
dbo.TTS_Course.PlanID, dbo.TTS_Course.CourseID
FROM    dbo.TTS_Course INNER JOIN
      dbo.TTS_Teacher ON dbo.TTS_Course.TeacherID=dbo.TTS_Teacher.TeacherID
  WHERE dbo.TTS_Course.CourseType='1'
  WITH CHECK OPTION
GO
```

8.5 扩展知识：分区视图

分区视图是指在一台或多台服务器间水平连接一组成员表中的分区数据，使数据看起来就像来自一个表。Microsoft SQL Server 可以区分本地分区视图和分布式分区视图。在本地分区视图中，所有参与表和视图都位于同一个 SQL Server 实例上。在分布式分区视图中，至少有一个参与表位于不同的（远程）服务器上。另外，SQL Server 还可以区分可更新分区视图和作为基础表只读副本的视图。

分区视图允许将大型表中的数据拆分成较小的成员表。根据其中一列中的数据值范围，在各个成员表之间对数据进行分区。每个成员表的数据范围都在为分区依据列指定的 CHECK 约束中定义。然后定义一个视图，以使用 UNION ALL 将选定的所有成员表组合成单个结果集。引用该视图的 SELECT 语句为分区依据列指定搜索条件后，查询优化器将使用 CHECK 约束定义确定哪个成员表包含相应行。

要在分区视图上执行更新，分区依据列必须是基表主键的一部分。如果视图不可更新，可以对允许更新的视图创建 INSTEAD OF 触发器。应该在触发器中设计错误处理以确保不会插入重复的行。

分区视图返回正确的结果并不一定需要 CHECK 约束。但是，如果未定义 CHECK 约束，则查询优化器必须搜索所有表，而不是只搜索符合分区依据列上的搜索条件的表。如果不使用 CHECK 约束，则视图的操作方式与使用 UNION ALL 的任何其他视图相同。查询优化器不能对存储在不同表中的值作出任何假设，也不能跳过对参与视图定义的表的搜索。

8.6　小　　结

视图是一个虚拟表,其内容由查询定义。同真实的表一样,视图包含一系列带有名称的列和行数据。视图在数据库中并不是以数据值存储集形式存在,除非是索引视图。由行和列数据来自由定义视图查询所引用的表,并且在引用视图时动态生成。

创建视图有两种常用方式:SSMS 图形化界面、CREATE VIEW 语句。

修改视图有两种常用方式:SSMS 图形化界面、ALTER VIEW 语句。

习　　题

1. 某学校的学生管理数据库中学生成绩表(stu-score)中记录了学生各科成绩及平均分。该表如下所示。

学号	姓名	代数	物理	…	平均分
003	于红	75	69	…	72
178	刘畅	84	87	…	88
032	田原	90	93	…	91
…	…	…	…	…	…

在该表上建立优秀学生成绩视图(good-stu-view),要求该视图中只显示平均成绩大于85 分的学生的各科成绩及其平均分,完成该要求的语句为(　　　)。

A.
```
Create view good-stu-view
   from stu-score
Select   *
Where 平均分>85
```

B.
```
Create view good-stu-view
As
Select * from stu-score
check option 平均分>85
```

C.
```
Create view good-stu-view
As
Select * from stu-score
Where 平均分>85
```

D.
```
Create view good-stu-view
As
Select * from stu-score
Where 平均分>85
With check option
```

2. 对视图的描述错误的是（　　）。

A. 是一张虚拟的表

B. 在存储视图时存储的是视图的定义

C. 在存储视图时存储的是视图中的数据

D. 可以像查询表一样来查询视图

3. 视图是一种常用的数据对象，它是提供（　　）和（　　）数据的另一种 途径，可以简化数据库操作。

A. 查看,存放

B. 查看,检索

C. 插入,更新

D. 检索,插入

项目 9

在教学评测系统数据库中使用视图修改数据

9.1 用户需求与分析

根据教学评测系统详细设计说明书,首先管理员登录后,可以修改课程的名称。8.4.2节中创建了一个查看专业课程的视图,接下来介绍如何通过视图修改专业课程的名称。

9.2 相关知识

9.2.1 视图的限制

通过 SQL Server 视图来访问数据的优点是非常明显的,如可以实现数据保密、保证数据的逻辑独立性、简化查询操作等。用户可以通过视图修改基础基表的数据,其方式与使用 UPDATE、INSERT 和 DELETE 语句,或使用 bcp 实用工具和 BULK INSERT 语句在表中修改数据一样。但是,以下限制应用于更新视图,但不应用于表。

(1) 任何修改(包括 UPDATE、INSERT 和 DELETE 语句)都只能引用一个基表的列。

(2) 在视图中修改的列必须直接引用表列中的基础数据。它们不能通过其他方式派生,例如通过聚合函数(AVG、COUNT、SUM、MIN、MAX、GROUPING、STDEV、STDEVP、VAR 和 VARP)计算,不能通过表达式并使用列计算出其他列。使用集合运算符(UNION、UNION ALL、CROSSJOIN、EXCEPT 和 INTERSECT)形成的列得出的计算结果不可更新。

(3) 被修改的列不受 GROUP BY、HAVING 或 DISTINCT 子句的影响。

(4) 同时指定了 WITH CHECK OPTION 之后,不能在视图的 select_statement 中的任何位置使用 TOP。

上述限制应用于视图的 FROM 子句中的任何子查询,就像其应用于视图本身一样。通常,SQL Server 2008 必须能够从一个基表的视图定义中明确跟踪修改。

9.2.2 WITH CHECK OPTION 选项

WITH CHECK OPTION 子句强制所有数据修改语句均根据视图执行,以符合定义视图的 SELECT 语句中所设条件。

通过有 WITH CHECK OPTION 选项的视图操作基表,首先视图只操作它可以查询出来的数据,对于它查询不出的数据,即使基表有,也不可以通过视图来操作。

（1）对于 UPDATE，有 WITH CHECK OPTION，要保证 update 后，数据要被视图查询出来。

（2）对于 DELETE，有无 WITH CHECK OPTION 都一样。

（3）对于 INSERT，有 WITH CHECK OPTION，要保证 insert 后，数据要被视图查询出来，对于没有 where 子句的视图，使用 WITH CHECK OPTION 是多余的。

9.3 方 案 设 计

修改专业课程名称，可以通过修改视图 ViewCourse，当更新好视图后，数据要能被视图查询出来。

9.4 项 目 实 施

（1）在 SSMS 中选择"文件"→"新建"→"使用当前连接查询"命令，在弹出的查询编辑窗口中输入以下命令。

```
update [dbo].[ViewCourse1]
SET TeacherName='吴光成'
WHERE CourseName='Java 程序设计'
```

（2）按 F5 键，视图创建成功。

（3）查询编辑窗口中输入以下命令。

```
SELECT  *
FROM [dbo].[ViewCourse1]
WHERE CourseName='Java 程序设计'
```

（4）按 F5 键，验证查询到的是否为更新之后的数据。

9.5 小   结

本章介绍了通过视图修改数据表中的数据，以及运用 WITH CHECK OPTION 选项更新数据的注意事项。

习   题

1. 判断题：视图本身不保存数据，因为视图是一个虚拟的表。   （   ）

2. 判断题：视图和表是完全一样的。   （   ）

3. 判断题：因为通过视图可以插入、修改或删除数据，因此视图也是一个实在表。

（   ）

4. 判断题：所有的视图都是可以更新的。   （   ）

学习情境五

教学评测系统数据库中存储过程的使用

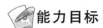能力目标

(1) 能够创建教学评测系统数据库中的存储过程；

(2) 能够修改存储过程；

(3) 带参数的存储过程的创建；

(4) 能够从存储过程中返回一个值；

(5) 能够从存储过程中返回多个值；

(6) 能够从一个存储过程中调用另一个存储过程；

(7) 能够撤销存储过程。

项目 10

在教学评测系统数据库中使用 Transaction-SQL 编程

10.1 用户需求与分析

根据教学评测系统详细设计说明书,系统需要根据学生评分,选出最受欢迎的前 5 名教师。针对每一个评分标准,选出做得最好的教师。

10.2 相关知识

10.2.1 标识符

数据库对象的名称即为其标识符。Microsoft SQL Server 中的所有内容都可以有标识符。服务器、数据库和数据库对象(例如表、视图、列、索引、触发器、过程、约束及规则等)都可以有标识符。大多数对象要求有标识符,但有些对象(例如约束),标识符是可选的。对象标识符是在定义对象时创建的。标识符随后用于引用该对象。

1. 标识符的命名规则

在 Microsoft SQL Server 2008 中标识符必须满足下列条件。

(1) 第一个字符必须是下列字符之一。

① Unicode 标准 3.2 所定义的字母。Unicode 中定义的字母包括拉丁字符、a~z 和 A~Z,以及来自其他语言的字母字符。

② 下划线(_)、at 符号(@)或数字符号(#)。

提示 在 SQL Server 中,某些位于标识符开头位置的符号具有特殊意义。以 at 符号开头的常规标识符始终表示局部变量或参数,并且不能用作任何其他类型的对象的名称。以一个数字符号开头的标识符表示临时表或过程。以两个数字符号(##)开头的标识符表示全局临时对象。虽然数字符号或两个数字符号字符可用作其他类型对象名的开头,但是建议不要这样做。

某些 Transact-SQL 函数的名称以两个 at 符号(@@)开始。为了避免与这些函数混淆,不应使用以@@开头的名称。

(2) 后续字符可以包括以下几种。

① 如 Unicode 标准 3.2 中所定义的字母。

② 基本拉丁字符或其他国家/地区字符中的十进制数字。

③ at 符号、美元符号($)、数字符号或下划线。

提示

(1) 标识符一定不能是 Transact-SQL 保留字。SQL Server 可以保留大写形式和小写形式的保留字。

(2) 不允许嵌入空格或其他特殊字符。

(3) 不允许使用增补字符。

(4) 在 Transact-SQL 语句中使用标识符时,不符合这些规则的标识符必须由双引号或括号分隔。

2. 标识符的种类

Microsoft SQL Server 2008 中有常规标识符和分隔标识符两类。

(1) 常规标识符

符合标识符的格式规则。在 Transact-SQL 语句中使用常规标识符时不用将其分隔开。例如:

```
SELECT *
FROM TableX
WHERE KeyCol=124
```

(2) 分隔标识符

包含在双引号(")或者方括号([ ])内。不会分隔符合标识符格式规则的标识符。例如:

```
SELECT *
FROM [TableX]
WHERE [KeyCol]=124
```

提示 在 Transact-SQL 语句中,必须对不符合所有标识符规则的标识符进行分隔。例如:

```
SELECT *
FROM [My Table]
WHERE [order]=10
```

10.2.2 常量、变量

1. 常量

常量,也称为文字值或标量值,是表示一个特定数据值的符号。常量的格式取决于它所表示的值的数据类型。SQL Server 2008 中常见的常量类型如表 10-1 所示。

2. 变量

T-SQL 中的变量可以分为局部变量和全局变量两种,局部变量是以@开头命名的变量,全局变量是以@@开头命名的变量。全局变量是由系统提供的,用于存储一些系统信息。只可以使用全局变量,不可以自定义全局变量,SQL Server 2008 中常用的全局变量如表 10-2 所示。

表 10-1　SQL Server 2008 常量类型

常量类型	说　　明
字符串常量	字符串常量括在单引号内并包含字母、数字字符(a-z、A-Z 和 0-9)以及特殊字符,如感叹号(!)、at 符(@)和数字号(♯)
Unicode 字符串	Unicode 字符串的格式与普通字符串相似,但它前面有一个 N 标识符(N 代表 SQL-92 标准中的区域语言)。N 前缀必须是大写字母
二进制常量	二进制常量具有前辍 0x 并且是十六进制数字字符串。这些常量不使用引号
bit 常量	使用数字 0 或 1 表示,并且不括在引号中
datetime 常量	使用特定格式的字符日期值来表示,并被单引号括起来
integer 常量	以没有用引号括起来并且不包含小数点的数字字符串来表示。integer 常量必须全部为数字,它们不能包含小数
decimal 常量	由没有用引号括起来并且包含小数点的数字字符串来表示
float 和 real 常量	float 和 real 常量使用科学记数法来表示
money 常量	以前缀为可选的小数点和可选的货币符号的数字字符串来表示。money 常量不使用引号括起
uniqueidentifier 常量	是表示 GUID 的字符串。可以使用字符或二进制字符串格式指定

表 10-2　SQL Server 2008 中常用的全局变量

常量类型	说　　明
@@error	上一条 SQL 语句报告的错误号
@@rowcount	上一条 SQL 语句处理的行数
@@identity	最后插入的标识值
@@fetch_status	上一条游标 Fetch 语句的状态
@@nestlevel	当前存储过程或触发器的嵌套级别
@@servername	本地服务器的名称
@@spid	当前用户进程的会话 id
@@cpu_busy	SQL Server 自上次启动后的工作时间

局部变量是由用户自定义的变量,这些变量可以保存单个特定类型数据值的对象。一般经常在批处理和脚本中使用变量,这些变量可以作为计数器计算循环执行的次数或控制循环执行的次数;保存数据值以供控制流语句测试;保存存储过程返回代码要返回的数据值或函数返回值。在 Transact-SQL 语言中,可以使用 DECLARE 语句声明变量,语法如下。

```
DECLARE
{ @ local_variable [AS] data_type}
   [,...n]
```

参数说明如下。

@local_variable:局部变量名称,且名称的第一个字符必须是@。

data_type：局部变量的数据类型，但不能是 text，ntext 或 image 类型。

提示　在使用 DECLARE 语句时注意如下几个方面。

（1）可以在一个 DECLARE 语句中声明多个变量，多个变量之间使用逗号分隔开。

（2）变量的作用域是可以引用该变量的 Transact-SQL 语句的范围。

（3）变量的作用域从声明变量的地方开始到声明变量的批处理的结尾。

声明局部变量后，需要给局部变量赋值。有两种为变量赋值的方式，即使用 SET 语句为变量赋值和使用 SELECT 语句为变量赋值，其语法如下。

```
SET @local_variable=expression
SELECT @local_variable=expression
```

参数说明如下。

@local_variable：要为其赋值的声明变量。

expression：任何有效的 SQL 表达式。

10.2.3　运算符、表达式

1. 运算符

运算符是一种用来指定要在一个或多个表达式中执行某种操作的符号。例如，"＋"表示两个表达式进行相加操作，"＊"表示两个表达式进行相乘操作。

T-SQL 所使用的运算符可以分为算术运算符、赋值运算符、字符串串联运算符、比较运算符、逻辑运算符、按位运算符和一元运算符 7 种。

（1）算术运算符

算术运算符可以在两个表达式上执行数学运算，这两个表达式可以是数值数据类型分类的任何数据类型，其结果也是数值类型。SQL Server 2008 中主要算术运算符如表 10-3 所示。

表 10-3　算术运算符

运算符	说　　明
＋	加法运算
－	减法运算
＊	乘法运算
/	除法运算，如果两个操作数都是整数，结果也是整数，就舍掉小数部分
％	取模运算，取两数相除后的余数

（2）赋值运算符

等号（＝）是唯一的 Transact-SQL 赋值运算符。T-SQL 中赋值运算符主要用于对变量进行赋值和 WHERE 子句中提供查询条件。

（3）字符串串联运算符

加号（＋）是字符串串联运算符，可以用它将字符串串联起来。其他所有字符串操作都使用字符串函数进行处理。例如'good' ＋' '＋'luck' 的结果是'good luck'。

（4）比较运算符

比较运算符用于比较两个表达式的大小是否相同，其比较的结果是布尔值，即 TRUE、FALSE 以及 UNKNOWN。除了 text、ntext 或 image 数据类型的表达式外，比较运算符可以用于所有的表达式。表 10-4 列出了 Transact-SQL 中常见的比较运算符。

表 10-4　比较运算符

运算符	说　明	运算符	说　明
=	等于	<>	不等于
>	大于	!=	不等于（非 ISO 标准）
<	小于	!<	不小于（非 ISO 标准）
>=	大于等于	!>	不大于（非 ISO 标准）
<=	小于等于		

（5）逻辑运算符

逻辑运算符可以把多个逻辑表达式连接起来。逻辑运算符和比较运算符一样，返回带有 TRUE 或 FALSE 值的布尔数据类型。Transact-SQL 中可以使用的逻辑运算符如表 10-5 所示。

表 10-5　逻辑运算符

运算符	说　明
ALL	如果一组的比较都为 TRUE，那么就为 TRUE
AND	如果两个布尔表达式都为 TRUE，那么就为 TRUE
ANY	如果一组的比较中任何一个为 TRUE，那么就为 TRUE
BETWEEN	如果操作数在某个范围之内，那么就为 TRUE
EXISTS	如果子查询包含一些行，那么就为 TRUE
IN	如果操作数等于表达式列表中的一个，那么就为 TRUE
LIKE	如果操作数与一种模式相匹配，那么就为 TRUE
NOT	对任何其他布尔运算符的值取反
OR	如果两个布尔表达式中的一个为 TRUE，那么就为 TRUE
SOME	如果在一组比较中，有些为 TRUE，那么就为 TRUE

（6）按位运算符

位运算符使用户能够在整型数据或者二进制数据（image 数据类型除外）之间执行位操作。此外，在位运算符左右两侧的操作数不能同时是二进制数据。Transact-SQL 中可以使用的位运算符如表 10-6 所示。

表 10-6　位运算符

运算符	说　明
&	按位与运算符，两个操作数对应位都为 1 时，结果为 1，否则结果为 0
|	按位或运算符，两个操作数对应位全为 0 时，结果为 0，否则结果为 1
^	按位异或运算符，两个操作数对应位相同时结果为 0，对应位不同时结果为 1

（7）一元运算符

一元运算符只对一个表达式进行运算，SQL Server 2008 提供的一元运算符如表 10-7 所示。

表 10-7　一元运算符

运算符	说　明
＋	数值为正
－	数值为负
～	数值的逻辑非

（8）运算符的优先级

当一个复杂的表达式有多个运算符时，运算符优先级决定执行运算的先后次序。当一个表达式中的两个运算符有相同的运算符优先级别时，将按照它们在表达式中的位置对其从左到右进行求值。

SQL Server 2008 中运算符的优先级如表 10-8 所示。

表 10-8　运算符优先级

级别	运　算　符
1	～（位非）
2	*（乘）、/（除）、%（取模）
3	＋（正）、－（负）、＋（加）、＋（连接）、－（减）、&（位与）、^（位异或）、|（位或）
4	＝、＞、＜、＞＝ 、＜＝ 、＜＞ 、!＝、!＞ 、!＜（比较运算符）
5	NOT
6	AND
7	ALL、ANY、BETWEEN、IN、LIKE、OR、SOME
8	＝（赋值）

2．表达式

在 Transact-SQL 语言中，表达式由变量、常量、运算符、函数等组成。表达式可以在查询语句中的任何位置使用。根据表达式的内容，可以将表达式分为两种类型：简单表达式和复杂表达式。简单表达式是指仅由变量、常量、运算符、函数等组成的表达式。复杂表达式指由两个或多个简单表达式通过运算符连接起来的表达式。在复杂表达式中，如果两个或多个表达式有不同的数据类型，那么优先级低的数据类型可以隐式转换成优先级高的数据类型。

10.2.4　流程控制

流程控制语句是指那些用来控制程序执行和流程分支的命令，在 SQL Server 中，流程控制语句主要用来控制 SQL 语句、语句块或者存储过程的执行流程。

1．BEGIN…END 语句

BEGIN…END 语句能够将多个 Transact-SQL 语句组合成一个语句块，并将它们视为一个单元处理。在条件语句和循环等控制流程语句中，当符合特定条件便要执行两个或者多个语句时,就需要使用 BEGIN…END 语句。BEGIN…END 语句语法如下。

```
BEGIN
{
    sql_statement|statement_block
}
END
```

参数说明如下。

{sql_statement|statement_block}: 使用语句块定义的任何有效的 Transact-SQL 语句或语句组。

提示　BEGIN…END 语句块允许嵌套。

2. IF…ELSE 语句

指定 Transact-SQL 语句的执行条件。如果满足条件,则在 IF 关键字及其条件之后执行 Transact-SQL 语句:布尔表达式返回 TRUE。可选的 ELSE 关键字引入另一个 Transact-SQL 语句,当不满足 IF 条件时就执行该语句:布尔表达式返回 FALSE。IF… ELSE 语句语法如下。

```
IF Boolean_expression
    { sql_statement|statement_block }
[ELSE
    { sql_statement|statement_block }]
```

参数说明如下。

Boolean_expression:返回 TRUE 或 FALSE 的表达式。如果布尔表达式中含有 SELECT 语句,则必须用括号将 SELECT 语句括起来。

{sql_statement|statement_block}: 任何 Transact-SQL 语句或用语句块定义的语句分组。除非使用语句块,否则 IF 或 ELSE 条件只能影响一个 Transact-SQL 语句的性能。若要定义语句块,使用控制流关键字 BEGIN…END。

提示　IF…ELSE 语句使用时要注意以下几个方面。

(1) IF…ELSE 构造可用于批处理、存储过程和即席查询。当此构造用于存储过程时,通常用于测试某个参数是否存在。

(2) 可以在其他 IF 之后或在 ELSE 下面,嵌套另一个 IF 测试。嵌套级数的限制取决于可用内存。

3. CASE 函数

CASE 函数是特殊的 Transact-SQL 表达式,它允许按列显示可选值,用于计算多个条件并为每个条件返回单个值,通常用于将含有多重嵌套的 IF…ELSE 语句替换为可读性更强的代码。CASE 表达式有两种形式:简单 CASE 表达式和搜索 CASE 表达式。

(1) 简单 CASE 表达式

将某个表达式与一组简单表达式进行比较以确定结果。简单 CASE 表达式语法如下。

```
CASE input_expression
    WHEN when_expression THEN result_expression
```

```
    [...n]
    {
        ELSE else_result_expression
    }
END
```

参数说明如下。

input_expression：使用简单 CASE 格式时所计算的表达式。input_expression 是任意有效的表达式。

WHEN when_expression：使用简单 CASE 格式时要与 input_expression 进行比较的简单表达式。when_expression 是任意有效的表达式。input_expression 及每个 when_expression 的数据类型必须相同或必须是隐式转换的数据类型。

n：占位符，表明可以使用多个 WHEN when_expression THEN result_expression 子句或多个 WHEN Boolean_expression THEN result_expression 子句。

THEN result_expression：当 input_expression = when_expression 计算结果为 TRUE，或者 Boolean_expression 计算结果为 TRUE 时返回的表达式。result_expression 是任意有效的表达式。

ELSE else_result_expression：比较运算计算结果不为 TRUE 时返回的表达式。如果忽略此参数且比较运算计算结果不为 TRUE，则 CASE 返回 NULL。else_result_expression 是任意有效的表达式。else_result_expression 及任何 result_expression 的数据类型必须相同或必须是隐式转换的数据类型。

（2）搜索 CASE 表达式

计算一组布尔表达式以确定结果。搜索 CASE 表达式语法如下。

```
CASE
    WHEN Boolean_expression THEN result_expression
    [...n]
    {
        ELSE else_result_expression
    }
END
```

参数说明如下。

WHEN Boolean_expression：使用 CASE 搜索格式时所计算的布尔表达式。Boolean_expression 是任意有效的布尔表达式。

4．GOTO 语句

使得 Transact-SQL 批处理的执行跳至指定标签的语句。也就是说，不执行 GOTO 语句和标签之间的所有语句。由于该语句破坏了结构化语句的结构，应该尽量减少该语句的使用。该语句的语法如下。

```
GOTO label
```

参数说明如下。

Label：如果 GOTO 语句指向该标签，则其为处理的起点。标签必须符合标识符规则。

无论是否使用 GOTO 语句,标签均可作为注释方法使用。

5. WHILE 语句

设置重复执行 SQL 语句或语句块的条件。只要指定的条件为真,就重复执行语句。可以使用 BREAK 和 CONTINUE 关键字在循环内部控制 WHILE 循环中语句的执行。

该语句的语法如下。

```
WHILE Boolean_expression
    { sql_statement|statement_block }
    [BREAK]
    { sql_statement|statement_block }
    [CONTINUE]
    { sql_statement|statement_block }
```

参数说明如下。

Boolean_expression:返回 TRUE 或 FALSE 的表达式。如果布尔表达式中含有 SELECT 语句,则必须用括号将 SELECT 语句括起来。

{sql_statement|statement_block}:Transact-SQL 语句或用语句块定义的语句分组。若要定义语句块,使用控制流关键字 BEGIN…END。

BREAK:导致从最内层的 WHILE 循环中退出。将执行出现在 END 关键字(循环结束的标记)后面的任何语句。

CONTINUE:使 WHILE 循环重新开始执行,忽略 CONTINUE 关键字后面的任何语句。

提示　如果嵌套了两个或多个 WHILE 循环,则内层的 BREAK 将退出到下一个外层循环。将首先运行内层循环结束之后的所有语句,然后重新开始下一个外层循环。

6. WAITFOR 语句

在达到指定时间或时间间隔之前,或者指定语句至少修改或返回一行之前,阻止执行批处理、存储过程或事务。

该语句的语法如下。

```
WAITFOR
{
    DELAY 'time_to_pass'
  |TIME 'time_to_execute'
  |[(receive_statement)|(get_conversation_group_statement)]
    [, TIMEOUT timeout]
}
```

参数说明如下。

DELAY:可以继续执行批处理、存储过程或事务之前必须经过的指定时段,最长可为 24 小时。

'time_to_pass':等待的时段。可以使用 datetime 数据可接受的格式之一指定 time_to_pass,也可以将其指定为局部变量。不能指定日期,因此,不允许指定 datetime 值的日期部分。

TIME：指定运行批处理、存储过程或事务的时间。

' time_to_execute'：WAITFOR 语句完成的时间。可以使用 datetime 数据可接受的格式之一指定 time_to_execute，也可以将其指定为局部变量。不能指定日期，因此，不允许指定 datetime 值的日期部分。

receive_statement：有效的 RECEIVE 语句。

get_conversation_group_statement：有效的 GET CONVERSATION GROUP 语句。

TIMEOUT timeout：指定消息到达队列前等待的时间(以 ms 为单位)。

提示 执行 WAITFOR 语句时，事务正在运行，并且其他请求不能在同一事务下运行。

实际的时间延迟可能与 time_to_pass、time_to_execute 或 timeout 中指定的时间不同，它依赖于服务器的活动级别。时间计数器在计划完与 WAITFOR 语句关联的线程后启动。如果服务器忙碌，则可能不会立即计划线程；因此，时间延迟可能比指定的时间要长。

WAITFOR 不更改查询的语义。如果查询不能返回任何行，WAITFOR 将一直等待，或等到满足 TIMEOUT 条件(如果已指定)。

不能对 WAITFOR 语句打开游标。

不能对 WAITFOR 语句定义视图。

7. RETURN 语句

从查询或过程中无条件退出。RETURN 的执行是即时且完全的，可在任何时候用于从过程、批处理或语句块中退出。RETURN 之后的语句是不执行的。

该语句的语法如下。

```
RETURN [integer_expression]
```

参数说明如下。

integer_expression：返回的整数值。存储过程可向执行调用的过程或应用程序返回一个整数值。

提示 如果用于存储过程，RETURN 不能返回空值。如果某个过程试图返回空值(例如，使用 RETURN @status，而@status 为 NULL)，则将生成警告消息并返回 0 值。

8. TRY…CATCH 语句

Transact-SQL 代码中的错误可使用 TRY… CATCH 构造处理，此功能类似于 Microsoft Visual C++ 和 Microsoft Visual C♯ 语言的异常处理功能。TRY…CATCH 构造包括两部分：一个 TRY 块和一个 CATCH 块。如果在 TRY 块内的 Transact-SQL 语句中检测到错误条件，则控制将被传递到 CATCH 块(可在此块中处理此错误)。

CATCH 块处理该异常错误后，控制将被传递到 END CATCH 语句后面的第一个 Transact-SQL 语句。如果 END CATCH 语句是存储过程或触发器中的最后一条语句，则控制将返回到调用该存储过程或触发器的代码。将不执行 TRY 块中生成错误的语句后面的 Transact-SQL 语句。

如果 TRY 块中没有错误，控制将传递到关联的 END CATCH 语句后紧跟的语句。如果 END CATCH 语句是存储过程或触发器中的最后一条语句,控制将传递到调用该存储过程或触发器的语句。

TRY 块以 BEGIN TRY 语句开头,以 END TRY 语句结尾。在 BEGIN TRY 和 END TRY 语句之间可以指定一个或多个 Transact-SQL 语句。

CATCH 块必须紧跟 TRY 块。CATCH 块以 BEGIN CATCH 语句开头,以 END CATCH 语句结尾。在 Transact-SQL 中,每个 TRY 块仅与一个 CATCH 块相关联。

该语句的语法如下。

```
BEGIN TRY
    { sql_statement|statement_block }
END TRY
BEGIN CATCH
        [{ sql_statement|statement_block }]
END CATCH
[;]
```

参数说明如下。

sql_statement:任何 Transact-SQL 语句。

statement_block:批处理或包含于 BEGIN…END 块中的任何 Transact-SQL 语句组。

💬 **提示**　每个 TRY…CATCH 语句都必须位于一个批处理、存储过程或触发器中。CATCH 块必须紧跟 TRY 块。

TRY…CATCH 构造可以是嵌套式的。这意味着可以将 TRY…CATCH 构造放置在其他 TRY 块和 CATCH 块内。当嵌套的 TRY 块中出现错误时,程序控制将传递到与嵌套的 TRY 块关联的 CATCH 块。

若要处理给定的 CATCH 块中出现的错误,可在指定的 CATCH 块中编写 TRY…CATCH 块。

TRY…CATCH 块不处理导致数据库引擎关闭连接的严重性为 20 或更高的错误。但是,只要连接不关闭,TRY…CATCH 就会处理严重性为 20 或更高的错误。

严重性为 10 或更低的错误被视为警告或信息性消息,TRY…CATCH 块不处理此类错误。

即使批处理位于 TRY…CATCH 构造的作用域内,关注消息仍将终止该批处理。分布式事务失败时,Microsoft 分布式事务处理协调器(MS DTC)将发送关注消息。MS DTC 用于管理分布式事务。

10.2.5　函数

SQL Server 2008 为 Transact-SQL 语言提供了大量的系统函数,使用户对数据库进行查询和修改等操作时更加方便,SQL Server 2008 系统函数如表 10-9 所示。本节主要介绍常用的聚合函数、数学函数、字符串函数、日期和时间函数等。

表 10-9　SQL Server 2008 系统函数

函数类别	说　　明
聚合函数	执行的操作是将多个值合并为一个值。例如 COUNT、SUM、MIN 和 MAX
配置函数	是一种标量函数，可返回有关配置设置的信息
加密函数	支持加密、解密、数字签名和数字签名验证
游标函数	返回有关游标状态的信息
日期和时间函数	可以更改日期和时间的值
数学函数	执行三角、几何和其他数字运算
元数据函数	返回数据库和数据库对象的属性信息
排名函数	是一种非确定性函数，可以返回分区中每一行的排名值
行集函数	返回可在 Transact-SQL 语句中表引用所在位置使用的行集
安全函数	返回有关用户和角色的信息
字符串函数	可更改 char、varchar、nchar、nvarchar、binary 和 varbinary 的值
系统函数	对系统级的各种选项和对象进行操作或报告
系统统计函数	返回有关 SQL Server 性能的信息

1. 聚合函数

聚合函数经常与 SELECT 语句的 GROUP BY 子句一起使用。所有聚合函数均为确定性函数，对一组值执行计算，并返回单个值。在 SQL Server 2008 中除了 COUNT 以外，所有聚合函数都会忽略空值。SQL Server 2008 中聚合函数如表 10-10 所示。

表 10-10　聚合函数

函　　数	说　　明
AVG	返回组中各值的平均值，如果为空值将被忽略
CHECKSUM_AGG	返回组中各值的校验和，如果为空值将被忽略
COUNT	返回组中项值的数量，如果为空也将计数
COUNT_BIG	返回组中的项数。COUNT_BIG 的用法与 COUNT 函数类似，唯一的差别是 COUNT_BIG 始终返回 bigint 数据类型值。COUNT 始终返回 int 数据类型值
GROUPING	指示是否聚合 GROUP BY 列表中的指定列表达式。在结果集中，如果 GROUPING 返回 1 则指示聚合；返回 0 则指示不聚合。如果指定了 GROUP BY，则 GROUPING 只能用在 SELECT <select> 列表、HAVING 和 ORDER BY 子句中
MAX	返回组中值列表的最大值
MIN	返回组中值列表的最小值
SUM	返回组中各值的总和
STDEV	返回指定表达式中所有值的标准偏差
STDEVP	返回指定表达式中所有值的总体标准偏差
VAR	返回指定表达式中所有值的方差
VARP	返回指定表达式中所有值的总体方差

提示　聚合函数只能在以下位置作为表达式使用。

（1）SELECT 语句的选择列表（子查询或外部查询）。

（2）COMPUTE 或 COMPUTE BY 子句。

（3）HAVING 子句。

2. 数学函数

SQL Server 2008 中提供了算术函数、三角函数等 24 个数学函数。这些函数中，除 RAND 以外的所有数学函数都为确定性函数，也就是说，每次使用相同的输入值调用这些函数都将返回相同结果。表 10-11 中列举了常用的数学函数。

表 10-11　常用数学函数

函数	说明
ABS	返回数值表达式的绝对值
RAND	返回 0 到 1 之间的随机 float 值
EXP	返回指定表达式以 e 为底的指数
ROUND	返回舍入到指定长度或精度数值表达式
SIN	返回指定角度（以弧度为单位）的三角正弦值
LOG	返回数值表达式以 10 为底的对数
POWER	返回对数值表达进行幂运算的结果
SQRT	返回数值表达式的平方根值

3. 字符串函数

与数学函数一样，SQL Server 2008 为了方便用户进行字符型数据的各种操作和运算，提供了功能全面的字符串函数。字符串函数也是经常使用的一种函数，常见字符串函数如表 10-12 所示。

表 10-12　常用数学函数

函数	说明
ASCII	返回字符表达式中最左侧的字符的 ASCII 代码值
NCHAR	根据 Unicode 标准的定义，返回具有指定的整数代码的 Unicode 字符
SOUNDEX	返回一个由 4 个字符组成的代码（SOUNDEX），用于评估两个字符串的相似性
CHAR	将 int ASCII 代码转换为字符
PATINDEX	返回指定表达式中某模式第一次出现的起始位置；如果在全部有效的文本和字符数据类型中没有找到该模式，则返回零
SPACE	返回由重复的空格组成的字符串
CHARINDEX	返回一个字符串在另一个字符串中的起始位置
QUOTENAME	返回带有分隔符的 Unicode 字符串，分隔符的加入可使输入的字符串成为有效的 Microsoft SQL Server 分隔标识符
STR	返回由数字数据转换来的字符数据
DIFFERENCE	返回一个整数值，指示两个字符表达式的 SOUNDEX 值之间的差异
REPLACE	用另一个字符串值替换出现的所有指定字符串值

函　　数	说　　明
STUFF	STUFF 函数将字符串插入另一字符串,它在第一个字符串中从开始位置删除指定长度的字符,然后将第二个字符串插入第一个字符串的开始位置
LEFT	返回字符串中从左边开始指定个数的字符
REPLICATE	用另一个字符串值替换出现的所有指定字符串值
SUBSTRING	返回字符表达式、二进制表达式、文本表达式或图像表达式的一部分
LEN	返回指定字符串表达式的字符数,其中不包含尾随空格
REVERSE	返回字符表达式的逆向表达式
UNICODE	按照 Unicode 标准的定义,返回输入表达式的第一个字符的整数值
LOWER	将大写字符数据转换为小写字符数据后返回字符表达式
RIGHT	返回字符串中从右边开始指定个数的字符
UPPER	返回小写字符数据转换为大写的字符表达式
LTRIM	返回删除了前导空格之后的字符表达式
RTRIM	截断所有尾随空格后返回一个字符串

4. 日期和时间函数

SQL Server 2008 提供了日期和时间处理函数。通过日期和时间函数可以获得运行 SQL Server 实例的计算机操作系统的日期和时间的部分,用来获取日期和时间差等。其中一些函数接受 datepart 变量元,这个变量元指定函数处理日期和时间所使用的时间粒度。表 10-13列出了 datepart 变元的可能设置。

表 10-13　SQL Server datepart 变元

常量	含　义	常　量	含　义
yy 或 yyyy	年	dd 或 d	日
qq 或 q	季	hh	时
mm 或 m	月	mi 或 n	分
wk 或 ww	周	ss 或 s	秒
dw 或 w	周日期	dy 或 y	年日期(1～365)
ms	毫秒		

表 10-14 列举出了 SQL Server 2008 提供了常见的 9 个日期和时间函数。

表 10-14　SQL Server 日期和时间函数

函数	语　　法	含　　义
DATEDIFF	DATEDIFF(datepart, startdate, enddate)	返回两个指定日期之间所跨的日期或时间 datepart 边界的数目
DATEADD	DATEADD (datepart, number, date)	通过将一个时间间隔与指定 date 的指定 datepart 相加,返回一个新的 datetime 值
ISDATE	ISDATE(expression)	确定 datetime 或 smalldatetime 输入表达式是否为有效的日期或时间值

续表

函 数	语 法	含 义
DATENAME	DATENAME(datepart,date)	返回表示指定日期的指定 datepart 的字符串
DATEPART	DATEPART(datepart,date)	返回表示指定 date 的指定 datepart 的整数
DAY	DAY(date)	返回表示指定 date 的"日"部分的整数
MONTH	MONTH(date)	返回表示指定 date 的"月"部分的整数
YEAR	YEAR(date)	返回表示指定 date 的"年"部分的整数
GETDATE	GETDATE()	返回包含计算机的日期和时间的 datetime2(7) 值,SQL Server 的实例正在该计算机上运行

10.2.6 注释

注释是程序代码中不执行的文本字符串,注释可用于对代码进行说明,便于将来对程序代码进行维护或程序调试过程中暂时禁用正在进行诊断的部分 Transact-SQL 语句和批处理。注释通常用于记录程序名、作者姓名和主要代码更改的日期。注释可用于描述复杂的计算或解释编程方法。SQL Server 2008 中支持两种类型的注释字符:--(双连字符)注释和/*...*/(正斜杠-星号字符对)注释。

--(双连字符)注释字符可与要执行的代码处在同一行,也可另起一行。从双连字符开始到行尾的内容均为注释。对于多行注释,必须在每个注释行的前面使用双连字符。

/*...*/(正斜杠-星号字符对)注释字符可与要执行的代码处在同一行,也可另起一行,甚至可以在可执行代码内部。开始注释对(/*)与结束注释对(*/)之间的所有内容均视为注释。对于多行注释,必须使用开始注释字符对(/*)来开始注释,并使用结束注释字符对(*/)来结束注释。

提示 --(双连字符)注释和/*...*/(正斜杠-星号字符对)注释都没有长度限制。一般单行注释采用--(双连字符)注释方式,多行注释采用/*...*/(正斜杠-星号字符对)注释方式。

10.2.7 批处理

批处理是同时从应用程序发送到 SQL Server 并得以执行的一组单条或多条 Transact-SQL 语句。SQL Server 将批处理的语句编译为单个可执行单元,称为执行计划。执行计划中的语句每次执行一条。

每个 Transact-SQL 语句应以分号结束。此要求不是强制性的,但不推荐使用允许语句不以分号结束的功能,Microsoft SQL Server 的未来版本可能会删除这种功能。

编译错误(如语法错误)可使执行计划无法编译。因此,不会执行批处理中的任何语句。

10.2.8 事务处理

1. 什么是事务

事务是单个的工作单元。如果某一事务成功,则在该事务中进行的所有数据更改均会提交,成为数据库中的永久组成部分。如果事务遇到错误且必须取消或回滚,则所有数据更改均被清除,在 SQL Sever 中引入事务的处理可以确保数据的完整性和一致性。

2．事务的特性

事务是作为单个逻辑工作单元执行的一系列操作。一个逻辑工作单元必须有 4 个属性,称为 ACID(原子性、一致性、隔离性和持久性)属性。

(1) 原子性

事务必须是原子工作单元。对于其数据的修改,要么全都执行,要么全都不执行。

(2) 一致性

事务执行前后,数据库中的数据都处于一致的状态。如将订单写到了数据库中,而相应的订单明细没有写入,则两者之间的一致性就被破坏了。

📚**注意**　原子性和一致性是通过事务管理来实现的。

(3) 隔离性

由并发事务所作的修改必须与任何其他并发事务所作的修改隔离。事务查看数据时数据所处的状态,要么是另一并发事务修改它之前的状态,要么是另一事务修改它之后的状态,事务不会查看中间状态的数据,这称为可串行性。因为它能够重新装载起始数据,并且重播一系列事务,以使数据结束时的状态与原始事务执行的状态相同。该特性是通过上锁来实现的。

(4) 持久性

事务完成之后,它对于系统的影响是永久性的。该修改即使出现系统故障也将一直保持。这是通过备份和事务日志来完成的。

3．事务的分类

(1) 自动提交事务

这是 SQL Server 默认的事务管理模式,每条单独的语句都是一个事务。也就是说,每个 T-SQL 语句结束时,事务被自动提交,若遇到错误就会回滚。

(2) 显式事务

显式事务就是可以显式地在其中定义事务的开始和结束的事务。DB-Library 应用程序和 Transact-SQL 脚本使用 BEGIN TRANSACTION、COMMIT TRANSACTION、COMMIT WORK、ROLLBACK TRANSACTION 或 ROLLBACK WORK 这些 Transact-SQL 语句定义显式事务。

BEGIN TRANSACTION 语句的语法如下。

```
BEGIN { TRAN|TRANSACTION }
    [{ transaction_name|@ tran_name_variable }
      [WITH MARK ['description']]
    ]
[;]
```

参数说明如下。

transaction_name:分配给事务的名称。transaction_name 必须符合标识符规则,但标识符所包含的字符数不能大于 32。仅在最外面的 BEGIN… COMMIT 或 BEGIN…

ROLLBACK 嵌套语句对中使用事务名。

@tran_name_variable：用户定义的、含有有效事务名称的变量的名称。必须用 char、varchar、nchar 或 nvarchar 数据类型声明变量。如果传递给该变量的字符多于 32 个，则仅使用前面的 32 个字符，其余的字符将被截断。

WITH MARK ['description']：指定在日志中标记事务。description 是描述该标记的字符串。如果使用了 WITH MARK，则必须指定事务名。

ROLLBACK TRANSACTION 语句的语法如下。

```
ROLLBACK { TRAN|TRANSACTION }
    [transaction_name|@tran_name_variable
    | savepoint_name|@savepoint_variable]
[;]
```

参数说明如下。

transaction_name：是为 BEGIN TRANSACTION 上的事务分配的名称。transaction_name 必须符合标识符规则，但只使用事务名称的前 32 个字符。嵌套事务时，transaction_name 必须是最外面的 BEGIN TRANSACTION 语句中的名称。

@tran_name_variable：用户定义的、含有有效事务名称的变量的名称。必须用 char、varchar、nchar 或 nvarchar 数据类型声明变量。

savepoint_name：是 SAVE TRANSACTION 语句中的 savepoint_name。savepoint_name 必须符合标识符规则。当条件回滚只影响事务的一部分时，可使用 savepoint_name。

@savepoint_variable：是用户定义的、包含有效保存点名称的变量的名称。必须用 char、varchar、nchar 或 nvarchar 数据类型声明变量。

COMMIT TRANSACTION 语句的语法如下。

```
COMMIT { TRAN|TRANSACTION } [transaction_name|@tran_name_variable]]
[;]
```

参数说明如下。

transaction_name：SQL Server 数据库引擎忽略此参数。transaction_name 指定由前面的 BEGIN TRANSACTION 分配的事务名称。

@tran_name_variable：用户定义的、含有有效事务名称的变量的名称。

（3）隐式事务

DB-Library 应用程序和 Transact-SQL 脚本使用 Transact-SQL SET IMPLICIT_TRANSACTIONS ON 语句启动隐式事务模式。使用 SET IMPLICIT_TRANSACTIONS OFF 语句可以关闭隐式事务模式。使用 COMMIT TRANSACTION、COMMIT WORK、ROLLBACK TRANSACTION 或 ROLLBACK WORK 语句可以结束每个事务。

（4）批处理级事务

只能应用于多个活动结果集（MARS），在 MARS 会话中启动的 Transact-SQL 显式或隐式事务变为批处理级事务。当批处理完成时没有提交或回滚的批处理级事务自动由 SQL Server 进行回滚。

10.3　方　案　设　计

根据需求分析,根据学生评分选出最受欢迎的前 5 名教师和针对每一个评分标准选出最受欢迎的教师的操作会经常被用到。

10.3.1　根据学生评分选出最受欢迎的前 5 名教师方案设计

1. 确定完成任务所需要用到的表

根据教学评测系统数据库设计说明书,按照学生评分最高的前 5 名教师的姓名和所属部门,会涉及 4 张表:学生测教师表(TTS_StuTestTeacher)、课程表(TTS_Course)、教师表(TTS_Teacher)和部门表(TTS_Department)。

2. 确定完成任务所要用到的流程控制语句

取前 5 名教师,需要用到流程控制语句 WHILE 语句、BEGIN...END 语句和 PRINT语句。

3. 确定完成任务所要用到的变量及数据类型

所要用到的变量有 3 个。

(1) 用于循环计数变量:@count,数据类型为 int。

(2) 保存教师姓名:@teacherName,数据类型为 nvarchar(50)。

(3) 保存教师所属部门的变量:@deptName,数据类型为 nvarchar(50)。

10.3.2　针对每一个评分标准选出做得最好的教师方案设计

1. 确定完成任务所需要用到的表

根据教学评价系统数据库设计说明书,针对每一个评分标准,选出做得最好的教师,会涉及 4 张表:学生评教测评结果表(TTS_StuTestResult)、课程表(TTS_Course)、教师表(TTS_Teacher)和三级指标表(TTS_ThirdTarget)。

2. 确定完成任务所要用到的流程控制语句

针对每一个评分标准,选出做得最好的教师,会用到 WHILE 语句、BEGIN...END 语句和 PRINT 语句。

3. 确定完成任务所要用到的变量及数据类型

所要用到的变量有 5 个。循环变量为@count,数据类型为 int;循环终值变量为@rowCount,数据类型为 int;保存教师姓名变量为@teacherName,数据类型为 nvarchar(50);保存评价指标变量为@targetName,数据类型为 nvarchar(50)。

10.4　项　目　实　施

10.4.1　根据学生评分,选出最受欢迎的前 5 名教师

(1) 选择"文件"→"新建"→"使用当前连接"命令,新建一个查询窗口,如图 10-1 所示。

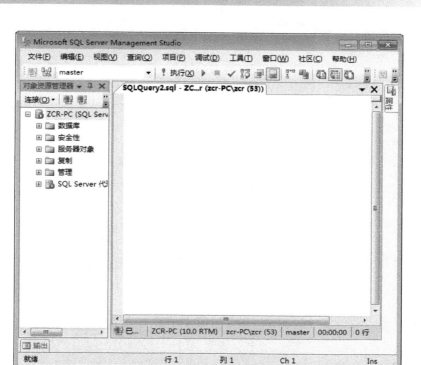

图 10-1　新建查询窗口

（2）在查询窗口中输入以下批处理语句。

```
USE TTS
DECLARE @teacherName nvarchar(50)
DECLARE @deptName nvarchar(50)
DECLARE @count int
SET @count=1
WHILE @count<=5
BEGIN
    SELECT top(@count) @deptName=d.DeptName,@teacherName=t.TeacherName
    FROM TTS_Teacher t,TTS_Course c,TTS_StuTestTeacher tt,TTS_Department d
    WHERE t.TeacherID=c.TeacherID and tt.CourseID=c.CourseID and t.DeptID=
d.DeptID
    ORDER BY tt.Score DESC
    PRINT '部门名称：'+@deptName+' 教师名称：'+@teacherName
    SET @count=@count+1
END
```

（3）选择"查询"→"执行"命令，运行结果如图 10-2 所示。

（4）确定运行结果无误，选择"文件"→"保存"命令，在弹出对话框中输入脚本名称"最受欢迎的前 5 名教师"。

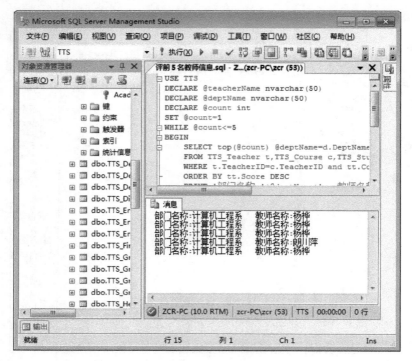

图 10-2   运行结果

10.4.2   针对每一个评分标准，选出做得最好的教师

（1）"查询"窗口中输入以下批处理语句。

```
DECLARE @count int
DECLARE @rowCount int
DECLARE @teacherName nvarchar(50)
DECLARE @targetName nvarchar(50)
SET @count=1
select @rowCount=COUNT(*)
FROM TTS_ThirdTarget
WHILE @count<=@rowCount
BEGIN
    IF (SELECT COUNT(*)FROM TTS_StuTestResult r,TTS_ThirdTarget tt,TTS_Course
c,TTS_Teacher t
    WHERE r.ThirdTargetID=tt.ThirdTargetID and r.CourseID=c.CourseID and c.
TeacherID=t.TeacherID
    and tt.TargetName=
    (select targetName
    from TTS_ThirdTarget
    where @count=ThirdTargetID
    ))>0
    BEGIN
    SELECT top 1 @teacherName=t.TeacherName,@targetName=tt.TargetName
    FROM TTS_StuTestResult r,TTS_ThirdTarget tt,TTS_Course c,TTS_Teacher t
```

```
    WHERE r.ThirdTargetID=tt.ThirdTargetID and r.CourseID=c.CourseID and c.
TeacherID=t.TeacherID
    and tt.TargetName=
    (select targetName
    from TTS_ThirdTarget
    where @count=ThirdTargetID
    )
    ORDER BY r.Score DESC
    PRINT '评分标准'+STR(@count)+':'+@targetName+' 最高得分的教师为：
'+@teacherName
    END
    SET @count=@count+1
END
```

（2）选择"查询"→"执行"命令，运行结果如图 10-3 所示。

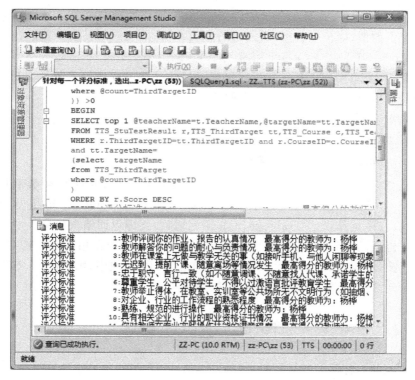

图 10-3 运行结果

 课堂测试

编程实现判断两个数值的大小，并根据结果输出"A 大于 B"或"A 小于 B"信息。

 答案

```
DECLARE @A INT
DECLARE @B INT
SET @A=10
SET @B=20
```

```
IF @A>@B
    PRINT STR(@A)+'大于'+STR(@B)
ELSE
    PRINT STR(@A)+'小于'+STR(@B)
```

10.5 扩展知识：错误管理

在 Transact-SQL 中可以通过在 TRY…CATCH 语句中捕获错误信息和使用系统函数 @@ERROR 两种方式进行错误管理。

1. 使用 TRY…CATCH 检索错误

在 TRY…CATCH 构造的 CATCH 块的作用域内，可以使用以下系统函数。

(1) ERROR_LINE()，返回出现错误的行号。

(2) ERROR_MESSAGE()，返回将返回给应用程序的消息文本。该文本包括为所有可替换参数提供的值，如长度、对象名或时间。

(3) ERROR_NUMBER()，返回错误号。

(4) ERROR_PROCEDURE()，返回出现错误的存储过程或触发器的名称。如果在存储过程或触发器中未出现错误，该函数返回 NULL。

(5) ERROR_SEVERITY()，返回严重性。

(6) ERROR_STATE()，返回状态。

2. 使用@@ERROR 检索错误信息

在执行任何 Transact-SQL 语句之后，可以立即使用@@ERROR 函数测试错误并检索错误号。@@ERROR 函数可用于捕获上一 Transact-SQL 语句生成的错误号。@@ERROR仅在生成错误的 Transact-SQL 语句之后，立即返回错误信息。

如果生成错误的语句在 TRY 块中，则@@ERROR 值必须在相关的 CATCH 块的第一条语句中进行测试和检索。如果生成错误的语句不在 TRY 块中，则@@ERROR 值必须在生成错误的语句之后立即在语句中进行测试和检索。

10.6 小　　结

数据库对象的名称即为其标识符。

常量，也称为文字值或标量值，是表示一个特定数据值的符号。T-SQL 中的变量可以分为局部变量和全局变量两种，局部变量是以@开头命名的变量，全局变量是以@@开头命名的变量。

流程控制语句是指那些用来控制程序执行和流程分支的命令，在 SQL Server 中，流程控制语句主要用来控制 SQL 语句、语句块或者存储过程的执行流程。

事务是作为单个逻辑工作单元执行的一系列操作。一个逻辑工作单元必须有 4 个属性，称为 ACID(原子性、一致性、隔离性和持久性)属性。

习   题

1. 编写程序实现：返回当前日期中本月的天数。
2. 编写程序实现：返回当前日期的年份。
3. 在 SQL Server 2008 中数据类型有哪些？如何来声明一个变量？
4. 怎样才能限制从 SQL Server 中返回的行数？
5. 什么数据类型可与 LIKE 关键字一起使用？
6. 什么函数能将字符串末尾的空格去掉？

项目11

在教学评测系统数据库中使用存储过程

11.1 用户需求与分析

根据教学评测系统需求分析,学生、系部和教研室都要完成对每个教师的测评,计算学生评分、系部评分和教研室评分的平均分将作为教师最后的得分。

11.2 相关知识

11.2.1 什么是存储过程

存储过程(stored procedure)是一组经过预先编译的 SQL 代码,存放在服务器中。用户可以调用一个单独的存储过程得到相应的返回值,从而完成一系列的操作。当用户在 Microsoft SQL Server 2008 上创建一个应用程序的时候,T-SQL 语言是应用程序和 SQL 数据库之间最常使用的程序化接口。用户也可以在 SQL Server 上将程序作为存储过程存储,应用程序执行存储过程和处理结果。存储过程在执行的时候不必再次进行编译,因此存储过程可以提高应用程序的执行效率。

存储过程的类型如下。

(1)系统存储过程

SQL Server 中的许多管理活动都是通过一种特殊的存储过程执行的,这种存储过程被称为系统存储过程。从物理意义上讲,系统存储过程存储在源数据库中,并且带有 sp_前缀。从逻辑意义上讲,系统存储过程出现在每个系统定义数据库和用户定义数据库的 sys 构架中。在 SQL Server 2008 中,可将 GRANT、DENY 和 REVOKE 权限应用于系统存储过程。

(2)用户自定义的存储过程

存储过程是指封装了可重用代码的模块或例程。存储过程可以接受输入参数、向客户端返回表格或标量结果和消息、调用数据定义语言(DDL)和数据操作语言(DML)语句,然后返回输出参数。在 SQL Server 2008 中,用户自定义的存储过程有两种类型:Transact-SQL 或 CLR。

(3)扩展存储过程

扩展存储过程允许用户使用编程语言(例如 C)创建自己的外部例程。扩展存储过程是指 Microsoft SQL Server 的实例可以动态加载和运行的 DLL。扩展存储过程直接在 SQL Server 的实例的地址空间中运行,可以使用 SQL Server 扩展存储过程 API 完成编程。

11.2.2　为什么要使用存储过程

在 SQL Server 中使用存储过程有很多好处，具体表现在以下方面。

（1）使用存储过程可以降低网络的流量。一个需要上百条 T-SQL 代码的操作可以在存储过程中只通过一个单独的语句来执行代码，这样就避免了通过网络发送数百条 T-SQL 代码所造成的网络流量的增加，可以减少网络的负荷。

（2）使用存储过程提高了性能。如果操作需要大量的或需要重复执行的 T-SQL 代码，则存储过程能够提供比 T-SQL 批处理代码更快的执行速度。存储过程在被创建的时候就进行了语法检查和优化，存储过程第一次被执行后，就驻留在内存中，以后每次执行它的时候，不必再次编译和优化，因此执行效率很高。

（3）存储过程允许用户进行模块化的程序设计。用户可以很快的创建一个存储过程，然后把它存储到数据库中，并可在自己的应用程序中多次调用它。专注于数据库设计的用户可以设计出不同的存储过程实现不同的功能，独立于程序源代码修改存储过程。

（4）存储过程还可以作为安全机制的一部分。使用者可以被赋予许可来执行一个存储过程，即使使用者没有得到直接执行存储过程内语句的许可。

11.2.3　创建存储过程

在 SQL Server 2008 系统中，可以使用 CREATE PROCEDURE 语句创建存储过程，需要注意的是，为避免冲突，用户创建的存储过程不要以 sp_ 作为前缀，SQL Server 中系统存储过程以 sp_ 作为前缀。

1．用 CREATE PROCEDURE 创建存储过程

使用 CREATE PROCEDURE 创建存储过程，语法如下。

```
CREATE { PROC|PROCEDURE } [schema_name.] procedure_name [; number]
[{ @parameter [type_schema_name.] data_type }
    [VARYING] [=default] [OUT|OUTPUT] [READONLY]
] [,...n]
[WITH<procedure_option>[,...n]]
[FOR REPLICATION]
AS { <sql_statement>[;][...n]|<method_specifier>}
[;]
<procedure_option>::=
[ENCRYPTION]
[RECOMPILE]
[EXECUTE AS Clause]
<sql_statement>::=
{ [BEGIN] statements [END] }
<method_specifier>::=
EXTERNAL NAME assembly_name.class_name.method_name
```

参数说明如下。

schema_name：过程所属架构的名称。

procedure_name：新存储过程的名称。过程名称必须遵循有关标识符的规则，并且在架构中必须唯一。

; number：是可选整数，用于对同名的过程分组。使用一个 DROP PROCEDURE 语句可将这些分组过程一起删除。

@parameter：过程中的参数。

[type_schema_name.] data_type：参数以及所属架构的数据类型。

VARYING：指定作为输出参数支持的结果集。

default：参数的默认值。如果定义了 default 值，则无需指定此参数的值即可执行过程。

OUTPUT：指示参数是输出参数。

READONLY：指示不能在过程的主体中更新或修改参数。

<sql_statement>：要包含在过程中的一个或多个 Transact-SQL 语句。

提示　CREATE PROCEDURE 语句不能与其他 SQL 语句在单个批处理中组合使用。

要创建存储过程，必须具有数据库的 CREATE PROCEDURE 权限，还必须具有对架构（在其下创建过程）的 ALTER 权限。

存储过程是架构作用域内的对象，它们的名称必须遵守标识符规则。

只能在当前数据库中创建存储过程。

2. 存储过程的使用规则

在设计和创建存储过程时，应该满足一定的约束和规则。只有满足了下面这些约束和规则才能创建有效的存储过程。

(1) CREATE PROCEDURE 定义中不能包含如表 11-1 所示的语句。

表 11-1　CREATE PROCEDURE 定义中不能出现的语句

CREATE AGGREGATE	CREATE RULE
CREATE DEFAULT	CREATE SCHEMA
CREATE 或 ALTER FUNCTION	CREATE 或 ALTER TRIGGER
CREATE 或 ALTER PROCEDURE	CREATE 或 ALTER VIEW
SET PARSEONLY	SET SHOWPLAN_ALL
SET SHOWPLAN_TEXT	SET SHOWPLAN_XML
USE database_name	

(2) 其他数据库对象均可在存储过程中创建。可以引用在同一存储过程中创建的对象，只要引用时已经创建了该对象即可。

(3) 可以在存储过程内引用临时表。

(4) 如果在存储过程内创建本地临时表，则临时表仅为该存储过程而存在；退出该存储过程后，临时表将消失。

(5) 如果执行的存储过程将调用另一个存储过程，则被调用的存储过程可以访问由第一个存储过程创建的所有对象，包括临时表在内。

(6) 如果执行对远程 Microsoft SQL Server 实例进行更改的远程存储过程，则不能回滚这些更改。远程存储过程不参与事务处理。

（7）存储过程中的参数的最大数目为 2100。

（8）存储过程中的局部变量的最大数目仅受可用内存的限制。

（9）根据可用内存的不同,存储过程最大可达 128MB。

11.2.4　查看存储过程

在 SQL Server 2008 系统中,可以查看存储过程的定义也就是查看存储过程的 Transact-SQL 语句,查看有关存储过程的信息(比如存储过程的架构、创建时间及其参数),查看存储过程所使用的对象及使用指定存储过程的过程。

1. 查看存储过程的定义

如果希望查看存储过程的定义信息可以使用 sys. sql_modules 目录视图、OBJECT_DEFINITION 系统函数和 sp_helptext 系统存储过程。运用系统存储过程 sp_helptext 查看存储过程的定义如图 11-1 所示。

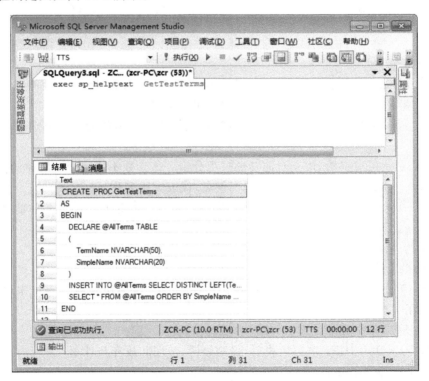

图 11-1　查看存储过程定义

提示　如果在创建存储过程时使用了 WITH ENCRYPTION 子句,那么将隐藏存储过程定义的文本的信息,不能查看到具体的文本信息。

2. 查看有关存储过程的信息

查看存储过程的名称、参数等信息可以用目录视图 sys. objects、sys. procedures、sys. parameters 等。

11.2.5 执行存储过程

若要执行存储过程,可以使用 Transact-SQL 中的 EXECUTE 语句。如果存储过程是批处理中的第一条语句,那么不使用 EXECUTE 关键字也可以执行存储过程。

使用 EXECUTE 执行存储过程,语法如下。

```
[{ EXEC|EXECUTE }]
{
[@return_status=]
{ module_name [;number]|@module_name_var }
[[@parameter=] { value
                        |@variable [OUTPUT]
                        |[DEFAULT]
                        }
 ]
[,...n]
[WITH RECOMPILE]
    }
[;]
```

参数说明如下。

@return_status:可选的整型变量,存储模块的返回状态。这个变量在用于 EXECUTE 语句前,必须在批处理、存储过程或函数中声明过。

module_name:是要调用的存储过程或标量值用户定义函数的完全限定或者不完全限定名称。

;number:是可选整数,用于对同名的过程分组。该参数不能用于扩展存储过程。

@module_name_var:是局部定义的变量名,代表模块名称。

@parameter:module_name 的参数,与在模块中定义的相同。参数名称前必须加上符号(@)。

value:传递给模块或传递命令的参数值。

@variable:是用来存储参数或返回参数的变量。

OUTPUT:指定模块或命令字符串返回一个参数。该模块或命令字符串中的匹配参数也必须使用关键字 OUTPUT 创建。

DEFAULT:根据模块的定义,提供参数的默认值。

WITH RECOMPILE:执行模块后,强制编译、使用和放弃新计划。

11.2.6 向存储过程传递参数

1. 参数的定义

存储过程通过其参数与调用程序通信。SQL Server 2008 的存储过程可以使用两种类型的参数:输入参数和输出参数。需要注意如下 3 个方面。

(1)输入参数允许调用方将数据值传递到存储过程或函数。

(2)输出参数允许存储过程将数据值或游标变量传递回调用方。用户定义函数不能指定输出参数。

（3）每个存储过程向调用方返回一个整数返回代码。如果存储过程没有显式设置返回代码的值,则返回代码为 0。

存储过程的参数在创建时应在 CREATE PROCEDURE 和 AS 关键字之间定义,每个参数都要指定参数名和数据类型,参数名必须以@符号作为前缀,可以为参数指定默认值。如果是输出参数,则应用 OUTPUT 关键字描述。各个参数定义之间用逗号隔开,具体语法如下。

```
[{ @ parameter [type_schema_name.] data_type }
[VARYING] [=default] [OUT|OUTPUT]
```

2. 输入参数

输入参数是指在存储过程中有一个条件,在执行存储过程时通过参数向存储过程传递值。在创建存储过程时,每个输入参数都必须指定名称、数据类型。参数名称必须以单个@字符开头,并且必须遵守对象标识符规则且参数名必须唯一。

示例代码如下。

```
CREATE PROC[dbo].[IsPlanUsed]
@ PlanTypeCHAR(1),
@ PlanIDINT,
@ TermNVARCHAR(50)
AS
BEGIN
IF(@ PlanType='1'OR @ PlanType='2')                /*学生评教*/
BEGIN
SELECT COUNT( * )FROM TTS_PlanRoleUse WHERE PlanID=@ PlanID AND Term=@ Term
END
IF(@ PlanType='3'OR@ PlanType='4'OR@ PlanType='5')   /*系部、企业、教研室评教*/
BEGIN
SELECT COUNT( * ) FROM TTS_PlanRoleUse WHERE PlanID=@ PlanID AND Term=@ Term
END
END
```

执行带有输入参数的存储过程时,SQL Server 2008 提供了两种传递参数的方式。

（1）按位置传递

在这种方式中,执行存储过程时不用指定参数名称直接给出参数的值。当有多个参数时按照存储过程中定义的顺序从左到右匹配。

示例代码如下。

```
EXEC[dbo].[IsPlanUsed]'1',1,'2006B'
```

（2）按参数名称传递

按这种方式中,执行存储过程时使用"参数名＝参数值"的形式给出参数值。通过参数名称传递参数的好处是参数可以以任意顺序给出。

示例代码如下。

```
EXEC[dbo].[IsPlanUsed]@PlanType='1',@PlanID=1,@Term='2006B'
```

11.2.7 从存储过程返回数据

从存储过程中返回一个或多个值需要用到输出参数。为了使用输出参数,必须在 CREATE PROCEDURE 语句和 EXECUTE 语句中指定关键字 OUTPUT。

特别注意,在执行存储过程时,输入参数可以是常量也可以是变量,但是输出参数只能是变量。

11.2.8 修改存储过程

在 SQL Server 2008 中,修改存储过程可以通过两种方式来实现,一种方式是先删除原来的存储过程再重新创建,另一种方式是使用 ALTER PROCEDURE 语句来修改现有存储过程。删除再重建时与该存储过程关联的所有权限将丢失;更改存储过程时,定义存储过程的权限不发生变化。

1. ALTER PROCEDURE 语法

使用 ALTER PROCEDURE 语句来修改现有存储过程的语法如下。

```
ALTER { PROC|PROCEDURE } [schema_name.] procedure_name [; number]
[{ @parameter [type_schema_name.] data_type }
[VARYING] [=default] [[OUT [PUT]
    ] [,...n]
[WITH<procedure_option>[,...n]]
[FOR REPLICATION]
AS
{ <sql_statement> [...n]|<method_specifier> }
```

修改存储过程语法中各参数与创建存储过程语法中的参数相同。

2. 修改存储过程

修改存储过程的步骤如下。

(1) 在对象资源管理器中,连接到某个数据库引擎实例,再展开该实例。

(2) 依次展开“数据库”、存储过程所属的数据库以及“可编程性”节点。

(3) 展开“存储过程”节点,右击要修改的过程,再单击“修改”按钮。

(4) 修改存储过程的文本。

(5) 若要测试语法,则选择“查询”→“分析”命令。

(6) 若要修改存储过程,则选择“查询”→“执行”命令。

(7) 若要保存脚本,则选择“文件”→“保存”命令。接受文件名或使用新名称替换它,再单击“保存”按钮。

11.2.9 删除存储过程

从当前数据库中删除用户定义的存储过程,使用 DROP PROCEDURE 语句实现。使用 DROP PROCEDURE 语句来删除现有存储过程的语法如下。

```
DROP { PROC|PROCEDURE } { [schema_name.] procedure } [,...n]
```

参数说明如下。

schema_name：过程所属架构的名称。不能指定服务器名称或数据库名称。

procedure：要删除的存储过程或存储过程组的名称。该存储过程必须已存在且对此存储过程所属架构拥有 ALTER 权限。

11.2.10　存储过程的嵌套

在一个存储过程内调用另一个存储过程称为"嵌套存储过程"。调用或执行另一存储过程的存储过程称为"调用过程"，被调用的过程或执行的过程称为"被调过程"。

11.3　方　案　设　计

由于查看课程的学年学期和更新教师的测评分数在系统中会频繁地使用，为了减少网络负荷，缩短系统响应时间，可以采用存储过程来实现。

11.4　项　目　实　施

11.4.1　创建存储过程，用于获得课程的学年学期

（1）选择"文件"→"新建"→"使用当前连接"命令，新建一个查询窗口。

（2）在弹出的查询窗口中输入以下批处理语句。

```
USE TTS
CREATE PROC[dbo].[GetCourseTerms]
AS
BEGIN
DECLARE @AllTerms TABLE
{
    TermName NVARCHAR(50),
    SimpleName NVARCHAR(20)
}
INSERTINTO @AllTerms
SELECT DISTINC TLEFT(Term,4)+'学年'+CASE(RIGHT(Term,1))WHEN'A'THEN'第一学期'
WHEN'B'THEN'第二学期'ELSE''ENDAS TermName,Term AS SimpleName
FROM TTS_Course
SELECT * FROM @AllTerms
END
GO
```

（3）选择"查询"→"执行"命令，运行结果。

11.4.2　查看存储过程 GetCourseTerms

（1）选择"文件"→"新建"→"使用当前连接"命令，新建一个查询窗口。

（2）在弹出的查询窗口中输入以下批处理语句。

```
USE TTS
GO
EXEC sp_helptext[dbo.GetCourseTerms]
```

（3）选择"查询"→"执行"命令，运行结果如图 11-2 所示。

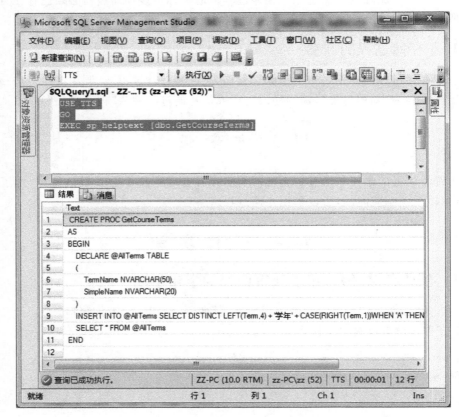

图 11-2　查看存储过程运行结果

11.4.3　执行存储过程 GetCourseTerms，查看课程的学期

（1）选择"文件"→"新建"→"使用当前连接"命令，新建一个查询窗口。

（2）在弹出的查询窗口中输入以下批处理语句。

```
USE TTS
GO
EXEC dbo.GetCourseTerms
```

（3）选择"查询"→"执行"命令，运行结果如图 11-3 所示。

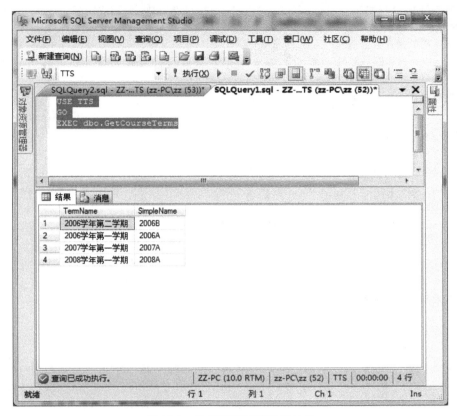

图 11-3 执行存储过程运行结果

11.4.4 在存储过程中使用参数,实现修改某教师某学期的分数

(1) 选择"文件"→"新建"→"使用当前连接"命令,新建一个查询窗口。

(2) 在弹出的查询窗口中输入以下批处理语句。

```
USE TTS
/*更新教师的总分*/
CREATE PROC [dbo].[UpdateTeacherScore]
@TeacherID INT,@Term NVARCHAR(50)
AS
BEGIN
/*记录教师的测评数据*/
DECLARE @testDataTABLE
{
    TeacherID INTNOTNULL,
    TestScore NUMERIC(8,2)NOTNULL,
    Term NVARCHAR(50)NOTNULL
}
/*把学生的测评数据插入@testData表*/
```

```
INSERT INTO @testData SELECT TeacherID, Score, @Term FROM ViewStuTest WHERETerm =
@Term AND TeacherID=@TeacherID
/*把系部的测评数据插入@testData表*/
INSERT INTO @testData SELECT TeacherID, Score, @Term FROM ViewDeptTestTeacher
WHERE Term=@Term AND TeacherID=@TeacherID
/*把教研室的测评数据插入@testData表*/
INSERT INTO @testData SELECT TeacherID, Score, @Term FROM ViewGroupTestResult
WHERE Term=@Term AND TeacherID=@TeacherID
/*获得排好序的测评数据*/
DECLARE @rowCountINT
SELECT @rowCount=(SELECT COUNT(*) FROM TTS_TestTotalResult WHERE TeacherID=
@TeacherID AND Term=@Term)
IF(@rowCount=0)/*如果没有教师的总分记录*/
BEGIN
INSERT INTO TTS_TestTotalResult SELECT TeacherID, AVG(TestScore)As TestScore,
null,@Term FROM @testData WHERE TeacherID=@TeacherID AND Term=
@TermGROUPBY TeacherID
END
ELSE
BEGIN
UPDATE TTS_TestTotalResult SET TestScore=(SELECT CONVERT(NUMERIC(8,2),AVG
(TestScore))As TestScore FROM @testData WHERE TeacherID=@TeacherID AND Term=
@Term GROUPBY TeacherID)WHERE TeacherID=@TeacherID AND Term=@Term
END
END
```

（3）选择“查询”→“执行”命令，运行结果。

11.4.5　修改存储过程 GetTestYears

（1）选择“文件”→“新建”→“使用当前连接”命令，新建一个查询窗口。

（2）在弹出的查询窗口中输入以下批处理语句。

```
USETTS
GO
ALTER PROC[dbo].[GetTestYears]
AS
BEGIN
SELECT DISTINCT LEFT(Term,4)+'年度'YearName
FROM ViewTestTotalResult
END
```

（3）选择“查询”→“执行”命令，运行结果如图 11-4 所示。

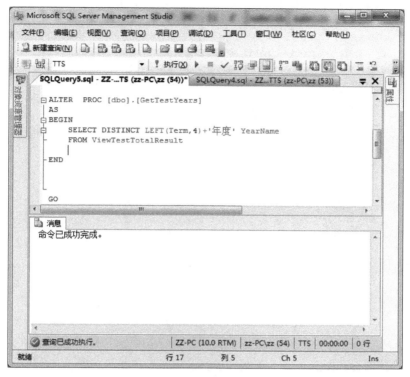

图 11-4 运行结果

11.4.6 删除存储过程 GetTestYears

（1）选择"文件"→"新建"→"使用当前连接"命令，新建一个查询窗口。

（2）在弹出的查询窗口中输入以下批处理语句。

```
USE TTS
GO
DROP PROC GetTestYears
```

（3）选择"查询"→"执行"命令，运行结果如图 11-5 所示。

课堂测试

利用 CREATE TABLE 语句创建学生表。

答案

```
create table Student
{
    StudentNO char(8) notnull,
    StudentName nvarchar(50) notnull,
    ClassName int notnull,
    StudentStatus nvarchar(50) notnull
}
```

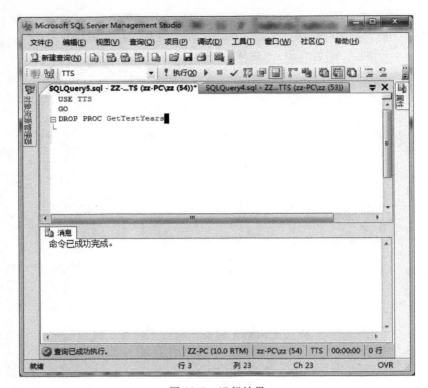

图 11-5　运行结果

11.5　扩展知识：存储过程的编译

在执行诸如添加索引或更改索引列中的数据等操作更改了数据库时，应重新编译访问数据库表的原始查询计划以对其重新优化。在 Microsoft SQL Server 重新启动后第一次运行存储过程时自动执行此优化。当存储过程使用的基础表发生变化时，也会执行此优化。但如果添加了存储过程可能从中受益的新索引，将不自动执行优化，直到下一次 Microsoft SQL Server 重新启动后再运行该存储过程时为止。在这种情况下，强制在下次执行存储过程时对其重新编译会很有用。

必要时，强制重新编译存储过程会阻碍存储过程编译的"参数查找"行为。当 SQL Server 执行存储过程时，该过程在编译时使用的任何参数值都作为生成查询计划的一部分包括在内。如果这些值就是后来调用存储过程时使用的典型值，则该存储过程在每次编译和执行时都会从查询计划中获益。否则，性能可能会受到影响。

SQL Server 中，强制重新编译存储过程的方式有 3 种。

（1）sp_recompile 系统存储过程强制在下次执行存储过程时对其重新编译。

（2）创建存储过程时在其定义中指定 WITH RECOMPILE 选项，指明 SQL Server 将不为该存储过程缓存计划，在每次执行该存储过程时对其重新编译。当存储过程的参数值在各次执行间都有较大差异，导致每次均需创建不同的执行计划时，可使用 WITH RECOMPILE 选项。此选项并不常用，因为每次执行存储过程时都必须对其重新编译，这样会导致存储过程的执行变慢。

如果只想在要重新编译的存储过程中而不是整个存储过程中执行单个查询,需在要重新编译的每个查询中指定 RECOMPILE 查询提示。此行为类似于前文所述的 SQL Server 语句级重新编译行为,但除了使用存储过程的当前参数值外,RECOMPILE 查询提示还在编译语句时使用存储过程中本地变量的值。仅在属于存储过程的查询子集中使用非典型值或临时值时使用此选项。

(3) 可以通过指定 WITH RECOMPILE 选项,强制在执行存储过程时对其重新编译。仅当所提供的参数是非典型参数,或自创建该存储过程后数据发生显著变化时,才应使用此选项。

11.6　小　　结

存储过程是一组经过预先编译的 SQL 代码,存放在服务器中。用户可以调用一个单独的存储过程得到相应的返回值,从而完成一系列的操作。

存储过程的类型分为系统存储过程、用户自定义的存储过程和扩展存储过程。

使用 CREATE PROCEDURE 语句创建存储过程,使用 sys. sql_modules 目录视图、OBJECT_DEFINITION 系统函数和 sp_helptext 系统存储过程查看存储过程的定义信息。

使用 ALTER PROCEDURE 语句来修改现有存储过程。

使用 DROP PROCEDURE 语句从当前数据库中删除用户定义的存储过程。

习　　题

1. 什么是存储过程? 其作用是什么?
2. 为什么不使用本地客户机的 T-SQL 程序,而使用存储过程?
3. SQL Server 支持几类参数,试举例说明。
4. 存储过程的执行有几种方法?

项目 12

在教学评测系统数据库中使用触发器

12.1 用户需求与分析

根据教学评测系统需求分析,当学生表(TTS_Student)中学生姓名发生改变时,所有包含有学生姓名的其他表中的学生姓名也应该同时改变,以确保数据的一致性。

12.2 相 关 知 识

12.2.1 什么是触发器

触发器是与表事件相关的特殊类型的存储过程,在执行语言事件时自动生效,用于保护表中的数据。在 SQL Server 2000 及其之前的版本中,触发器是针对数据表的特殊的存储过程,当这个表发生了 INSERT、UPADATE 或 DELETE 操作时,如果该表有对应操作的触发器,这个触发器就会自动激活执行。在 SQL Server 2008 中,触发器有了更进一步的功能,在数据表(库)发生 CREATE、ALTER 和 DROP 操作时,也会自动激活执行。

12.2.2 触发器的类型

SQL Server 2008 包括 3 种常规类型的触发器:DDL 触发器、DML 触发器和登录触发器。

1. DDL 触发器

当服务器或数据库中发生数据定义语言(DDL)事件时将调用 DDL 触发器。数据定义语言事件主要与以关键字 CREATE、ALTER 和 DROP 开头的 Transact-SQL 语句对应。如果要执行以下操作,需使用 DDL 触发器。

(1) 要防止对数据库架构进行某些更改。

(2) 希望数据库中发生某种情况以响应数据库架构中的更改。

(3) 要记录数据库架构中的更改或事件。

2. DML 触发器

当数据库中发生数据操作语言(DML)事件时将调用 DML 触发器。DML 事件包括在指定表或视图中修改数据的 INSERT、UPDATE 或 DELETE 语句。

DML 触发器的包括以下 3 种类型。

（1）AFTER 触发器

在执行了 INSERT、UPDATE 或 DELETE 语句操作之后执行 AFTER 触发器，AFTER 触发器只能在表上指定。

（2）INSTEAD OF 触发器

执行 INSTEAD OF 触发器代替通常的触发动作。用户还可为带有一个或多个基表的视图定义 INSTEAD OF 触发器，而这些触发器能够扩展视图可支持的更新类型。

（3）CLR 触发器

CLR 触发器可以是 AFTER 触发器或 INSTEAD OF 触发器。CLR 触发器还可以是 DDL 触发器。CLR 触发器将执行在托管代码（在 . NET Framework 中创建并在 SQL Server 中上载的程序集的成员）中编写的方法，而不用执行 Transact-SQL 存储过程。

DML 触发器在以下方面非常有用。

（1）DML 触发器可通过数据库中的相关表实现级联更改。不过，通过级联引用完整性约束可以更有效地进行这些更改。

（2）DML 触发器可以防止恶意或错误的 INSERT、UPDATE 以及 DELETE 操作，并强制执行比 CHECK 约束定义的限制更为复杂的其他限制。与 CHECK 约束不同，DML 触发器可以引用其他表中的列。

（3）DML 触发器可以评估数据修改前后表的状态，并根据该差异采取措施。

（4）一个表中的多个同类 DML 触发器（INSERT、UPDATE 或 DELETE）允许采取多个不同的操作来响应同一个修改语句。

3. 登录触发器

登录触发器将为响应 LOGON 事件而激发存储过程。与 SQL Server 实例建立用户会话时将引发此事件。

12.2.3　创建 DML 触发器

DML 触发器是当数据库服务器中发生数据操作语言（DML）事件时要执行的操作。DML 事件包括对表或视图发出的 UPDATE、INSERT 或 DELETE 语句。DML 触发器用于在数据被修改时强制执行业务规则，以及扩展 Microsoft SQL Server 约束、默认值和规则的完整性检查逻辑。

创建 DML 触发器的语法如下。

```
CREATE TRIGGER [schema_name .]trigger_name
ON { table|view }
[WITH<dml_trigger_option>[,...n]]
{ FOR|AFTER|INSTEAD OF }
{ [INSERT] [,] [UPDATE] [,] [DELETE] }
[WITH APPEND]
[NOT FOR REPLICATION]
AS { sql_statement [;] [,...n]|EXTERNAL NAME <method specifier [;] >}

<dml_trigger_option>::=
[ENCRYPTION]
[EXECUTE AS Clause]
```

```
<method_specifier>::=
assembly_name.class_name.method_name
```

参数说明如下。

trigger_name：触发器的名称。trigger_name 必须遵循标识符规则，但 trigger_name 不能以♯或♯♯开头。

table|view：对其执行 DML 触发器的表或视图，有时称为触发器表或触发器视图。

FOR|AFTER：AFTER 指定 DML 触发器仅在触发 SQL 语句中指定的所有操作都已成功执行时才被触发。

INSTEAD OF：指定执行 DML 触发器而不是触发 SQL 语句，因此，其优先级高于触发语句的操作。

{[INSERT][,][UPDATE][,][DELETE]}：指定数据修改语句，这些语句可在 DML 触发器对此表或视图进行尝试时激活该触发器。

sql_statement：触发条件和操作。

12.2.4　触发触发器

可通过指定以下两个选项之一来控制 DML 触发器何时激发。

AFTER 触发器将在处理触发操作（INSERT、UPDATE 或 DELETE）、INSTEAD OF 触发器和约束之后激发。可通过指定 AFTER 或 FOR 关键字来请求 AFTER 触发器。因为 FOR 关键字与 AFTER 效果相同，所以带有 FOR 关键字的 DML 触发器也归类为 AFTER 触发器。

INSTEAD OF 将在处理约束前激发，以替代触发操作。如果表有 AFTER 触发器，它们将在处理约束之后激发。如果违反了约束，将回滚 INSTEAD OF 触发器操作并且不执行 AFTER 触发器。

每个表或视图针对每个触发操作（UPDATE、DELETE 和 INSERT）可有一个相应的 INSTEAD OF 触发器。而一个表针对每个触发操作可有多个相应的 AFTER 触发器。

12.2.5　触发器的工作原理

在 SQL Server 2008 中，为每个 DML 触发器都定义了两个特殊的表，一个是插入表，一个是删除表。这两个表是建在数据库服务器的内存中的，是由系统管理的逻辑表，而不是真正存储在数据库中的物理表。对于这两个表，用户只有读取的权限，没有修改的权限。

这两个表的结构与触发器所在数据表的结构是完全一致的，当触发器的工作完成之后，这两个表也将会从内存中删除。

插入表里存放的是更新前的记录：对于插入记录操作来说，插入表里存放的是要插入的数据；对于更新记录操作来说，插入表里存放的是要更新的记录。

删除表里存放的是更新后的记录：对于更新记录操作来说，删除表里存放的是更新前的记录（更新完后即被删除）；对于删除记录操作来说，删除表里存入的是被删除的旧记录。

12.2.6　查看触发器

在 SQL Server 2008 中，要查看一个表中触发器的类型、名称、所有者以及创建日期，可以采用以下两种方法。

(1) 获取触发器定义的有关信息,前提是触发器未在创建或修改时加密。可能需要通过了解触发器的定义以了解它的 Transact-SQL 语句,或了解它如何影响所在的表。

(2) 列出指定的触发器所使用的对象。该信息可在数据库中的影响触发器的对象发生更改或删除时用来标识这些对象。

12.2.7　修改触发器

修改触发器的定义和属性,有两种方法:第一种是先删除原来触发器的定义,再重新创建与之同名的触发器;第二种是用 ALTER TRIGGER 语句直接修改现有触发器的定义。ALTER TRIGGER 语句的语法如下。

```
ALTER TRIGGER schema_name.trigger_name
ON ( table|view )
[WITH<dml_trigger_option>[,...n]]
( FOR|AFTER|INSTEAD OF )
{ [DELETE] [,] [INSERT] [,] [UPDATE] }
[NOT FOR REPLICATION]
AS { sql_statement [;] [...n]|EXTERNAL NAME <method specifier>[;] }

<dml_trigger_option>::=
[ENCRYPTION]
[<EXECUTE AS Clause>]

<method_specifier>::=
assembly_name.class_name.method_name
```

修改触发器语句的语法中的参数说明和创建触发器的语法中的参数说明相同,这里不再赘述。

12.2.8　删除触发器

当不再需要某个触发器时可以删除它。删除触发器时,触发器所在表中的数据不会因此改变。当某个表被删除时,该表上所有的触发器也被自动删除。

使用 DROP TRIGGER 语句可以删除当前数据库中的一个或者多个触发器。

12.3　方案设计

当学生表(TTS_Student)中学生姓名发生改变时,所有包含有学生姓名的其他表中的学生姓名也应该同时改变,可以采用触发器来实现。

当修改学生表记录时,相当于删除一条旧记录并插入一条新记录,删除的旧记录在 deleted 临时表中,插入的新记录在 inserted 临时表中。

(1) 确定触发器表是:TTS_Student;

(2) 确定触发器的类型:UPDATE;

(3) 确定触发器的名称:trgUpdateName;

（4）编写触发器语句：

```
USETTS
GO
CREATE TRIGGER trgUpdateName
ON TTS_Student
FOR UPDATE
AS
IF UPDATE(StudentName)
BEGIN
DECLARE @namechar(12)
DECLARE @stuidchar(8)
SELECT @name=STudentName FROM inserted
SELECT @stuid=StudentNo FROM deleted
UPDATE ViewStuTest
SET StudentName=@name
WHERE StudentNo=@stuId
END
```

12.4 项 目 实 施

12.4.1 创建 DML 触发器

（1）选择"文件"→"新建"→"使用当前连接"命令，新建一个查询窗口。

（2）在查询窗口中输入以下语句。

```
USETTS
GO
CREATE TRIGGER trgUpdateName
ON TTS_Student
FOR UPDATE
AS
IF UPDATE(StudentName)
BEGIN
DECLARE @namechar(12)
DECLARE @stuidchar(8)
SELECT @name=STudentName FROM inserted
SELECT @stuid=StudentNo FROM deleted
UPDATE ViewStuTest
SET StudentName=@name
WHERE StudentNo=@stuId
END
```

（3）选择"查询"→"执行"命令，查看运行结果。

12.4.2 使用 DML 触发器维护数据正确性

（1）在"对象资源管理器"右边查询窗口中输入以下语句。

```
update TTS_Student
```

```
SET studentName='张千'
WHERE StudentNO='20052259'
```

（2）选择"查询"→"执行"命令，运行结果如图 12-1 所示。

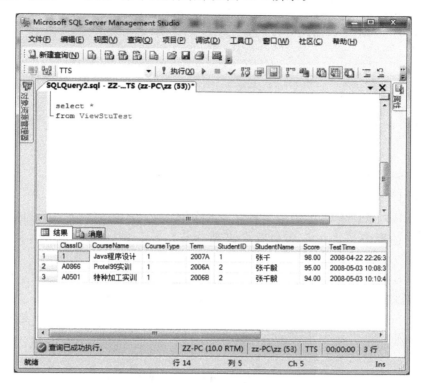

图 12-1　运行结果

 课堂测试

AFTER 和 INSTEAD OF 触发器的区别。

答案

AFTER 触发器和前面讲的触发器的主要区别在于：它是在定义它的 DML 操作执行后激活。如果发生约束侵犯，则永远不会执行 INSTEAD OF 触发器，因此这些触发器不能用于任何可能防止约束侵犯的处理。

12.5　扩展知识：DDL 触发器

DDL 触发器是一种特殊的触发器，它在响应数据定义语言（DDL）语句时触发。它们可以用于在数据库中执行管理任务，例如，审核以及规范数据库操作。

像常规触发器一样，DDL 触发器将激发存储过程以响应事件。但与 DML 触发器不同的是，它们不会为响应针对表或视图的 UPDATE、INSERT 或 DELETE 语句而激发。相反，它们将为了响应各种数据定义语言（DDL）事件而激发。这些事件主要与以关键字 CREATE、ALTER 和 DROP 开头的 Transact-SQL 语句对应。执行 DDL 式操作的系统存储过程也可以激发 DDL 触发器。

创建 DDL 触发器基本语法如下。

```
CREATE TRIGGER trigger_name
ON { ALL SERVER|DATABASE }
[WITH<ddl_trigger_option>[,...n]]
{ FOR|AFTER } { event_type|event_group } [,...n]
AS { sql_statement [;] [,...n]|EXTERNAL NAME<method specifier>[;] }

<ddl_trigger_option>::=
[ENCRYPTION]
[EXECUTE AS Clause]

<method_specifier>::=
assembly_name.class_name.method_name
```

参数说明如下。

ALL SERVER：将 DDL 或登录触发器的作用域应用于当前服务器。如果指定了此参数，则只要当前服务器中的任何位置上出现 event_type 或 event_group，就会激发该触发器。

DATABASE：将 DDL 触发器的作用域应用于当前数据库。如果指定了此参数，则只要当前数据库中出现 event_type 或 event_group，就会激发该触发器。

event_type：执行之后将导致激发 DDL 触发器的 Transact-SQL 语言事件的名称。DDL 事件中列出了 DDL 触发器的有效事件。

12.6　小　　结

触发器是与表事件相关的特殊类型的存储过程，在执行语言事件时自动生效，用于保护表中的数据。

SQL Server 2008 包括 3 种常规类型的触发器：DML 触发器、DDL 触发器和登录触发器。

习　　题

1. 简述触发器有几种类型。
2. 简述触发器的主要作用。
3. 简述 DML 触发器和 DDL 触发器有什么区别。
4. 创建触发器有哪些注意事项？

教学评测系统数据库维护

能力目标

(1) 能够熟练应用数据导入、导出向导完成数据导入、导出；

(2) 能够根据需求移动数据库；

(3) 能够正确完成数据库分离、附加；

(4) 能够阐述数据库备份和还原的重要性；

(5) 能够正确选择数据库的备份类型和备份策略；

(6) 能够熟练完成数据库的备份和还原。

项目13

教学评测系统数据库的导入、导出

13.1 用户需求与分析

SQL Server 的管理员常常需要在各种不同的环境之间转换数据。举例来说，在教学评测系统中，可能需要将以前的评测数据从电子表格转换到 SQL Server 数据库中，或是将联机事务处理系统中的数据转换到数据仓库中以便进行更深层次的数据分析。公司的用户对此有深刻的体会，他们需要把数据集中起来以便于决策，但常常遇到这样的麻烦，他们的数据可能在各个地方以不同的格式存储。现在，这种情况已经一去不复返了。

SQL Server 引入了数据转换服务（DTS，Data Transformation Services），从字面上就可以理解，DTS 服务是对不同格式间数据的转换，它是由一组可从任何数据源到任何支持 OLEDB 的目标进行快速数据导入、导出和格式转换的工具和界面构成。

这就意味着 DTS 不仅可以装载并提取 SQL Server 的数据，而且也可以装载并提取来自于如 Oracle、DB2、文本文件以及其他任何支持 OLEDB 或 ODBC 驱动的数据源的数据。可以把 DTS 看成是一个通用的可与 SQL Server 协调工作的数据处理程序。SQL Server 2008 给该程序提供了以下功能。

（1）DTS 运行库、它所公开的对象模型以及 dtsrun. exe 命令提示实用工具。

（2）执行 DTS 2000 包任务，用于在 Integration Services 包内执行 DTS 包。

（3）ActiveX 脚本任务，仅用于向后兼容。

（4）DTS 包迁移向导，用于将 DTS 包迁移为 Integration Services 包格式。

（5）DTS 包的升级顾问规则，用于识别在迁移包时可能遇到的潜在问题。

13.2 相关知识

1. 数据导入导出应用

数据和对象转换被分为两类：导入和导出。导入是将数据转换到 SQL Server，导出是将数据转出 SQL Server，使用导入和导出数据，数据不必"属于"具体的 SQL Server。其他客户端应用程序和关系数据库管理系统能够访问它，使数据更加通用和灵活。

（1）导入数据和对象

导入数据和对象通常用于执行两种操作之一：一次性数据移植或经常性的数据更新。当公司从一个数据库管理系统（如 Oracle 或 Access）中迁移到 SQL Server 时，它必须导入数据和其他对象，例如，这些对象可以是模式和安全。因为 SQL Server 将代替较旧的数据库，所以数据被导入，使 SQL Server 能够立即用于所有与数据相关的任务。这个过程执行一次性导入,因此,旧数据库管理系统的使用被淘汰,SQL Server 立即开始使用。导入数据的另外一种应用是手工更新 SQL Server 数据。例如,一些情况下需要每周使用来自非 SQL Server 数据源的数据更新数据库,而该数据源又被多个客户端应用程序依次更新。在这种情况下,需要每周对数据进行导入操作。这种情况不同于一次性导入,但这是很多公司所需要的。

(2) 导出数据和对象

像 Oracle、DB2 和 Sybase Adaptive Server 一样,SQL Server 允许客户端应用程序直接访问和编辑 SQL Server 中的数据。然而,在一些情况下,数据和对象的导出仍然会发生。例如当需要把一些数据转换为其他格式时,如没有 ODBC 的旧电子表格格式。这时应该将数据导出到电子表格,使用户能够看到该数据。导出数据和对象是进行数据库备份的方法之一。

(3) 数据转换工具

现在已经了解到哪些情况下需要导入和导出数据,你也应该了解可以使用的工具。SQL Server 2008 有很多用于转换数据和对象的工具,了解使用哪个工具能够提高管理数据的效率。SQL Server 2008 中可以使用的工具有:Data Transformation Services(数据转换服务)、Import and Export Wizards(导入和导出向导)、Bulk Copy Program(批复制程序)命令提示符实用程序、INSERT 语句、SELECT INTO 语句、BULK INSEBT 语句。

2. DTS 结构

DTS 将数据导入、导出或传递定义成可存储的对象,即包裹或包。每一个包都是包括一个或具有一定顺序的多个任务的工作流。每个任务可以将数据从某一数据源复制至目标数据源或使用 Active 脚本转换数据或执行 SQL 语句或运行外部程序。也可以在 SQL Server 数据源间传递数据库对象。

包对象用来创建并存储步骤,这些步骤定义了一系列任务执行的顺序以及执行任务的必要细节。包对象中还包括源列、目标列以及有关在数据传递过程中如何操纵数据的信息。

包可以存储在 DTS COM 结构的存储文件中、msdb 数据库中或 Microsoft Repository 中。可以通过 dtsrun 工具,DTS Designer,DTS 的导入、导出向导和 SQL Server Agent 工具来运行包,使用 Execute 方法调用 DTS 包对象的 COM 应用程序。

包是顶层对象,它包含 3 种底层对象:连接、任务、步骤。

(1) 连接

连接定义了有关源和目标(数据源或文件)的信息。这些信息包括数据格式和位置,以及安全认证的密码。DTS 包可不包含或包含多个连接。使用连接的任务有如下几个。

① DTS Data Pump 任务。

② 执行 SQL 任务。

③ 数据驱动查询任务。

④ 定制任务。

有 3 种类型的连接对象。

① 数据源连接:数据源连接定义了有关源和目标 OLEDB 数据源的信息。这些信息包

括服务器名称、数据格式和位置，以及安全认证的密码。第一个使用连接的任务负责创建该连接。如果使用 ODBC 的 OLEDB 提供者，则连接也可以定义 ODBC 数据源信息。

② 文件连接：文件连接定义了有关源和目标文件的文件格式和位置。

③ Microsoft 数据连接对象：Microsoft 数据连接对象或者加载数据连接文件(*.udl)或者为 OLEDB 提供者设置数据连接文件的属性。

(2) 任务

每个 DTS 包都含有一个或多个任务，每个任务都是数据转换处理的工作项目。任务的种类包括以下几个方面。

① 执行 SQL 任务：即执行 SQL 语句。

② Data Pump 任务：该任务为 Data Pump 操作定义了源和目标数据源以及数据转换。Data Pump 从源和目标 OLEDB 数据源间复制并转换数据。

③ ActiveX 脚本：执行 ActiveX, VB, Jscript 或 Perscript 脚本。凡是脚本支持的操作都可以执行。

④ 执行处理任务 Execute Process task：执行外部程序。

⑤ 批量插入：执行 SQL Server 批复制操作。

⑥ 发送邮件：使用 SQL Mail 发送寻呼或邮件。

⑦ 数据驱动查询：执行 OLEDB 数据源间的高级数据传递。

⑧ 转换 SQL Server 对象：即从 SQL Server OLEDB 数据源向另外的同类数据源复制对象，如表、索引、视图。

(3) 步骤

步骤对象定义了任务执行的顺序，以及某一任务的执行是否依赖于前一个任务的结果。如果某一任务不与步骤对象相关联，则其将无法被执行。用户可以为某一步骤设定运行条件，使其只在一定条件才被执行，为了提高执行的性能，也可以并行执行多个步骤。

步骤的一个重要特性是步骤优先权约束。步骤优先权约束定义了前一步必须满足哪些条件之后才会执行当前步骤。通过步骤优先权约束可以控制任务的执行顺序，有了种类型的优先权约束。

① 完成表示前一步骤完成后就执行当前步骤而不管其成功与否。

② 成功表示前一步骤只有成功执行才执行当前步骤。

③ 失败表示前一步骤执行失败时才执行当前步骤。

某一步骤可有多个优先权约束，只有前一步满足所有的约束后，才能执行当前步骤。

13.2.1　导入数据库

在开发教学评测系统之前，所有教师的信息都保存在电子表格中，使用评测系统之前需先将教师信息导入 SQL Server 中。

使用 SQL Server 导入和导出向导

(1) 启动向导

在 SSMS 中依次展开"服务器"、"数据库"，右击导入的数据，在弹出的快捷菜单中选择"任务"→"导入数据"命令，将弹出如图 13-1 所示的对话框。

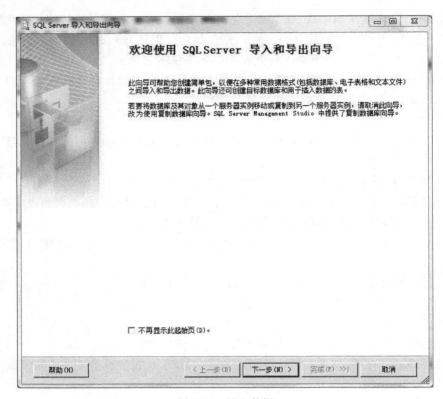

图 13-1　导入数据

（2）选取数据源

单击"下一步"按钮，打开图 13-2 所示的"选择数据源"对话框。由于是要从 Excel 导入数据，因此在"数据源"列表框中选取数据源类型为 Microsoft Excel，单击"浏览"按钮选择教师信息（Teacher_Info. xls）电子表格。

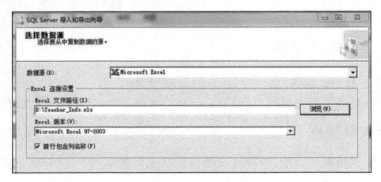

图 13-2　选择数据源

（3）选择目标

单击"下一步"按钮，打开图 13-3 所示的"选择目标"对话框。由于是要将数据导入到 SQL Server，因此在"目标"列表框中选取 SQL Server Native Client 10.0，在"服务器名称"列表框处选取或输入 SQL Server 主机名称，并且选取是要使用 Windows 身份认证还是

SQL Server 身份认证的方式来登录 SQL Server。如果要采用 SQL Server 身份认证方式就必须输入该登录者的名称和密码。接下来再单击"刷新"按钮,在"数据库"列表框将会出现该服务器上所有的数据库列出,选取要导入的数据库,在本例中选择 TTS 数据库。

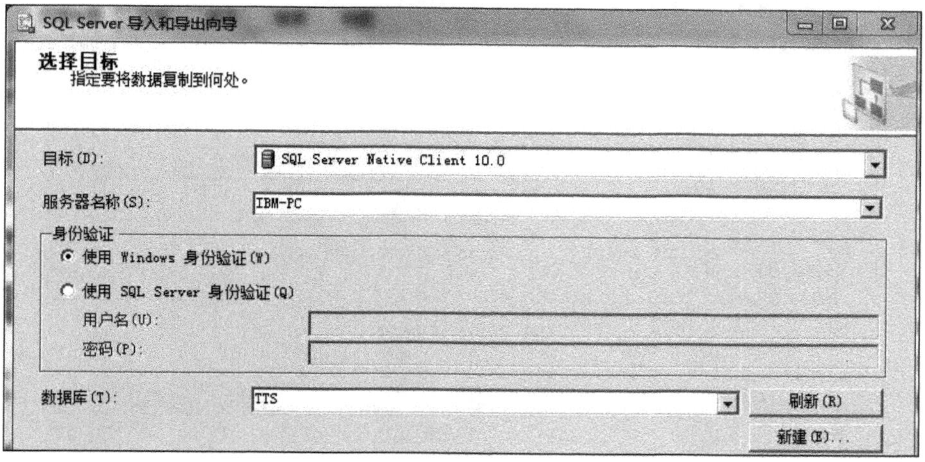

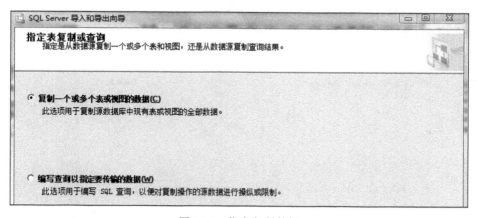

图 13-3 选择目标

(4)指定复制内容

单击"下一步"按钮,在弹出的对话框中可以选择是要将指定内容(可以是表或某一查询的数据结果集)全部复制到目的数据库还是只筛选表的部分数据复制至目的数据库内,在本例中选中"复制一个或多个表或视图的数据"单选按钮,如图 13-4 所示。

图 13-4 指定复制数据

单击"下一步"按钮之后,在弹出的"选择源表和源数据"窗口中选取需要导入的 Excel 工作簿"Teacher_Inofo. xls"。

(5)执行数据导入

在图 13-5 所示的"保存并运行包"对话框中,选中"立即运行"复选框,数据导入立即执行,执行结果如图 13-6 所示,成功完成数据导入操作。

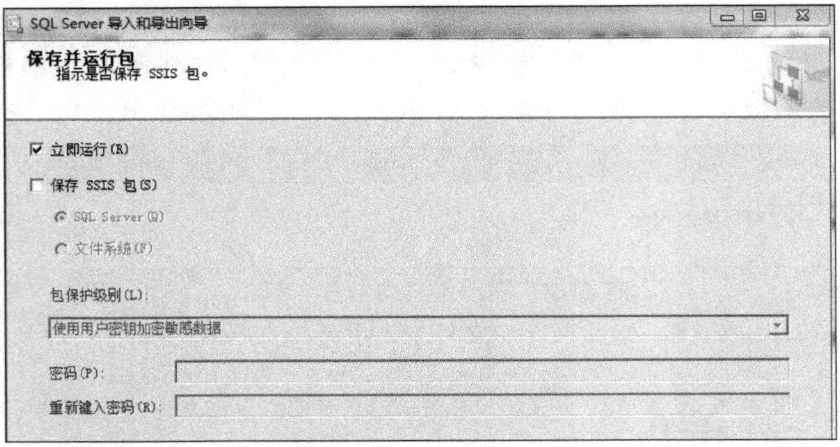

图 13-5　执行包

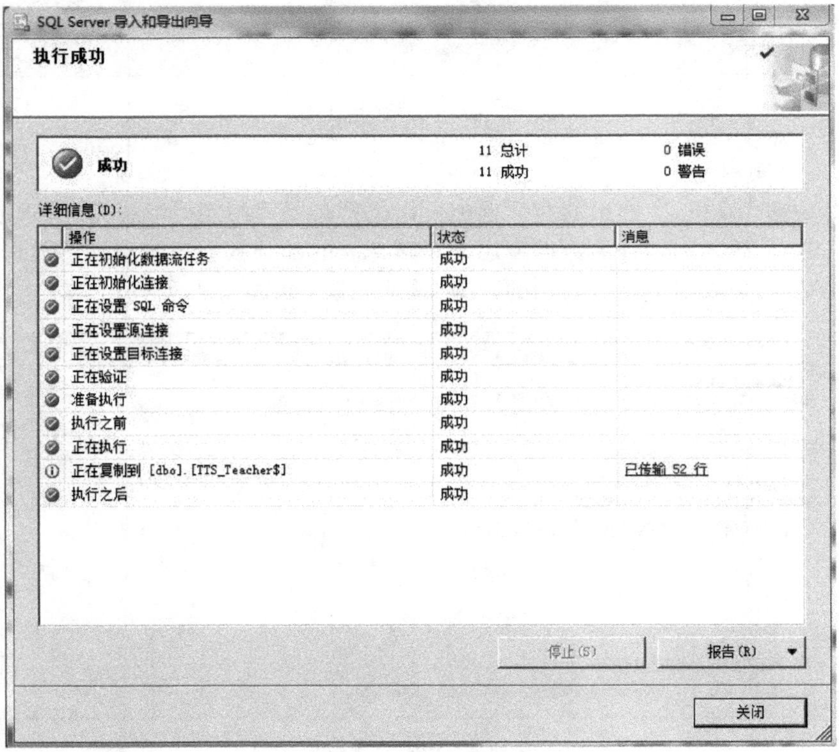

图 13-6　运行结果

13.2.2　导出数据库

对于非计算机专业的使用者来讲,SQL Server 的操作过于复杂、难以掌握,需要将教学评测结果导出到电子表格,以利于使用。

(1) 启动向导

对 TTS 数据库单击右键,选择"任务"→"导出数据"命令,可进入 DTS 向导,如图 13-1

所示。

（2）选取数据源

单击"下一步"按钮，打开图 13-7 所示的"选择数据源"对话框。由于是要从 SQL Server 转出数据，因此在"数据源"列表框中选取 SQL Server Native Client 10.0。

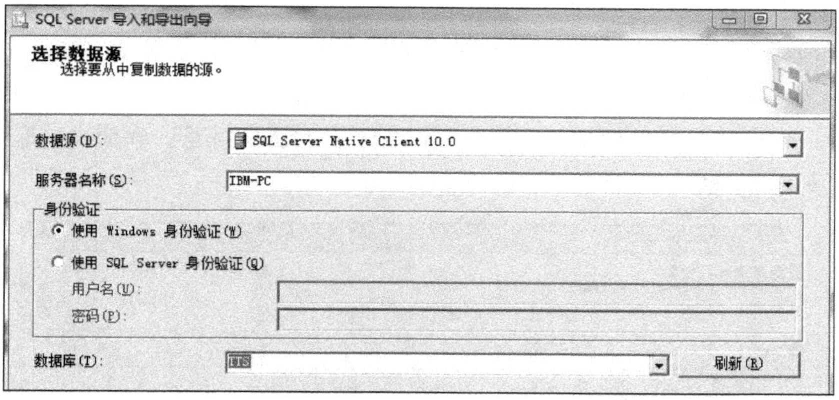

图 13-7　"选择数据源"对话框

在"服务器名称"列表框处选取或输入 SQL Server 主机名称，并且选取是要使用 Windows 身份认证还是 SQL Server 身份认证的方式来登录 SQL Server。如果要采用 SQL Server 身份认证方式就必须输入该登录者的名称和密码。

接下来再单击"刷新"按钮，在"数据库"列表框中将会出现该服务器上所有的数据库，选取要导出的数据库，在本例中选择 TTS 数据库。

（3）选择目标

单击"下一步"按钮，打开图 13-8 所示的"选择目标"对话框。在"目标"列表框处选取导出目的地的数据库种类，可以有许多种选择，如 Access、Excel、ODBC、ORACLE、SQL Server、OLEDB、Analysis Service 等。在此选择目的数据库为 Microsoft Excel。接下来在 "Excel 文件路径"文本框处选取或输入该 Excel 文件名称和路径（该文件须在此之前已经创建完毕，或重新输入一个新名称并保存）。

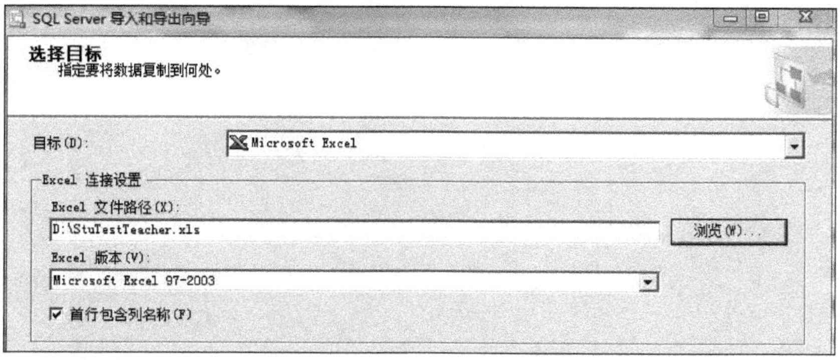

图 13-8　"选择目标"对话框

（4）指定导出数据

单击"下一步"按钮，打开图 13-4 所示的"指定表复制或查询"对话框。在这里可以选择是要将指定内容（可以是表或某一查询的数据结果集）全部复制到目的数据库还是只筛选表的部分数据复制至目的数据库内，在本例中选中"复制一个或多个表或视图的数据"单选按钮。

单击"下一步"按钮之后，弹出"选择源表和源数据"窗口，如图 13-9 所示。其中显示的内容为此 SQL Server 内所有的表，可在此界面的"源"处选择要转移源数据库的那些表至目的数据库，可多选，通过"预览"按钮可对将要传递的数据进行预览。本例中选取需要导出的数据表"TTS_StuTestTeacher"。

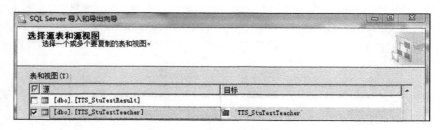

图 13-9　"选择源表和源视图"窗口

"目标"则是源表被转移至的目标表名，其名称默认和源表名是一致的，但是用户可以更改它。

当选取了源表和输入目的表名后，如果想定义数据转换时源表与目标表之间列的对应关系以及是否在转移的过程中改变源列值，则单击"编辑映射"按钮打开"列映射"对话框，如图 13-10 所示。

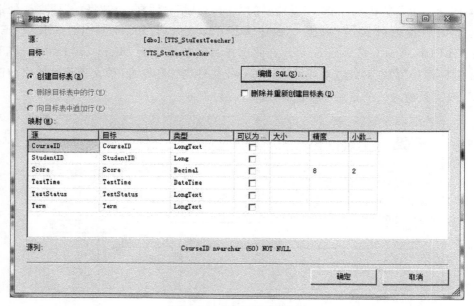

图 13-10　"列映射"对话框

其中各选项的含义如下。

① 创建目标表：在从源表复制数据前首先创建目标表，在默认情况下总是假设目标表不存在。如果存在则发生错误，除非选中了"删除并重新创建目标表"复选框。

② 删除目标表中的行：在从源表复制数据前将目标表的所有行删除，仍保留目标表上的约束和索引，当然使用该选项的前提是目标表必须存在。

③ 向目标表中追加行：把所有源表数据添加到目标表中，目标表中的数据、索引和约束仍保留，但是数据不一定追加到目标表的表尾，如果目标表上有聚簇索引则可以决定将数据插入何处。

④ 删除并重新创建目标表：如果目标表存在，则在从源表传递来数据前将目标表、表中的所有数据以及索引等删除后重新创建新目标表。

（5）查看数据类型映射

当选取数据传输所需的源和目的表并且设置表列对应和数据类型后，返回"选择源表和源视图"对话框，单击"下一步"按钮，打开图 13-11 所示的"查看数据类型映射"对话框，查看需要导出数据的源类型和目标类型。

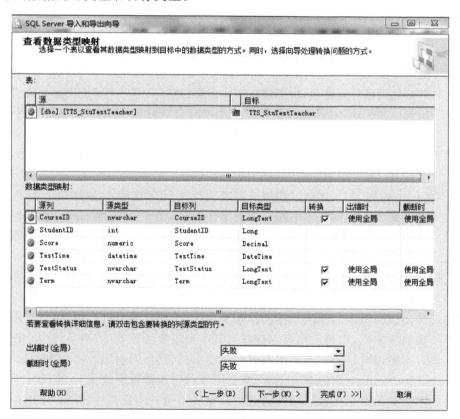

图 13-11　"查看数据类型映射"对话框

（6）保存并运行包

在"查看数据类型映射"对话框中单击"下一步"按钮，打开图 13-5 所示的保存并运行包对话框，在此，可以保存 SSIS 包。

课堂测试

什么是 SSIS 包?

答案

包是一个有组织的集合,其中包括连接、控制流元素、数据流元素、事件处理程序、变量和配置,可使用 SQL Server Integration Services 提供的图形设计工具或以编程生成方式将这些对象组合到包中。然后,可将完成的包保存到 SQL Server、SSIS 包存储区或文件系统中。包是可被检索、执行和保存的工作单元。包通常至少包含一个连接管理器。连接管理器是包和数据源之间的链接,用于定义连接字符串以便访问包中的任务、转换和事件处理程序所使用的数据。Integration Services 包含多种数据源连接类型,例如文本和 XML 文件、关系数据库以及 Analysis Services 数据库和项目。

包可以保存在以下几种不同的位置。

(1) 将包作为 XML 文件(.dtsx 文件)保存到文件系统中。

(2) 将包作为 XML 文件的副本保存到 SQL Server 中的 msdb 数据库。

(3) 将包存到包存储区。

包的保护级别中各选项的含义如下。

(1) DontSaveSensitive(不保存敏感数据):保存包时不保存包中敏感属性的值。这种保护级别不进行加密,但它防止标记为敏感的属性随包一起保存,因此其他用户将无法使用这些敏感数据。如果其他用户打开该包,敏感信息将被替换为空白,用户必须提供这些敏感信息。

(2) EncryptAllWithPassword(使用密码加密所有数据):使用密码加密整个包。使用用户在创建包或导出包时提供的密码加密包。若要在 SSIS 设计器中打开包或使用 dtexec 命令提示实用工具运行包,用户必须提供包密码。如果没有密码,用户将无法访问或运行包。

(3) EncryptAllWithUserKey(使用用户密钥加密所有数据):使用基于当前用户配置文件的密钥加密整个包。只有使用同一配置文件的同一个用户才能加载此包。使用基于创建包或导出包的用户的密钥来加密包。只有创建包或导出包的用户才可以在 SSIS 设计器中打开包或使用 dtexec 命令提示实用工具运行包。

(4) EncryptSensitiveWithPassword(使用密码加密敏感数据):使用密码只加密包中敏感属性的值。DPAPI 用于此加密。敏感数据作为包的一部分保存,但数据是使用当前用户在创建包或导出包时提供的密码加密的。若要在 SSIS 设计器中打开包,用户必须提供包密码。如果不提供该密码,则包虽然可以打开但其中不包含敏感数据,当前用户必须为敏感数据提供新值。如果用户试图在不提供密码的情况下执行包,则包执行将会失败。

(5) EncryptSensitiveWithUserKey(使用用户密钥加密敏感数据):使用基于当前用户配置文件的密钥只加密包中敏感属性的值。只有使用同一配置文件的同一个用户才能加载此包。如果其他用户打开该包,敏感信息将被替换为空白,当前用户必须为敏感数据提供新值。如果用户试图执行该包,则包执行将会失败。DPAPI 用于此加密。

(6) ServerStorage(依靠服务器存储进行加密):使用 SQL Server 数据库角色保护整个包。只有将包保存到 SQL Server msdb 数据库后,才支持此选项。在将包从 Business Intelligence Development Studio 保存到文件系统时,不支持此选项。

（7）保存 SSIS 包

如果选择了保存 SSIS 包的话，将会打开"保存 SSIS 包"对话框，如图 13-12 所示。

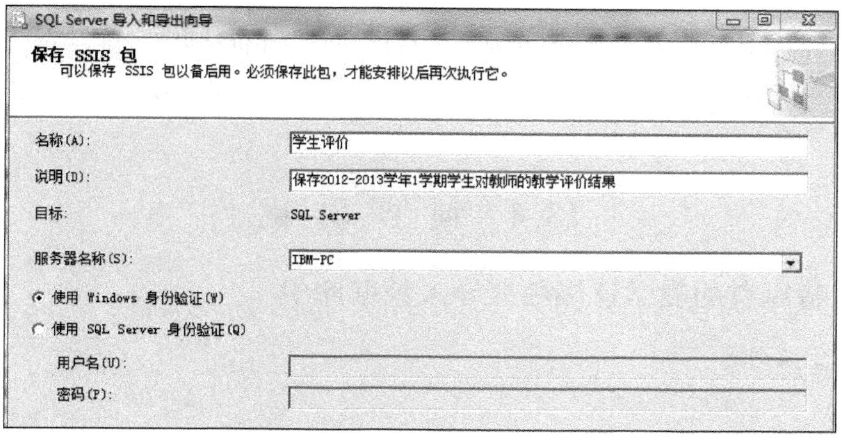

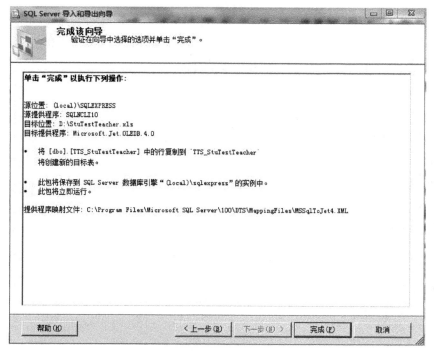

图 13-12　"保存 SSIS 包"对话框

在"名称"处输入该包的名称，"说明"处输入对包的描述信息，"服务器名称"可以提供将包保存在本地服务器或其他的远程服务器，也可以选择适当的认证方式，如果选择 SQL Server 认证要提供用户名和密码。

接下来出现图 13-13 所示的 DTS 向导完成界面，单击"完成"按钮，结束包的创建操作，如果你有指定立即执行数据转移的话，DTS 马上开始执行数据转移的工作。

图 13-13　"完成该向导"对话框

13.3 方 案 设 计

按照系统需求,在每学期教学评价结束之后都需要将评价结果导出到 Excel 文件中,然后打印成纸质文档保存。在系统投入使用之前,需要将之前手工评价的结果导入到 SQL Server 数据库中。

13.4 项 目 实 施

13.4.1 将原有的教学评测数据导入数据库中

(1) 确定数据源

数据源:Microsoft Excel;

Excel 文件名称:History. xls;

Excel 版本:Microsoft Excel 97-2003。

(2) 确定目标

目标:SQL Server Native Client 10.0;

服务器:IBM-PC;

数据库:TTS;

身份验证:Windows 验证。

(3) 确定数据

表和视图:Excel 中所有的工作簿。

13.4.2 将教学评测数据导出到 Excel 中

(1) 确定数据源

数据源:SQL Server Native Client 10.0;

服务器:IBM-PC;

数据库:TTS;

身份验证:Windows 验证。

(2) 确定目标

目标:Microsoft Excel;

Excel 文件名称:History. xls;

Excel 版本:Microsoft Excel 97-2003。

(3) 确定数据

表和视图:GroupTestTeacher。

13.5　小　　结

DTS 用于导入/导出数据。

在本章中主要介绍了 DTS 的若干问题,并重点讨论了如何使用导入/导出向导以及 DTS 设计器来实现数据或数据库对象的转换。

DTS 服务是对不同格式间数据的转换,它是由一组可从任何数据源到任何支持 OLEDB 的目标进行快速数据导入导出和格式转换的工具和界面构成。

除了 SQL Server 的数据之外,DTS 还可以装载并提取来自于如 Oracle、DB2、文本文件以及其他任何支持 OLEDB 或 ODBC 驱动的数据源的数据。

习　　题

1. 使用 DTS 向导练习将 TTS 数据库中的表 DeptTestTeacher 导出到文本文件中。
2. 使用 DTS 向导练习将 Student 导入 TTS 数据库中。

项目 14
教学评测系统数据库的分离与附加

14.1　用户需求与分析

在做软件开发的时候,有时候会遇到需要在不同的服务器上用到同一个数据库,那么怎样将一个数据库从一台数据库服务器移动到另一台数据库服务器呢?

SQL Server 2008 中可以使用"分离"和"附加"的方法来移动数据库。分离数据库是从服务器中移去逻辑数据库,但不会删除数据库文件和日志文件。SQL Server 2008 允许分离数据库的数据和日志文件,之后将它们附加到另一台数据库服务器上,如果需要的话,其实能够将它重新附加到同一台数据库服务器。附加数据库将会创建一个新的数据库,并使用已有的数据库文件和事务日志文件中的数据。当数据库被重新附加时,它与其分离时的状态完全相同。

14.2　相关知识

14.2.1　分离数据库

分离数据库是指将数据库从 SQL Server 实例中删除,但使数据库在其数据文件和事务日志文件中保持不变。之后,就可以使用这些文件将数据库附加到任何 SQL Server 实例,包括分离该数据库的服务器。

如果存在下列任何情况,则不能分离数据库。

(1) 已复制并发布数据库。如果进行复制,则数据库必须是未发布的。必须通过运行 sp_replicationdboption 禁用发布后,才能分离数据库。

(2) 数据库中存在数据库快照。必须首先删除所有数据库快照,然后才能分离数据库。

提示　不能分离或附加数据库快照。

(1) 该数据库正在某个数据库镜像会话中进行镜像。除非终止该会话,否则无法分离该数据库。有关详细信息,参阅删除数据库镜像。

(2) 数据库处于可疑状态。在 SQL Server 2005 和更高版本中,无法分离可疑数据库。必须将数据库设为紧急模式,才能对其进行分离。

(3) 该数据库是系统数据库。

根据开发的需要,要将 TTS 数据库分离出来,移动到另一台数据库服务器上,可以使用可视化数据库工具或者 T-SQL 语句完成数据库的分离操作。

1．使用可视化数据库工具分离

使用可视化数据库工具分离 TTS 数据库可以按照以下方法进行。

（1）打开 SQL Server Management Studio，找到数据库 TTS，右击 TTS，在弹出的快捷菜单中选择"任务"→"分离"命令，出现图 14-1 所示的"分离数据库"对话框。

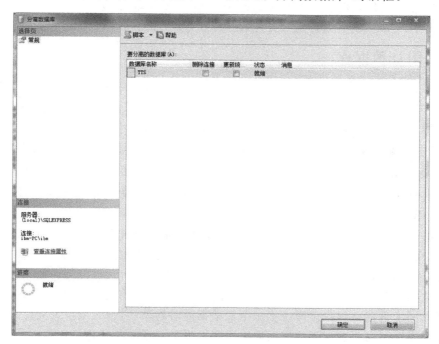

图 14-1　"分离数据库"对话框

（2）单击"确定"按钮，完成数据库的分离操作。

2．使用 T-SQL 语句分离

在 SQL Server 2008 中，使用 sp_detach_db 存储过程来分离数据库。其部分语法格式如下。

```
sp_detach_db [@dbname=]'database_name'
    [, [@skipchecks=] 'skipchecks']
    [, [@keepfulltextindexfile=] 'KeepFulltextIndexFile']
```

参数说明如下。

［@dbname＝］'database_name'：要分离的数据库的名称。

［@ skipchecks ＝］' skipchecks '：指定跳过还是运行 UPDATE STATISTIC。skipchecks 为 nvarchar(10)值，默认值为 NULL。若要跳过 UPDATE STATISTICS，指定为 true。若要显式运行 UPDATE STATISTICS，指定为 false。默认情况下，执行 UPDATE STATISTICS 可更新有关 SQL Server 2005 数据库引擎和更高版本内表和索引中的数据的信息。对于要移动到只读媒体的数据库，执行 UPDATE STATISTICS 非常有用。

［@keepfulltextindexfile＝］'KeepFulltextIndexFile'：指定在数据库分离操作过程中不

会删除与所分离的数据库关联的全文索引文件。KeepFulltextIndexFile 为 nvarchar(10) 值,默认值为 true。如果 KeepFulltextIndexFile 为 false,则只要数据库不是只读的,就会删除与数据库关联的所有全文索引文件以及全文索引的元数据。如果为 NULL 或 true,则将保留与全文相关的元数据。

数据库分离以后,在对象资源管理器中不再包含 TTS 数据库,但是在文件系统中,TTS. MDF 和 TTS_Log. LDF 两个文件依然存在,没有被删除。

14.2.2　附加数据库

用户可以附加复制的或分离的 SQL Server 数据库。将包含全文目录文件的 SQL Server 2005 数据库附加到 SQL Server 2008 服务器实例上时,会将目录文件从以前的位置与其他数据库文件一起附加,与在 SQL Server 2005 中一样。

    提示　建议不要附加或还原未知或不可信源中的数据库。此类数据库可能包含恶意代码,这些代码可能会执行非预期的 Transact-SQL 代码,或者通过修改架构或物理数据库结构导致错误。在使用未知或不可信源中的数据库之前,需在非生产服务器上的数据库中运行 DBCC CHECKDB,同时检查数据库中的代码。

附加时,数据库会启动。通常,附加数据库时会将数据库重置为它分离或复制时的状态。但是,在 SQL Server 2008 中,附加和分离操作都会禁用数据库的跨数据库所有权链接。此外,附加数据库时,TRUSTWORTHY 均设置为 OFF。

附加数据库时,所有数据文件(MDF 文件和 NDF 文件)都必须可用。如果任何数据文件的路径不同于首次创建数据库或上次附加数据库时的路径,则必须指定文件的当前路径。

附加日志文件的要求在某些方面取决于数据库是可读写的还是只读的,如下所示。

(1) 对于读写数据库,通常可以附加新位置中的日志文件。不过,在某些情况下,重新附加数据库需要使用其现有的日志文件。因此,务必保留所有分离的日志文件,直到在不需要这些日志文件的情况下成功附加了数据库。如果读写数据库具有单个日志文件,并且没有为该日志文件指定新位置,附加操作将在旧位置中查找该文件。如果找到了旧日志文件,则无论数据库上次是否完全关闭,都将使用该文件。但是,如果未找到旧文件日志,数据库上次是完全关闭且现在没有活动日志链,则附加操作将尝试为数据库创建新的日志文件。有关详细信息,参阅事务日志逻辑体系结构和事务日志物理体系结构。

(2) 如果附加的主数据文件是只读的,则数据库引擎假定数据库也是只读的。对于只读数据库,日志文件在数据库主文件中指定的位置上必须可用。因为 SQL Server 无法更新主文件中存储的日志位置,所以无法创建新的日志文件。

    提示　分离后再重新附加只读数据库后,会丢失差异基准信息。这会导致 master 数据库与只读数据库不同步。之后所做的差异备份可能导致意外结果。因此,如果对只读数据库使用差异备份,在重新附加数据库后,应通过进行完整备份来建立当前差异基准。

将已分离出来的数据库移动到目的数据库服务器后,需要将该数据库附加到服务器上,才能使用该数据库。可以使用可视化数据库工具或者 T-SQL 语句完成数据库的附加操作。

1. 使用可视化数据库工具附加

使用可视化数据库工具附加 TTS 数据库可以按照以下方法进行。

（1）在对象资源管理器中，右击"数据库"，在出现的快捷菜单中选择"附加"命令，出现"附加数据库"对话框。

（2）单击"附加数据库"对话框中的"添加"按钮，出现图 14-2 所示的"定位数据库文件_IBM_PC\SQLEXPRESS"对话框，在分离出来的数据库文件所在路径选中需要附加的数据库的 MDF 文件，单击"确定"按钮，将出现图 14-3 所示的对话框。

图 14-2　"定位数据库文件_IBM_PC\SQLEXPRESS"对话框

（3）在图 14-3 所示的对话框中，可以看到要附加数据库的有关存储位置的信息，也可改变附加后的数据库名字，单击"确定"按钮完成数据库的附加操作。这样，就可以在该服务器上使用附加上来的数据库了，且该数据库与分离时的状态完全相同。

2. 使用 T-SQL 语句附加

在 SQL Server 2008 中，使用 sp_attach_db 存储过程来附加数据库。其部分语法格式如下。

```
sp_attach_db [@dbname=] 'dbname'
    , [@filename1=] 'filename_n' [,...16]
```

参数说明如下。

[@dbname=] 'dbname'：要附加到该服务器的数据库的名称。该名称必须是唯一的。

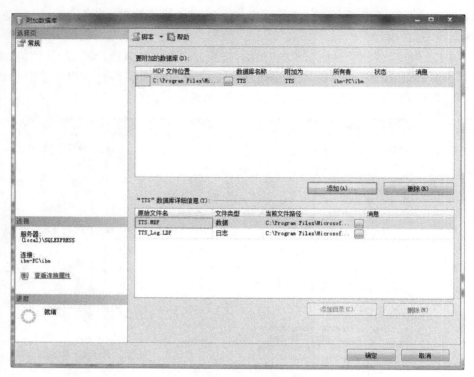

图 14-3　"附加数据库"对话框

〔@filename1＝〕'filename_n'：数据库文件的物理名称，包括路径。最多可以指定 16 个文件名。参数名称从@filename1 开始，一直增加到@filename16。文件名列表至少必须包括主文件。主文件中包含指向数据库中其他文件的系统表。该列表还必须包括在数据库分离之后移动的所有文件。

无法更新主文件中存储的日志位置，所以无法创建新的日志文件。

提示　如果需要指定 16 个以上的文件，需使用 CREATE DATABASE database_ name FOR ATTACH 或 CREATE DATABASE database _ name FOR _ ATTACH _ REBUILD_LOG。

14.3　方 案 设 计

教学评测系统投入使用以后，数据库文件逐渐增大，现在，需要将数据库文件移到新购置的服务器上，以便有更大的存储空间和更高的执行效率。

14.4　项 目 实 施

14.4.1　分离教学评测系统数据库

（1）确定需要分离的数据库。

数据库：TTS。

（2）根据上一步确定的内容编写 T-SQL 语句实现数据库分离。将 T-SQL 语句填入下面的方框内。

14.4.2　附加教学评测系统数据库

（1）将 TTS 数据库的数据文件和日志文件移动到需要的位置。

（2）根据上一步确定的内容编写 T-SQL 语句实现数据库附加。将 T-SQL 语句填入下面的方框内。

14.5　小　　结

　　分离数据库就是将某个数据库（如 TTS）从 SQL Server 数据库列表中删除，使其不再被 SQL Server 管理和使用，但该数据库的文件（.MDF 和.NDF）和对应的日志文件（.LDF）完好无损。分离成功后，可以把该数据库文件（.MDF 和.NDF）和对应的日志文件（.LDF）复制到其他磁盘中作为备份保存。

　　附加数据库就是将一个备份磁盘中的数据库文件（.MDF 和.NDF）和对应的日志文件（.LDF）复制到需要的计算机，并将其添加到某个 SQL Server 数据库服务器中，由该服务器来管理和使用这个数据库。

习　　题

1. 分离数据库的目的是什么？
2. 分离后的数据库会不会出错或数据丢失？
3. 分离后生成什么类型的文件？在哪里找到？

项目 **15**

教学评测系统数据库恢复

15.1 用户需求与分析

使用 Microsoft SQL Server 能够备份和还原数据库。SQL Server 备份组件和还原组件为保护存储在 SQL Server 数据库中的关键数据提供了重要的安全保障。规划良好的备份和还原策略有助于防止数据库因各种故障而造成数据丢失。通过还原一组备份,然后恢复数据库来测试您的策略,以便为有效地应对灾难做好准备。

用于还原和恢复数据的数据副本称为备份。使用备份可以在发生故障后还原数据。通过妥善的备份,可以从多种故障中恢复,例如以下几种故障。

(1) 用户错误(例如,误删除了某个表)。

(2) 硬件故障(例如,磁盘驱动器损坏或服务器报废)。

(3) 自然灾难。

此外,数据库备份对于进行日常管理(如将数据库从一台服务器复制到另一台服务器,设置数据库镜像以及进行存档)非常有用。

15.2 相关知识

15.2.1 事务日志的工作原理

实现数据库备份和还原的一个非常重要的部分是 SQL Server 事务日志。每个数据库都有一个或多个事务日志,事务日志以文件的形式存储在物理磁盘上。事务日志用于记录所有事务和这些事务对数据库所做的修改。日志文件中的数据称为日志记录。

一个事务可能会对数据进行多次更改,如更新某个表中许多行的修改操作,因此一个事务能够生成多个日志记录。进行事务处理时,对相关数据库数据页的修改并不是立即写入磁盘。首先,将要修改的每一页读取到内存中的 SQL Server 缓冲区高速缓存中,对那些页的修改都在内存中进行。此时,在内存的日志缓冲区中创建一个日志记录。当日志缓冲区填满或事务提交时,将事务的日志记录写入此判断日志文件中。如果事务已经提交,那么将提交记录也写入磁盘上的日志文件中。

无论事务是否已经提交到日志文件中,当事务的数据修改记录写入日志文件后,在事务执行期间在内存中相关数据页进行的所有修改都要写入磁盘的数据文件中。这些页称为脏页,因为它们在内存中被修改了,但还没有保存到磁盘上,因此数据还不是"持久的"。修改的数据页将在稍后从内存的数据缓冲区溢出时通过各种 SQL Server 自动操作写入磁盘。

脏页写入磁盘后,数据就在数据库中变成"持久"的。如果事务是回滚而不是提交,那么磁盘上的这些数据修改也会通过日志文件中的记录进行回滚,从而撤销事务的影响。

如果在事务提交前有记录从日志缓冲区中溢出,那么在日志文件中会存在未提交的事务记录。在整个事务完成和提交记录写入日志文件之前,这些记录始终处于未提交或者活动状态。存储未提交记录是为了 SQL Server 能够在必要时执行数据恢复或回滚。活动的未提交事务不能从日志文件中删除,长时间执行的大事务常常会导致日志文件过长。

💧 **提示** SQL Server 要求在数据文件更改写入磁盘之前,先将事务写入此判断日志文件中,这种方式被称为预写日志。这样能够保证在相关日志记录写入磁盘文件之前不会将数据写入磁盘。

数据修改不是立即写入磁盘,所有发生系统故障时,事务日志文件是恢复事务的唯一方法。发生系统故障时,内存中的任何数据,包括数据缓冲区高速缓存和日志缓冲区高速缓存中的数据都将丢失,不能用于恢复。

15.2.2 数据库的恢复模式

SQL Server 2008 具有 3 种数据库恢复模式:简单恢复模式、完整恢复模式和大容量日志恢复模式。所有这些模式都将负责在发生服务器故障时还原数据,但是它们在 SQL Server 恢复数据的方法上存在着显著的区别。恢复模式可以在任意需要的时候修改,在图 15-1 所示的对话框中,可以修改恢复模式。

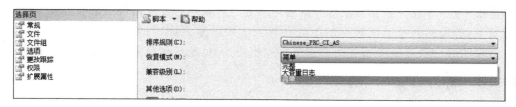

图 15-1 修改数据库恢复模式

1. 简单恢复模式

对小型数据库或者数据修改不多的数据库来说,建议采用简单恢复模式。这种模式使用数据库的完整备份或差异副本,恢复操作将数据库还原到上一次进行备份的时刻,备份之后的所有修改都会丢失。简单恢复模式的主要优点是:日志占用较少的存储空间而且容易实现。

2. 完整恢复模式

当最重要的工作是由于介质损坏需要进行完整恢复时,可以使用完整恢复模式。该模式使用数据库和全部日志信息的副本来还原数据库。SQL Server 记录对数据库的所有修改操作。如果这些日志没有损坏,除了故障发生时正在执行的事务,SQL Server 可以恢复所有的数据。

因为记录了所有的事务,所以可以在任意时间点恢复。SQL Server 支持将命名标记插入到事务日志,以便允许恢复到指定标记位置。事务日志标记需要占用日志空间,只对在数据库恢复策略中占据重要地位的事务使用该标记。完整恢复模式的主要缺点是:日志文件占用大容量空间会增加存储和性能成本。

3．大容量日志恢复模式

大容量日志恢复模式和完整恢复模式类似，大容量日志恢复模式使用数据库备份和日志备份来重新创建数据库。但是，大容量日志恢复模式使用较少的日志空间完成以下操作：CREATE INDEX、批量加载、SELECT INTO、WRITETEXT、UPDATETEXT。日志只使用一定数量的位来记录这些操作的发生，而不在日志中记录详细信息。

要保留整个批量加载操作的更改，需要将标记为已更改的地方也存储在日志中。由于只存储了多个操作的最终结果，日志占用的空间较小，批量操作运行速度更快。该模式可以用来还原所有数据，但是无法只还原到备份的一部分。

15.2.3　备份计划

对于不同数据库，应该采用不同的备份类型和备份计划。制订备份计划时，需要考虑以下的因素。

（1）数据对业务的成功有多重要？如果丢失数据会不会造成经济损失？

（2）数据是只读的还是可读写的？

（3）是否存在一个非高峰时段，在非高峰时段进行备份对性能有什么负面影响？

（4）数据库规模有多大？执行备份需要多长时间？这个时间用户能不能接受？

（5）备份需要写入什么媒体？

通常，应当对允许数据修改的关键数据库进行有规律的频繁备份。修改的频率越高，数据越重要，备份的频率也应相应的增高。较为次要的数据库，可能只需要偶尔备份或不备份。必须明确的制定备份所有用户数据库和相关 SQL Server 系统数据库的计划。

15.2.4　备份设备

在备份操作过程中，将要备份的数据（即"备份数据"）写入物理备份设备。物理备份设备是指磁带机或操作系统提供的磁盘文件。可以将备份数据写入 1～64 个备份设备。如果备份数据需要多个备份设备，则所有设备必须对应于一种设备类型（磁盘或磁带）。

1．磁盘备份设备

磁盘备份设备是指包含一个或多个备份文件的硬盘或其他磁盘存储媒体。备份文件是常规操作系统文件。

如果备份操作将备份数据追加到媒体集时磁盘文件已满，则备份操作会失败。备份文件的最大大小由磁盘设备上的可用磁盘空间决定，因此，备份磁盘设备的适当大小取决于备份数据的大小。磁盘备份设备可以是简单的磁盘设备，如 ATA 驱动器。或者可以使用热交换磁盘驱动器，它允许将驱动器上的已满磁盘透明地替换为空磁盘。备份磁盘可以是服务器上的本地磁盘，也可以是作为共享网络资源的远程磁盘。SQL Server 管理工具在处理磁盘备份设备时非常灵活，因为它们会自动生成标有时间戳的磁盘文件名称。

    提示　建议备份磁盘应不同于数据库数据和日志的磁盘。这是数据或日志磁盘出现故障时访问备份数据是必不可少的。

2．逻辑备份设备

逻辑备份设备是指向特定物理备份设备的可选用户定义名称。通过逻辑备份设备，可以在引用相应的物理备份设备时使用间接寻址。

定义逻辑备份设备涉及为物理设备分配逻辑名称。例如，逻辑设备 Backups 可能被定义为指向"Z:\SQLServerBackups\AdventureWorks. bak"文件。备份和还原命令随后可以将 AdventureWorksBackups 指定为备份设备，而不是指定 DISK＝'Z:\SQLServerBackups\AdventureWorks. bak'。逻辑设备名称在服务器实例上的所有逻辑备份设备中必须是唯一的。若要查看现有逻辑设备名称，可以查询 sys. backup_devices 目录视图。此视图显示每个逻辑备份设备的名称，并说明了相应物理备份设备的类型、物理文件名或路径。

使用逻辑备份设备的一个优点是比使用长路径简单。如果准备将一系列备份数据写入相同的路径，则使用逻辑备份设备非常有用。可以编写一个备份脚本以使用特定逻辑备份设备。这样，无需更新脚本即可切换到新的物理备份设备。切换涉及以下过程。

（1）删除原来的逻辑备份设备。

（2）定义新的逻辑备份设备，新设备使用原来的逻辑设备名称，但映射到不同的物理备份设备。逻辑备份设备对于标识磁带备份设备尤为有用。

3．镜像备份媒体集

镜像备份媒体集可减小备份设备故障的影响。由于备份是防止数据丢失的最后防线，因此备份设备出现故障的后果是非常严重的。随着数据库不断增大，备份设备或媒体发生故障致使备份不可还原的可能性也相应增加。镜像备份媒体通过提供物理备份设备冗余来提高备份的可靠性。

15.2.5　备份类型

还原数据库需要数据文件备份和事务日志备份，可以选择只备份部分数据库或者整个数据库。下面将针对不同的备份类型进行介绍。

提示　备份是联机处理。SQL Server 执行备份时，数据库仍处于联机状态，可供用户访问。备份为系统带来了额外的负荷，可能会妨碍到用户的操作。因此应该尽量安排在空闲时段进行备份，尽可能降低负载，减少资源争用。

1．数据备份

数据备份包含能够通过还原恢复数据的一个或多个数据文件日志记录。数据备份包括以下 3 种类型。

（1）完整数据库备份

完整数据库备份是对整个数据库的备份，包含将数据库恢复到备份完成时的状态所需要的所有数据文件和日志文件。核心业务数据库的备份应该选择完整数据库备份。

完整数据库备份包含将数据库恢复到一致状态所需要的完整数据集，因此可以将它看成是一个基础备份。其他备份的还原都是在完整数据库备份的还原基础上进行的，如差异备份、日志备份、部分备份。但是，在还原其他备份类型之前，都需要先还原一个完整数据库备份，不能只单独还原差异备份、日志备份、部分备份。

（2）部分备份

部分备份是从 SQL Server 2005 才开始新增的功能，其主要用于使用简单恢复模式的只读数据库。部分备份总是备份主文件组和所有读写文件组，而不备份只读文件组，但是可以在备份过程中显示指定需要备份只读文件组。读写文件组允许对这些文件组中的文件进行数据修改操作，只读文件组只允许这些文件组中的文件进行数据读取操作。可以通过将主文件组设置为只读来将整个数据库设置为只读。

（3）文件和文件组备份

如果数据库很大，备份一次整个数据库需要的备份时间过长，那么可以选择文件和文件组备份，将数据库分成几部分进行备份。文件和文件组备份可以备份文件组中的指定文件，或者备份文件组中的所有文件。使用文件备份的另一个优点是如果某文件所在的磁盘发生故障而被重置，那么不用还原整个数据库，只需还原损坏的文件即可。

2．差异备份

差异备份只备份在上一次基备份后修改过的数据部分。差异备份不是一个独立的备份，它必须基于一个完整备份，这个完整备份被称为基备份。差异备份是通过只备份上一次基备份后的数据更改来更快速备份数据的方法，获得比完整备份小的备份。和完整备份相比，差异备份能够更频繁的进行。差异备份可以在数据库、部分、文件或文件组级别创建。对于较小的数据库，通常使用完整数据库备份。对于较大的数据库，文件或文件组级别的差异备份更合适，以便节省空间，减少备份时间和相应的系统资源开销。

使用差异备份还原时，必须首先还原完整基备份。然后还原最近的差异备份。如果进行过多次差异备份，只需要还原最近的一个备份，不需要全部都还原。在完整备份和差异备份之间不需要还原日志备份。在还原完差异备份之后，还原所有在差异备份之后的日志备份。

3．日志备份

数据库使用完整或大容量日志恢复模式时需要使用日志备份，否则日志文件会不停增长直到占满整个磁盘。如果没有日志备份，数据只能够恢复到数据备份完成时的状态，增加日志备份之后，数据可以恢复到日志备份中的某一时间点。

另一种日志备份称为尾日志备份，它是一种在系统故障发生时立即进行的日志备份。假设日志磁盘没有发生故障并可以访问，那么在尝试还原数据之前可以进行最后的尾日志备份。在开始还原数据前不要忘记尾日志备份，否则发生故障时日志中的事务会丢失。

15.2.6　创建备份文件

1．创建完整数据库备份

在 SQL Server 2008 中，使用 BACKUP DATABASE 创建完整数据库备份。其部分语法格式如下。

```
BACKUP DATABASE { database_name|@database_name_var }
    TO <backup_device>  [,...n]
    [<MIRROR TO clause>] [next-mirror-to]
    [WITH { DIFFERENTIAL|<general_WITH_options>  [,...n] }]
```

参数说明如下。

database_name|@database_name_var：备份完整的数据库时所用的源数据库。

<backup_device>：指定用于备份操作的逻辑备份设备或物理备份设备。

MIRROR TO <backup_device> [,…n]：指定将要镜像 TO 子句中指定备份设备的一个或多个备份设备。必须对 MIRROR TO 子句和 TO 子句指定相同类型和数量的备份设备。最多可以使用 3 个 MIRROR TO 子句。

DIFFERENTIAL：只能与 BACKUP DATABASE 一起使用，指定数据库备份或文件备份应该只包含上次完整备份后更改的数据库或文件部分。

2. 创建完整文件备份

在 SQL Server 2008 中，使用 BACKUP DATABASE 创建完整文件备份。其部分语法格式如下。

```
BACKUP DATABASE { database_name|@database_name_var }
  <file_or_filegroup>[,…n]
    TO <backup_device>[,…n]
    [<MIRROR TO clause>] [next- mirror- to]
    [WITH { DIFFERENTIAL|<general_WITH_options>[,…n] }]

<file_or_filegroup>::=
{
    FILE={ logical_file_name|@logical_file_name_var }
    FILEGROUP={ logical_filegroup_name|@logical_filegroup_name_var }
}
```

参数说明如下。

<file_or_filegroup> [,…n]：只能与 BACKUP DATABASE 一起使用，用于指定某个数据库文件或文件组包含在文件备份中，或某个只读文件或文件组包含在部分备份中。

FILE={ logical_file_name|@logical_file_name_var }：文件或变量的逻辑名称，其值等于要包含在备份中的文件的逻辑名称。

FILEGROUP={ logical_filegroup_name|@logical_filegroup_name_var }：文件组或变量的逻辑名称，其值等于要包含在备份中的文件组的逻辑名称。在简单恢复模式下，只允许对只读文件组执行文件组备份。

3. 创建事务日志备份

在 SQL Server 2008 中，使用 BACKUP DATABASE 创建事务日志备份。其部分语法格式如下。

```
BACKUP LOG { database_name|@ database_name_var }
    TO < backup_device>  [,…n]
    [< MIRROR TO clause> ] [next-mirror-to]
    [WITH { <general_WITH_options>|<log-specific_optionspec>}
[,…n]]
```

参数说明如下。

LOG：指定仅备份事务日志。该日志是从上一次成功执行的日志备份到当前日志的末尾。必须创建完整备份,才能创建第一个日志备份。

【例 15-1】 完成 TTS 数据库备份。

(1) 创建备份设备。语句如下。

```
sp_addumpdevice
'disk','MyDatabaseBackup','e:\MyDatabaseBackkup.bak'
```

(2) 完成备份操作。以下语句首先创建一次完整数据库备份,然后创建 3 次差异数据库备份。

```
backup database TTS to mydatabasebackup
    with description='完整数据库备份(TTS,操作员:郎川萍)',
    name='backup set0',
    mediadescription='保存于磁盘文件 MyDatabaseBackup.bak',
    medianame='MyDatabaseBackup.bak',
    FORMAT
go
backup database TTS to MyDatabaseBackup
    with description='差异数据库备份(TTS,操作员:郎川萍)',
    name='backup set1',
    mediadescription='保存于磁盘文件 MyDatabaseBackup.bak',
    medianame='MyDatabaseBackup.bak',
    differential
go
backup database TTS to MyDatabaseBackup
    with description='差异数据库备份(TTS,操作员:郎川萍)',
go
backup database TTS to MyDatabaseBackup
    with description='差异数据库备份(TTS,操作员:郎川萍)',
    name='backup set3',
    mediadescription='保存于磁盘文件 MyDatabaseBackup.bak',
    medianame='MyDatabaseBackup.bak',
    differential
go
```

执行上述代码,结果如图 15-2 所示。

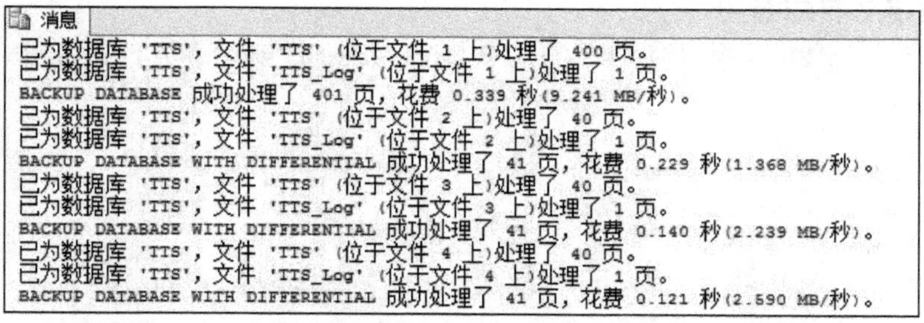

```
消息
已为数据库 'TTS',文件 'TTS' (位于文件 1 上)处理了 400 页。
已为数据库 'TTS',文件 'TTS_Log' (位于文件 1 上)处理了 1 页。
BACKUP DATABASE 成功处理了 401 页,花费 0.339 秒(9.241 MB/秒)。
已为数据库 'TTS',文件 'TTS' (位于文件 2 上)处理了 40 页。
已为数据库 'TTS',文件 'TTS_Log' (位于文件 2 上)处理了 1 页。
BACKUP DATABASE WITH DIFFERENTIAL 成功处理了 41 页,花费 0.229 秒(1.368 MB/秒)。
已为数据库 'TTS',文件 'TTS' (位于文件 3 上)处理了 40 页。
已为数据库 'TTS',文件 'TTS_Log' (位于文件 3 上)处理了 1 页。
BACKUP DATABASE WITH DIFFERENTIAL 成功处理了 41 页,花费 0.140 秒(2.239 MB/秒)。
已为数据库 'TTS',文件 'TTS' (位于文件 4 上)处理了 40 页。
已为数据库 'TTS',文件 'TTS_Log' (位于文件 4 上)处理了 1 页。
BACKUP DATABASE WITH DIFFERENTIAL 成功处理了 41 页,花费 0.121 秒(2.590 MB/秒)。
```

图 15-2 创建完整数据库备份和差异数据库备份

15.2.7　验证备份内容

备份之后得到一个备份文件，这个备份文件中到底包含了哪些内容呢？可以利用 RESTORE FILEISTONLY、RESTORE HEADERONLY、RESTORE LABELONLY 语句完成。

1. 查看备份设备包含的所有备份集

一个备份设备可以包含多个备份集，可以使用 RESTORE HEADERONLY 语句查看指定备份设备上所有备份集的备份标头等信息。

【例 15-2】　查看指定备份设备中所有备份集的信息。

执行以下语句查看所有备份集信息。

```
sp_addumpdevice
'disk','MyDatabaseBackkup','e:\MyDatabaseBackkup.bak'
```

执行结果如图 15-3 所示。

	BackupName	BackupDescription	BackupType	ExpirationDate	Compressed	Position	DeviceType	UserName	ServerN
1	backup set0	完整数据库备份（TTS，操作员：郎川萍）	1	NULL	0	1	102	ibm-PC\ibm	IBM-PC
2	backup set1	差异数据库备份（TTS，操作员：郎川萍）	5	NULL	0	2	102	ibm-PC\ibm	IBM-PC
3	backup set2	差异数据库备份（TTS，操作员：郎川萍）	5	NULL	0	3	102	ibm-PC\ibm	IBM-PC
4	backup set3	差异数据库备份（TTS，操作员：郎川萍）	5	NULL	0	4	102	ibm-PC\ibm	IBM-PC

图 15-3　备份设备 MyDatabaseBackup 中所有备份集

2. 查看备份集包含的文件

【例 15-3】　查看指定备份设备中指定备份集的信息。

在图 15-3 所示的备份集中可以看到备份设备 MyDatabaseBackup 中包含 4 个备份集，如果只希望查看某一个备份集，可以使用以下语句。

```
RESTORE HEADERONLY FROM MyDatabaseBackup WITH FILE=2
```

执行结果如图 15-4 所示。

	BackupName	BackupDescription	BackupType	ExpirationDate	Compressed	Position	DeviceType	UserName	ServerN
1	backup set1	差异数据库备份（TTS，操作员：郎川萍）	5	NULL	0	2	102	ibm-PC\ibm	IBM-PC

图 15-4　备份设备 MyDatabaseBackup 中指定备份集

3. 查看备份设备的信息

备份的数据保存在指定的逻辑备份设备中，需要查看备份媒体的信息，可以采用 RESTORE LABELONLY 语句。

【例 15-4】　查看备份媒体的信息。

对于前例创建的备份设备，可以使用以下语句查看相关信息。

```
RESTORE LABELONLY FROM MyDatabaseBackup
```

执行结果如图 15-5 所示。

	MediaName	MediaSetId	FamilyCount	FamilySequenceNumber	MediaFamilyId	MediaSequ
1	MyDatabaseBackup.bak	DF7AA0BD-A308-45D8-A1B0-075B1B577753	1	1	7C031035-0000-0000-0000-000000000000	1

图 15-5　备份设备 MyDatabaseBackup 信息

15.2.8　使用备份还原数据库

还原操作可以分为 3 个阶段：数据复制、重做、撤销。

数据复制指将备份媒体中的数据、索引和日志页复制到数据库文件中的过程。这一阶段不使用日志备份或者备份中的日志信息。

重做指通过处理日志备份重新执行日志中记录的数据修改。首先重新执行数据备份中存储的所有日志数据，如果还原了日志备份，就重做每个还原日志备份中的事务。

只有当还原后的数据在恢复点有未提交事务时才执行撤销阶段。这一阶段回滚未提交事务，数据库将处于未提交事务没有执行过的一致性状态。

SQL Server 2008 使用 RESTORE 语句执行数据库还原，部分语法如下。

```
RESTORE DATABASE|LOG { database_name|@database_name_var }
  [<file_or_filegroup_or_pages>[,...n]]
  [FROM <backup_device>[,...n]]
  [WITH [RECOVERY|NORECOVERY|STANDBY=
      {standby_file_name|@standby_file_name_var } ]
```

参数说明如下。

LOG：指示对该数据库应用事务日志备份。必须按顺序应用事务日志。

database_name|@database_name_var：指定将日志或整个数据库还原到的数据库。

<file_or_filegroup_or_pages> [,...n]：指定要包含在 RESTORE DATABASE 或 RESTORE LOG 语句中的逻辑文件或文件组或页面的名称。可以指定文件或文件组列表。

FROM <backup_device> [,...n]：通常指定要从哪些备份设备还原备份。此外，在 RESTORE DATABASE 语句中，FROM 子句可以指定要向哪个数据库快照还原数据库，在这种情况下不允许使用 WITH 子句。

<backup_device>[,...n]：指定还原操作要使用的逻辑或物理备份设备。

RECOVERY：指示还原操作回滚任何未提交的事务。在恢复进程后即可随时使用数据库。如果既没有指定 NORECOVERY 和 RECOVERY，也没有指定 STANDBY，则默认为 RECOVERY。

NORECOVERY：指示还原操作不回滚任何未提交的事务。如果稍后必须应用另一个事务日志，则应指定 NORECOVERY 或 STANDBY 选项。使用 NORECOVERY 选项执行脱机还原操作时，数据库将无法使用。

STANDBY= standby_file_name：指定一个允许撤销恢复效果的备用文件。STANDBY 选项可以用于脱机还原（包括部分还原），但不能用于联机还原。尝试为联机还原操作指定 STANDBY 选项将会导致还原操作失败。如果必须升级数据库，也不允许使用 STANDBY 选项。

【例 15-5】 根据备份还原 TTS 数据库。

（1）查看备份内容。语句如下。

```
use msdb
select backup_set_id,media_set_id,description, position,name,
    TYPE from backupset
```

该查询的部分结果集如图 15-6 所示。

	backup_set_id	media_set_id	description	position	name	TYPE
14	14	4	完整数据库备份（TTS，操作员：郎川萍）	1	backup set0	D
15	15	4	差异数据库备份（TTS，操作员：郎川萍）	2	backup set1	I
16	16	4	事务日志备份（TTS，操作员：郎川萍）	3	TTS-事务日志 备份	L
17	17	4	事务日志备份（TTS，操作员：郎川萍）	4	TTS-事务日志 备份	L

图 15-6　TTS 备份信息

（2）使用 RESTORE 语句还原 TTS 数据库。语句如下。

```
--使用完整数据库备份还原 TTS 数据库
restore database TTS from MyDatabaseBackup with file=1,norecovery
--使用差异数据库备份还原 TTS 数据库
restore database TTS from mydatabasebackup with file=2,norecovery
--使用日志备份还原 TTS 数据库
restore database TTS from mydatabasebackup with file=3,norecovery
--使用日志备份还原 TTS 数据库
restore database TTS from mydatabasebackup with file=4,recovery
```

在前面的 3 个还原语句中显式指定了 NORECOVERY，表示还需要进一步还原数据库，最后一个还原语句使用了 RECOVERY，表示最后一个日志备份还原以后，数据库处于联机状态，不再还原其他的数据了。

15.3　方　案　设　计

教学工作是学校的中心工作，是培养人才、实现教育目的的基本途径。教师教学质量评测是实现这一途径的重要措施和保证，是突出教学中心地位及作用的主要动力，是检验教育教学质量的重要手段。正是由于教学评价工作的重要，教学评价结果数据的安全也尤为重要。为了保证数据安全，需要制定适合的备份策略并按要求完成备份。

教学评价是在每个学期末进行，其他时间段内只能够查询教学评价结果，而不能够修改。针对这一时间特性，制定如下的备份策略（设置评价时间为第 17 周周一到周五）。

（1）周一晚上对数据库进行完整数据库备份，作为基备份。

（2）周二晚上对数据库进行差异数据库备份。

（3）周三晚上对数据库进行差异数据库备份。

（4）周四晚上对数据库进行差异数据库备份。

（5）周五晚上对数据库进行差异数据库备份。

（6）每 1 小时进行一次事务日志备份。

可以采用如下的步骤恢复数据库：

（1）还原数据库的基备份（上面步骤（1）生成的备份）。

（2）还原最近的差异数据库备份（上面步骤（5）生成的备份）。

（3）还原差异数据库备份之后的事务日志备份。

备份策略中步骤（2）、（3）、（4）中的差异备份不需要还原，因为基备份之后的所有修改都合并到最近的差异备份中。最近的差异备份之前的日志备份也不需要还原。进行差异备份可以减少必须还原的事务日志备份数量。

15.4 项 目 实 施

15.4.1   备份教学评测系统数据库

（1）对 TTS 进行完整数据库备份。将 T-SQL 语句填入下面的方框内。

（2）对 TTS 进行差异备份。将 T-SQL 语句填入下面的方框内。

（3）对 TTS 进行事务日志备份。将 T-SQL 语句填入下面的方框内。

15.4.2   还原教学评测系统数据库

（1）还原 TTS 的基备份。将 T-SQL 语句填入下面的方框内。

（2）还原 TTS 的差异备份。将 T-SQL 语句填入下面的方框内。

（3）还原 TTS 的事务日志备份。将 T-SQL 语句填入下面的方框内。

15.5　扩展知识：备份性能和优化

Microsoft SQL Server 提供了以下两种加速备份和还原操作的方式。

（1）使用多个备份设备使得可以将备份并行写入所有设备。备份设备的速度是备份吞吐量的一个潜在瓶颈。使用多个设备可以按使用的设备数成比例提高吞吐量。同样，可以将备份并行从多个设备还原。

（2）结合使用完整备份、差异备份（对于完整恢复模式或大容量日志恢复模式）以及事务日志备份可以最大限度地缩短恢复时间。创建差异数据库备份通常比创建完整数据库备份快，并减少了恢复数据库所需的事务日志量。

15.6　小　　结

数据库备份与恢复是数据库管理员的重要任务之一。

数据库备份分为数据备份、差异备份、日志备份。数据备份又分为：完整数据库备份、部分备份、文件或文件组备份。

备份使用 BACKUP 语句完成，恢复使用 RESTORE 语句完成。

习　　题

1. SQL Server 数据库备份的设备类型包括：_____、_____和_____。
2. SQL Server 数据库恢复模式有 3 种类型，它们分别是_____、_____和_____。
3. 完整恢复模式下的备份可以分为 3 类，它们分别是_____、_____和_____。
4. 下列关于数据库备份的叙述错误的是（　　）？

A. 如果数据库很稳定就不需要经常做备份，反之要经常做备份以防数据库损坏

  B. 数据库备份是一项很复杂的任务,应该由专业的管理人员来完成

  C. 数据库备份也受到数据库恢复模式的制约

  D. 数据库备份策略的选择应该综合考虑各方面因素,并不是备份做得越多越全就越好

5. 关于 SQL Server 2008 的恢复模式叙述正确的是(　　　)?

  A. 简单恢复模式支持所有的文件恢复

  B. 大容量日志模式不支持时间点恢复

  C. 完全恢复模式是最好的安全模式

  D. 一个数据库系统中最好是用一种恢复模式,以避免管理的复杂性

6. 数据库备份和还原的概念和作用是什么?

7. 什么是备份? 备份分为哪几种类型?

8. 确定备份计划应该考虑哪些因素?

9. 进行数据库恢复应该注意哪几点?

10. 数据库故障有哪几类?

11. 什么是物理备份设备和逻辑备份设备? 它们的区别是什么?

12. 数据库导入和导出的概念和作用是什么? 它是否具有备份和还原作用?

教学评测系统数据库的安全管理

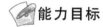 能力目标

(1) 能够阐述 SQL Server 安全性架构；

(2) 能够实现服务器作用域内的安全性；

(3) 能够实现数据库作用域内的安全性。

項目 **16**

教学评测系统数据库的安全管理

16.1 用户需求与分析

教学评价系统 Web 客户端操作人员种类较多,分别有学生、教师、教研室、系部、教务处长、分管教学院领导,每类人员访问的数据权限不一,具体功能和权限如表 16-1 所示。

表 16-1 用户表

用户角色	功 能 描 述	权 限
学生	能按学期对其授课教师进行教学评价	只具有评价权限
教师	能按学期查询学生评价结果,能按年度查询教研室主任、系主任对教师本人的评价结果及年度教学质量的系排名和院排名	具有查询本人结果的权限
教研室	具有普通教师的功能 能按年度对本教研室教师进行评价 能按学期查询本教研室教师学生评教分析结果 能按年度查询本教研室的教师教学质量评价结果	具有评价、查询权限(限本教研室)
系部	具有普通教师的功能 能按年度对本系的教师进行评价 能按学期查询本系所有教师学生评教的分析结果 能按年度查询本系所有教师的教学质量评价结果	具有评价、查询权限(限本系)
院领导	具有普通教师的功能 能按学期查询全院所有教师的学生评教分析结果 能按年度查询所有教师的教研室评教、系部评教、企业评教、教师教学质量总评结果 可分系部实现查询,也可查询各系部的统计比较结果	具有查询权限(对所有教师具有访问权限)
企业人员	对参与企业顶岗实习的教师给予评价	具有评价功能
管理员	用户管理 找回密码操作 测评方案管理 督导修正管理	具有最高权限

16.2 相 关 知 识

数据库安全性体现在对数据的保护上,未经授权的用户不允许访问或者修改数据库中的数据,合法用户只能访问他们有权限的数据。图 16-1 展示了一个简单的安全场景。一个用户需要对数据库中某张表进行操作,数据库管理员希望他只能够读取该表中的数据,而不能向表中写入数据。在这个场景中,有 3 个要素:用户、表和操作许可。在 SQL Server 中这 3 个要素分别对应为主体、安全对象和权限。"主体"是希望访问数据的用户,"安全对象"是用户希望访问的数据表,"权限"是允许或者禁止用户访问操作。如图 16-1 所示,在 SQL Server 中,位于不同作用域级别的"主体、安全对象和权限"这 3 个要素构成了整体的安全性架构。通常,主题需要被事先定义好,然后通过在安全对象中为主题选择合适的权限即可实现这种安全体系。

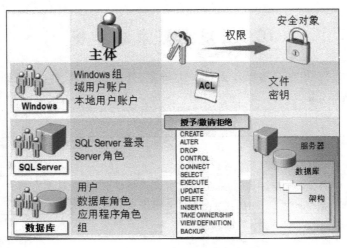

图 16-1　SQL Server 安全性架构

1. 主体

主体表示已授权的标识,可为该标识授予访问数据库的权限。主体存在 3 个级别:Windows、SQL Server 和数据库,如表 16-2 所示。

表 16-2　主体类型说明

级别	主体
Windows	Windows 本地用户账户、Windows 域用户账户、Windows 组
SQL Server	SQL Server 登录名、SQL Server 角色
数据库	数据库用户、数据库角色、应用程序角色

2. 安全对象

安全对象表示 SQL Server 授权控制对某类对象的访问。在 SQL Server 中存在 3 种安全对象作用域:服务器、数据库、模式。

(1) 服务器作用域

服务器作用域包含的安全对象有:登录、端点、数据库。

(2) 数据库作用域

数据库作用域包含的安全对象有:用户、角色、应用程序角色、证书、对称密钥、非对称密钥、程序集、全文目录、DDL 事件、架构。

（3）模式作用域

模式作用域包含的安全对象有：表、视图、函数、过程、类型、同义词、聚合函数。

3. 权限

权限表示主体对安全对象的访问。SQL Server 中权限可以被授予、撤销和拒绝。

16.2.1　SQL Server 的安全性模式

在 SQL Server 2008 中，SQL Server 身份验证模式主要分为混合模式和 Windows 身份验证模式两种，如图 16-2 所示。

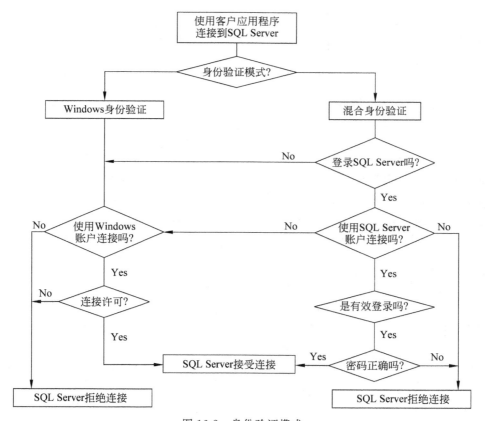

图 16-2　身份验证模式

1. Windows 身份验证

选择 Windows 身份验证时，身份验证由 Windows 负责，SQL Server 不负责身份验证。SQL Server 2008 使用 Windows 操作系统对登录的账户进行身份验证，只要是 Windows 中的合法账户就可以登录到 SQL Server 2008 服务器。

2. 混合验证

用户使用客户应用程序连接数据库服务器时，SQL Server 2008 首先在数据库中查询用户的账户和密码是否正确，若有则连接成功。若数据库中没有相应的账户和密码，SQL Server 2008 会向 Windows 请求验证客户的身份。如果 SQL Server 2008 和 Windows 都没有通过身份验证,则连接失败。

16.2.2　设置登录验证模式

（1）启动 SSMS 后,在"对象资源管理器"中的服务器"IBM-PC"上右击,在弹出的快捷菜单中选择"属性"命令,弹出图 16-3 所示"服务器属性"窗口。

图 16-3　服务器属性

（2）选择"安全性",如图 16-4 所示,在"服务器身份验证"区域中选中"Windows 身份验证模式"单选按钮则仅执行 Windows 身份验证;选中"SQL Server 和 Windows 身份验证模式"单选按钮则可以执行 Windows 身份验证也可以执行 SQL Server 身份验证。

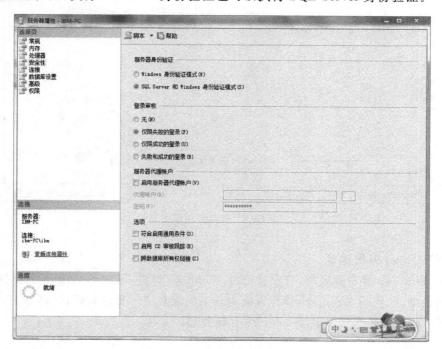

图 16-4　"安全性"选项卡

提示　身份验证修改需要在重启 SQL Server 后生效。

16.2.3　登录名管理

可以通过 SSMS 对登录进行各种管理操作，比如新建登录、删除登录等。

1. 使用可视化数据库工具管理

（1）创建登录，登录名为"test"，密码为"test"，身份验证为"SQL Server 身份验证"。使用 SSMS，在"对象资源管理器"中，展开"安全性"，右击"登录名"，在弹出的快捷菜单中选择"新建登录名"命令，进入"登录名新建"对话框，如图 16-5 所示。

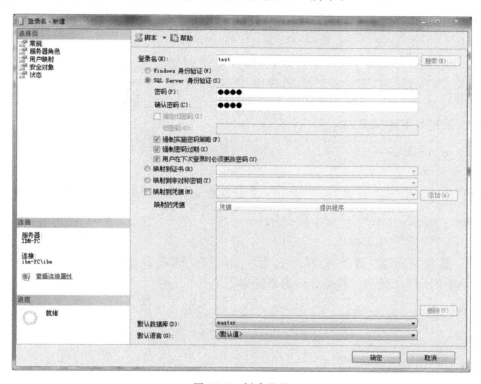

图 16-5　创建登录

在图 16-5 所示的对话框中输入登录名："test"，选中"SQL Server 身份验证"单选按钮，输入两次密码："test"，之后单击"确定"按钮，完成登录创建。

（2）更改登录，将"test"重命名为"temp"。使用 SSMS，在"对象资源管理器"中，依次展开"安全性"、"登录名"，右击 test，在弹出的快捷菜单中选择"重命名"命令，然后更改登录名为"temp"，如图 16-6 所示。

（3）删除登录 temp。使用 SSMS，在"对象资源管理器"中，依次展开"安全性"、"登录名"，右击 test，在弹出的快捷菜单中选择"删除"命令即可完成。

2. 使用 Transact-SQL 管理

（1）创建登录，登录名为"test"，密码为"test"，身份验证为"SQL Server 身份验证"。在 SQL Server 2008 中，使用 CREATE LOGIN 命令来创建登录。其部分语法格式如下：

```
CREATE LOGIN loginName { WITH<option_list1>|FROM
<sources>}

<option_list1>::=
     PASSWORD = { ' password ' | hashed _ password
HASHED } [MUST_CHANGE]
     [, <option_list2>[ ,...]]
<sources>::=
     WINDOWS [WITH <windows_options>[,...]]
     | CERTIFICATE certname
     | ASYMMETRIC KEY asym_key_name
```

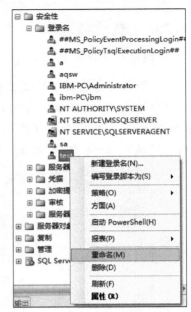

图 16-6　更改登录名

其中,loginName 表示要创建的登录名;PASSWORD=
'password' 仅适用于 SQL Server 登录名,指定正在创建
的登录名的密码;WINDOWS 指定将登录名映射到
Windows 登录名。

本例采用以下语句完成。

```
create login test
    with password='test'
```

(2) 为 SalesDBUsers 本地 Windows 组创建了一个名为 SERVERX 的 Windows 登录。

```
create login [SERVERX\SalesDBUsers]
    from windows
```

(3) 更改登录名,将 test 重命名为 temp。在 SQL Server 2008 中,使用 ALTER
LOGIN 命令来修改登录。其部分语法格式如下。

```
ALTER LOGIN login_name
{
    <status_option>
    | WITH<set_option>[,...]
    |<cryptographic_credential_option>
}

<set_option>::=
    PASSWORD='password'|hashed_password HASHED
    [
      OLD_PASSWORD='oldpassword'
      |<password_option>[<password_option>]
    ]
    | DEFAULT_DATABASE=database
    | DEFAULT_LANGUAGE=language
    | NAME=login_name
    | CHECK_POLICY={ ON|OFF }
    | CHECK_EXPIRATION={ ON|OFF }
    | CREDENTIAL=credential_name
    | NO CREDENTIAL
```

其中,loginName 表示正在更改的 SQL Server 登录的名称;PASSWORD='password'

仅适用于 SQL Server 登录账户,表示正在更改的登录的密码,密码区分大小写;OLD_PASSWORD='oldpassword'仅适用于 SQL Server 登录账户,表示要指派新密码的登录的当前密码,密码也区分大小写;NAME=login_name 表示正在重命名的登录的新名称。

本例采用以下语句完成。

```
alter login test with name=temp
```

(4) 删除登录 temp。在 SQL Server 2008 中,使用 DROP LOGIN 命令来删除登录,其语法格式如下。

```
DROP LOGIN login_name
```

其中,login_name 表示要删除的登录名。

本例采用以下语句完成:

```
drop login temp
```

16.2.4　用户管理

创建登录之后可以登录到 SQL Server 服务器,而要实现对某个特定数据库的访问还需要在数据库中创建用户。对用户可以执行创建、修改、删除等管理操作。数据库中有两个用户比较特殊:dbo、guest。

sa 登录和 sysadmin 角色的成员访问数据库,都被映射到 dbo 账户,任何由系统管理员创建的对象都自动属于 dbo 账户。该账户是默认账户,不能够删除,默认情况下拥有一切权限。

guest 账户是为不具有用户账户的登录名准备的,如果登录名可以访问 SQL Server,但不能够通过其自己的用户账户访问数据库,并且启用了 guest 账户,那么登录名采用 guest 账户完成数据库访问。

1. 使用可视化数据库工具管理

(1) 创建用户

创建 TTS 数据库的新用户,用户名为"a",对应登录名为"a"。

使用 SSMS,在"对象资源管理器"中依次展开"服务器"、"数据库"、"安全性",右击"用户",在弹出的快捷菜单中选择"新建用户"命令,如图 16-7 所示。

在弹出"数据库用户-新建"对话框中,输入用户名"a",选择与之相对应的登录名"a",单击"确定"按钮之后即可完成创建,如图 16-8 所示。

(2) 更改用户

在"对象资源管理器"中依次展开"服务器"、"数据库"、"安全性"、"用户",选中需要修改的用户,右击,在弹出的快捷菜单中选择"属性"命令,弹出"数据库用户"对话框,如图 16-9 所示,可以在其中根据需要修改用户信息。

图 16-7　"新建用户"命令

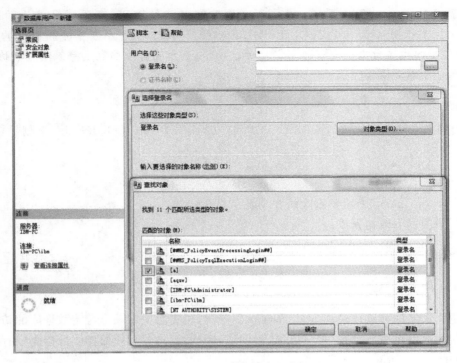

图 16-8　新建数据库用户

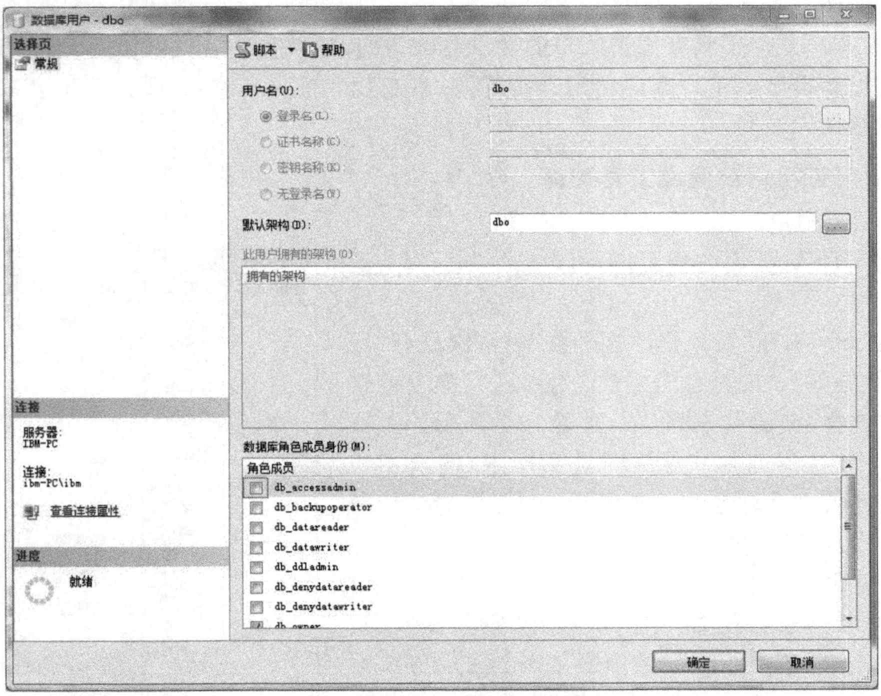

图 16-9　修改数据库用户属性

（3）删除用户

在"对象资源管理器"中选中需要删除的用户,右击,在弹出的快捷菜单中选择"删除"命令即可完成。

2. 使用 Transact-SQL 管理

（1）创建用户

在 SQL Server 2008 中,使用 CREATE USER 命令来创建用户。其语法格式如下。

```
CREATE USER user_name
    [{ { FOR|FROM }
    {
        LOGIN login_name
        | CERTIFICATE cert_name
        | ASYMMETRIC KEY asym_key_name
    }
    |WITHOUT LOGIN
    ]
[WITH DEFAULT_SCHEMA= schema_name]
```

其中,user_name 表示新用户的名称;LOGIN login_name 表示要创建数据库用户对应的 SQL Server 登录名,login_name 必须是服务器中有效的登录名;WITH DEFAULT_SCHEMA＝schema_name 表示服务器为此数据库用户解析对象名时将搜索的第一个架构;WITHOUT LOGIN 表示不应将用户映射到现有登录名。

（2）更改用户

在 SQL Server 2008 中,使用 ALTER USER 命令来创建用户。其语法格式如下。

```
ALTER USER userName
    WITH<set_item>[,...n]

<set_item>::=
    NAME=newUserName
    | DEFAULT_SCHEMA=schemaName
    | LOGIN=loginName
```

其中,userName 表示需要修改的用户的名称;LOGIN＝loginName 表示通过将用户的安全标识符(SID)更改为另一个登录名的 SID,使用户重新映射到该登录名;NAME＝newUserName 表示此用户的新名称,newUserName 不能已存在于当前数据库中;DEFAULT_SCHEMA＝schemaName 表示服务器在解析此用户的对象名时将搜索的第一个架构。

（3）删除用户

在 SQL Server 2008 中,使用 DROP USER 命令来删除用户。其语法格式如下。

```
DROP USER user_name
```

其中,userName 表示需要删除的用户的名称。

16.2.5　服务器角色

通过角色可以将用户集中到一个单元中,然后对这个单元应用权限。对角色授予、拒绝或撤销权限时,将对其中的所有成员生效。可以用角色来代表一个组织中某一类工作人员所执行的某项工作,然后对该角色授予权限。当工作人员执行该项工作时,便成为该角色的成员;而当不再执行该项工作时,便不再是该角色的成员。这样,就不必在用户接受或离开某项工作时,反复的授予、拒绝每个用户的权限,简化权限管理。

SQL Server 提供了预定义的服务器角色,这些角色对服务器级的管理权限进行分组,可以在服务器上独立于用户数据库对这些服务器角色进行管理。可以使用 SSMS 查看和管理这些角色,如图 16-10 所示。

图 16-10　服务器角色

各个服务器角色的权限说明,如表 16-3 所示。

表 16-3　服务器角色

角　色	描　　述
sysadmin	sysadmin 固定服务器角色的成员可以在服务器上执行任何活动。默认情况下,Windows BUILTIN\Administrators 组(本地管理员组)的所有成员都是 sysadmin 固定服务器角色的成员
dbcreator	dbcreator 固定服务器角色的成员可以创建、更改、删除和还原任何数据库
diskadmin	diskadmin 固定服务器角色用于管理磁盘文件
serveradmin	serveradmin 固定服务器角色的成员可以更改服务器范围的配置选项和关闭服务器
securityadmin	securityadmin 固定服务器角色的成员可以管理登录名及其属性。成员可以 GRANT、DENY 和 REVOKE 服务器级别的权限,还可以 GRANT、DENY 和 REVOKE 数据库级别的权限,此外,还可以重置 SQL Server 登录名的密码
processadmin	processadmin 固定服务器角色的成员可以终止在 SQL Server 实例中运行的进程
bulkadmin	bulkadmin 固定服务器角色的成员可以运行 BULK INSERT 语句
setupadmin	setupadmin 固定服务器角色的成员可以添加和删除链接服务器

16.2.6　数据库角色

数据库角色是对数据库对象的操作权限的集合,数据库角色分为两类:固定数据库角色和用户自定义数据库角色。

固定数据库角色如表 16-4 所示。

表 16-4　数据库角色

角　色	描　　述
db_owner	db_owner 固定数据库角色的成员可以执行数据库的所有配置和维护活动,还可以删除数据库
db_securityadmin	db_securityadmin 固定数据库角色的成员可以修改角色成员身份和管理权限。向此角色中添加主体可能会导致意外的权限升级
db_accessadmin	db_accessadmin 固定数据库角色的成员可以为 Windows 登录名、Windows 组和 SQL Server 登录名添加或删除数据库访问权限

续表

角　色	描　述
db_backupoperator	db_backupoperator 固定数据库角色的成员可以备份数据库
db_ddladmin	db_ddladmin 固定数据库角色的成员可以在数据库中运行任何数据定义语言（DDL)命令
db_datawriter	db_datawriter 固定数据库角色的成员可以在所有用户表中添加、删除或更改数据
db_datareader	db_datareader 固定数据库角色的成员可以从所有用户表中读取所有数据
db_denydatawriter	db_denydatawriter 固定数据库角色的成员不能添加、修改或删除数据库内用户表中的任何数据
db_denydatareader	db_denydatareader 固定数据库角色的成员不能读取数据库内用户表中的任何数据
public	具有默认权限

　　public 角色是一个非常特殊的角色,每个数据库都定义了该角色,每个数据库用户都属于该角色并且不能从该角色中删除。如果有些权限希望数据库所有用户都拥有,可以将权限分配给 public 角色。

　　用户定义数据库角色通过对用户权限等级的认定将用户划分为不同的用户组,使用户相对于一个或多个角色,从而实现管理的安全性。

16.2.7　应用程序角色

　　应用程序角色是一个数据库主体,它使应用程序能够用其自身的、类似用户的权限来运行。使用应用程序角色,可以只允许通过特定应用程序连接的用户访问特定数据。与数据库角色不同的是,应用程序角色默认情况下不包含任何成员,而且是非活动的。应用程序角色使用两种身份验证模式。可以使用 sp_setapprole 启用应用程序角色,该过程需要密码。因为应用程序角色是数据库级主体,所以它们只能通过其他数据库中为 guest 授予的权限来访问这些数据库。因此,其他数据库中的应用程序角色将无法访问任何已禁用 guest 的数据库。

课堂测试

比较应用程序角色和其他的数据库角色。

 答案

应用程序角色和数据库其他角色不相同,体现在以下方面。
(1) 应用程序角色没有成员,当用户运行应用程序时,应用程序角色自动为用户激活。
(2) 应用程序角色允许用户在使用应用程序时具有特殊权限,可以不将权限直接授予用户。
(3) 激活应用程序角色需要密码。

16.2.8　架构管理

　　设想公司中有一个员工频繁使用 SQL Server,创建了许多的数据表,后来的某一天,她离职了。数据库管理员需要将她所创建的表的所有权重新分配。在 SQL Server 2000 中，这是一个枯燥乏味的过程，但是值得欣慰的是在 SQL Server 2008 中，由于架构功能的使用，使这个任务变得容易且简单了。

在 SQL Server 2000 中，数据库用户和架构是等价的。每位数据库用户都拥有一个与该用户同名的架构。一个对象的所有者实际上等同于包含该对象的架构的所有者。正是由于这种一对一的映射行为使得所有权重新指定变得如此繁重而单调。

在 SQL Server 2008 中，用户和架构分离，架构是独立容器，可以包含多个对象。用户可以拥有一个或者多个架构，可以指定一个默认架构。如果没有指定默认架构，则该用户被默认指定到该数据库的 dbo 架构。

所有权与架构的分离具有重要的意义。

（1）架构的所有权和架构范围内的安全对象可以转移。

（2）对象可以在架构之间移动。

（3）单个架构可以包含由多个数据库用户拥有的对象。

（4）多个数据库用户可以共享单个默认架构。

（5）与早期版本相比，对架构及架构中包含的安全对象的权限的管理更加精细。

（6）架构可以由任何数据库主体拥有。这包括角色和应用程序角色。

（7）可以删除数据库用户而不删除相应架构中的对象。

使用可视化数据库工具创建 TTS 数据库的新架构，架构名为"TestSchema"，架构所有者为"a"。

（1）使用 SSMS，在"对象资源管理器"中依次展开"服务器"、"数据库"、"安全性"，右击"架构"，在弹出的快捷菜单中选择"新建架构"命令，如图 16-11 所示。

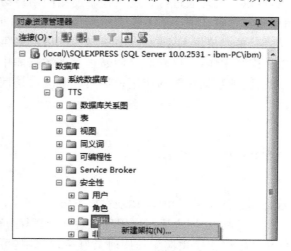

图 16-11　"新建架构"菜单

（2）在弹出的"架构-新建"窗口中，输入架构名称"TestSchema"，选择架构所有者"a"，单击"确定"按钮，即可完成创建，如图 16-12 所示。

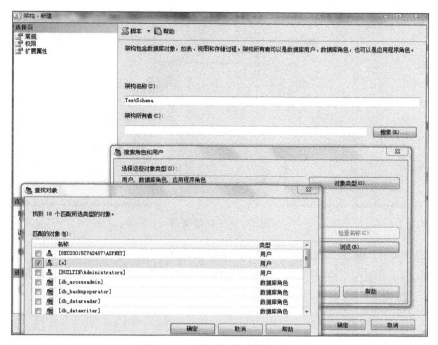

图 16-12　"架构-新建"对话框

16.2.9　权限类型

SQL Server 2008 使用权限控制主体对安全对象的访问。权限是控制主体对安全对象的访问级别的规则。SQL Server 系统中的权限可以被授予、撤销或拒绝。每个 SQL Server 安全对象具有可授予给各主体的相关权限，如图 16-13 所示。

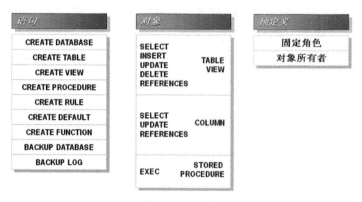

图 16-13　权限

主体希望访问 SQL Server 的系统资源，需要向主体授予访问权限，授予的方式可以是直接授予或者通过角色间接授予。可以使用 SSMS 或通过执行 GRANT、REVOKE、DENY 语句来管理权限，如图 16-14 所示。

(1) GRANT：授予，允许一个数据库用户或者角色执行所授权限指定的操作。

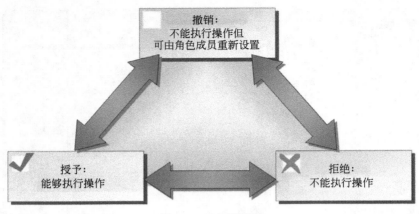

图 16-14   权限管理

（2）REVOKE：撤销，取消先前被授予或者拒绝的权限。

（3）DENY：拒绝，拒绝一个数据库用户或者角色的特定权限，并且阻止他们从其他角色中继承这个权限。

16.2.10   权限管理

1．使用可视化数据库工具管理

（1）为 TTS 数据库的用户 a 授予对教师表的查询权限，此时，用户 a 可以查询教师表，不可以修改教师表。

① 使用 SSMS，在"对象资源管理器"中依次展开"服务器"、"数据库"、"安全性"，右击"用户"，在弹出的快捷菜单中选择"属性"命令，在弹出窗口的"选择页"中选择"安全对象"，如图 16-15 所示。

图 16-15   用户 a 的权限

② 当前没有为用户 a 授予任何权限,所以安全对象为空。要为 a 授予教师表的相关权限,需要先选中教师表。单击"搜索"按钮,选择对象类型为"表",浏览与表匹配的对象,找到 TTS_Teacher,选中最左边的复选框,单击"确定"按钮完成安全对象的选择,如图 16-16 所示。

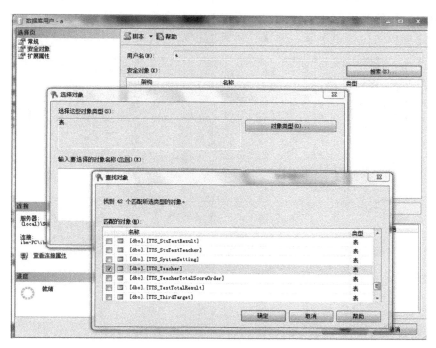

图 16-16　选择安全对象

③ 此时,"dbo.TTS_Teacher 的权限"中显示当前用户 a 拥有的关于该表的所有权限,用户 a 关于该表没有任何权限,所有的权限都为空。权限有 3 种状态:授予、具有授予权限、拒绝。授予指为用户 a 授予当前权限;具有授予权限表示授予用户 a 当前权限,并且用户 a 可以将当前权限授予其他用户;拒绝表示禁止用户 a 拥有当前权限。按照要求,用户 a 对于该表有查询权限,没有修改权限。选中"插入"、"更新"、"删除"对应的"拒绝"权限,和选中的"授予"权限,完成权限管理,如图 16-17 所示。

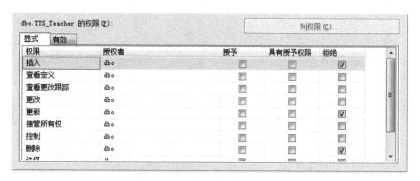

图 16-17　权限授予

（2）撤销用户 a 对教师表的查询权限，此时，用户 a 不可以查询教师表。为 public 角色授权查询教师表，此时，用户 a 通过角色 public 继承权限，也可以查询教师表。

在图 16-17 所示窗口中，单击"选择"权限对应的"授予"复选框，复选框从选中状态变成为没选中状态，如图 16-18 所示，表示用户 a 被撤销了当前权限。撤销当前权限和拒绝当前权限并不相同，拒绝当前权限表示用户 a 不能执行当前操作，撤销只表示当前用户没有被显式授权，用户可以通过角色继承权限来获得相应权限从而执行操作。

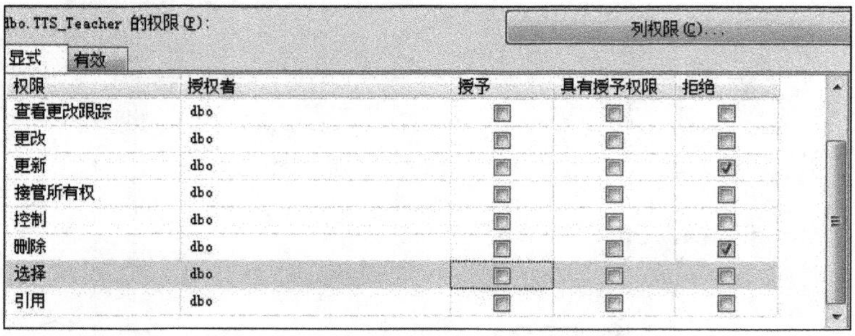

图 16-18　权限撤销

在 SSMS 中使用 a 登录，新建查询，执行以下 select 语句。

```
select * from dbo.TTS_Teacher
```

执行结果如下所示：

```
消息 229,级别 14,状态 5,第 1 行
拒绝了对对象'TTS_Teacher'(数据库'TTS',架构'dbo')的 SELECT 权限
```

用户 a 没有显式授予查询教师表的权限，所有不能查询教师表。接下来，为 public 角色授予教师表的查询权限。

选中数据库角色 public，右击，选择"属性"命令，在弹出的"数据库角色属性-public"窗口的"选择页"中单击"安全对象"，找到教师表，在对应权限中选中"选择"和"授予"对应的复选框，为 public 角色授权，如图 16-19 所示。所有用户都属于 public 角色，为 public 角色授权，所有用户都可以继承该权限。

在 SSMS 中使用 a 登录，新建查询，执行以下 select 语句。

```
select * from dbo.TTS_Teacher
```

执行结果如图 16-20 所示。

（3）拒绝用户 a 对教师表的查询权限，此时，尽管 public 拥有该权限，可是用户 a 还是不能够查询教师表。

在图 16-17 所示窗口中，选中"选择"权限对应的"拒绝"复选框，如图 16-21 所示，表示用户 a 被拒绝了当前权限。此时，public 角色拥有对教师表的查询权限，a 用户也属于 public 角色，但是 a 用户不能通过 public 角色继承该权限。

在 SSMS 中使用 a 登录，新建查询，执行以下 select 语句。

```
select * from dbo.TTS_Teacher
```

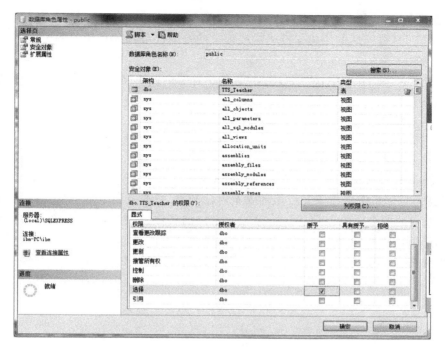

图 16-19 pubic 角色权限

	TeacherID	TeacherName	DeptID	GroupID	TeacherType	TeacherIntro
1	1	杨梓	4	18	专职	如果让你重新选择职业，你会选什么？
2	2	吴光成	4	18	专职	走自己的路，任别人去说吧！
3	3	时云锋	4	18	专职	学软件，拿高薪，我就要CSTP！！！

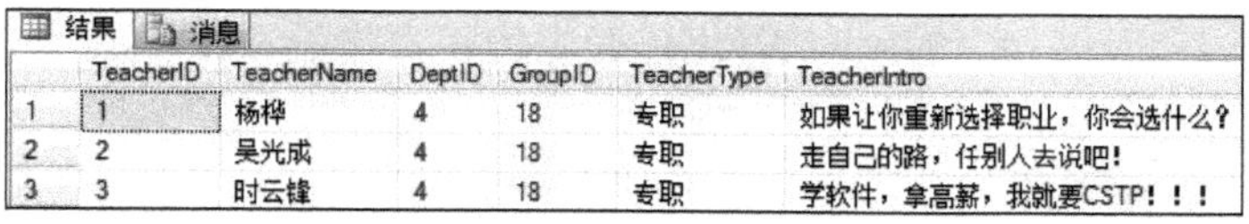

图 16-20 查询结果

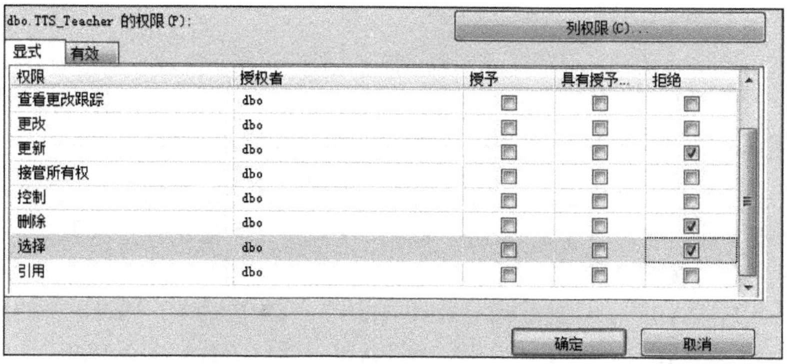

图 16-21 拒绝权限

执行结果如下所示：

```
消息 229,级别 14,状态 5,第 1 行
拒绝了对对象'TTS_Teacher' (数据库'TTS',架构'dbo')的 SELECT 权限
```

对比没有为用户 a 授权时的执行结果，是一样的。

2．使用 T-SQL 管理

（1）为 TTS 数据库的用户 a 授予对教师表的查询权限，此时，用户 a 可以查询教师表，不可以修改教师表。

在 SQL Server 2008 中，使用 GRANT 命令为用户授予权限。其部分语法格式如下。

```
GRANT { ALL [PRIVILEGES] }
      | permission [( column [,...n] )] [,...n]
      [ON [class ::] securable] TO principal [,...n]
          [WITH GRANT OPTION] [AS principal]
```

其中，permission 表示权限的名称；column 指定表中将授予其权限的列的名称，需要使用括号"（）"；class 指定将授予其权限的安全对象的类，需要范围限定符"::"；securable 指定将授予其权限的安全对象；TO principal 表示主体的名称，可为其授予安全对象权限的主体随安全对象而异；GRANT OPTION 指示被授权者在获得指定权限的同时还可以将指定权限授予其他主体；AS principal 指定一个主体，执行该查询的主体从该主体获得授予该权限的权利。

本例采用以下语句完成：

```
grant select on TTS_Teacher to a
```

（2）撤销用户 a 对教师表的查询权限，此时，用户 a 不可以查询教师表。为 public 角色授权查询教师表，此时，用户 a 通过角色 public 继承权限，也可以查询教师表。

在 SQL Server 2008 中，使用 REVOKE 命令为用户撤销权限。其部分语法格式如下。

```
REVOKE [GRANT OPTION FOR]
{
    [ALL [PRIVILEGES]]
    | permission [(column [,...n])] [,...n]
}
[ON [class ::] securable]
{ TO|FROM } principal [,...n]
[CASCADE] [AS principal]
```

其中，GRANT OPTION FOR 指示将撤销授予指定权限的能力。

提示　如果主体具有不带 GRANT 选项的指定权限，则将撤销该权限本身。

ALL 选项并不撤销全部可能的权限，撤销 ALL 相当于撤销以下权限。

① 如果安全对象是数据库，则 ALL 对应 BACKUP DATABASE、BACKUP LOG、CREATE DATABASE、CREATE DEFAULT、CREATE FUNCTION、CREATE PROCEDURE、CREATE RULE、CREATE TABLE 和 CREATE VIEW。

② 如果安全对象是标量函数，则 ALL 对应 EXECUTE 和 REFERENCES。

③ 如果安全对象是表值函数，则 ALL 对应 DELETE、INSERT、REFERENCES、SELECT 和 UPDATE。

④ 如果安全对象是存储过程，则 ALL 表示 EXECUTE。

⑤ 如果安全对象是表，则 ALL 对应 DELETE、INSERT、REFERENCES、SELECT 和 UPDATE。

⑥ 如果安全对象是视图,则 ALL 对应 DELETE、INSERT、REFERENCES、SELECT 和 UPDATE。

提示 请尽量减少 REVOKE ALL 语句的使用。

Permission 表示权限的名称;column 指定表中将撤销其权限的列的名称,需要使用括号;class 指定将撤销其权限的安全对象的类,需要范围限定符"∷";securable 指定将撤销其权限的安全对象;TO|FROM principal 表示主体的名称,可撤销其对安全对象的权限的主体随安全对象而异;CASCADE 指示当前正在撤销的权限也将从其他被该主体授权的主体中撤销。使用 CASCADE 参数时,还必须同时指定 GRANT OPTION FOR 参数。

提示 对授予 WITH GRANT OPTION 权限的权限执行级联撤销,将同时撤销该权限的 GRANT 和 DENY 权限。

AS principal 指定一个主体,执行该查询的主体从该主体获得撤销该权限的权利。

本例采用以下语句完成:

```
revoke select on TTS_Teacher to a
grant select on TTS_Teacher to public
```

(3) 拒绝用户 a 对教师表的查询权限,此时,尽管 public 拥有该权限,可是用户 a 还是不能够查询教师表。

在 SQL Server 2008 中,使用 DENY 命令为用户拒绝权限。其部分语法格式如下:

```
DENY { ALL [PRIVILEGES] }
      | permission [( column [,...n] )] [,...n]
      [ON [class ::] securable] TO principal [,...n]
      [CASCADE] [AS principal]
```

其中,ALL 选项不拒绝所有可能权限,拒绝 ALL 相当于拒绝下列权限。

① 如果安全对象为数据库,则"ALL"表示 BACKUP DATABASE、BACKUP LOG、CREATE DATABASE、CREATE DEFAULT、CREATE FUNCTION、CREATE PROCEDURE、CREATE RULE、CREATE TABLE 和 CREATE VIEW。

② 如果安全对象为标量函数,则"ALL"表示 EXECUTE 和 REFERENCES。

③ 如果安全对象为表值函数,则"ALL"表示 DELETE、INSERT、REFERENCES、SELECT 和 UPDATE。

④ 如果安全对象是存储过程,则"ALL"表示 EXECUTE。

⑤ 如果安全对象为表,则"ALL"表示 DELETE、INSERT、REFERENCES、SELECT 和 UPDATE。

⑥ 如果安全对象为视图,则"ALL"表示 DELETE、INSERT、REFERENCES、SELECT 和 UPDATE。

提示 尽量减少 DENY ALL 语法的使用。

Permission 表示权限的名称;column 指定拒绝将其权限授予他人的表中的列名,需要使用括号"()";class 指定拒绝将其权限授予他人的安全对象的类。需要范围限定符"∷";securable 指定拒绝将其权限授予他人的安全对象;TO principal 表示主体的名称,可以对其拒绝安全对象权限的主体随安全对象而异;CASCADE 指示拒绝授予指定主体该权限,同时,对该主体授予了该权限的所有其他主体,也拒绝授予该权限,当主体具有带 GRANT OPTION 的权限时,为必选项;AS principal 指定一个主体,执行该语句的主体从该主体获得拒绝授予该权限的权利。

本例采用以下语句完成:

```
deny select on TTS_Teacher to a
```

16.2.11 所有权链

当多个数据库对象按顺序互相访问时,该序列便称为"链"。所有权链接通过设置对某个对象(如视图)的权限允许管理对多个对象(如多个表)的访问。所有权链接在允许跳过权限检查的方案中对性能也有少许提高。通过链访问对象时,SQL Server 首先将对象的所有者与调用对象的所有者进行比较。调用对象指链中的上一个链接。如果两个对象的所有者相同,则不评估对被引用对象的权限。

课堂测试

如图 16-22 所示,July2003 视图由 Mary 所拥有。她已经授予 Alex 对该视图的权限。他对此实例中的数据库对象不具有任何其他权限。当 Alex 选择该视图时,会出现什么情况?

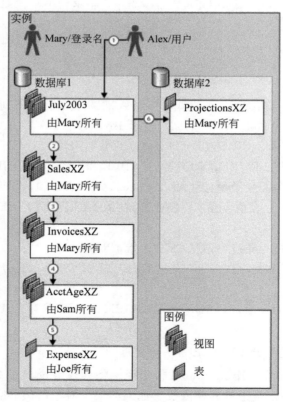

图 16-22　所有权链

答案

Alex 对 July2003 视图执行 SELECT ＊。SQL Server 检查对该视图的权限并确认 Alex 具有对该视图执行选择的权限。

July2003 视图需要 SalesXZ 视图中的信息。SQL Server 检查 SalesXZ 视图的所有权。因为此视图与调用它的视图具有相同的所有者(Mary)，所以将不检查对 SalesXZ 的权限，返回必需的信息。

SalesXZ 视图需要 InvoicesXZ 视图中的信息。SQL Server 检查 InvoicesXZ 视图的所有权。因为此视图与上一个对象具有相同的所有者，所以将不检查对 InvoicesXZ 的权限，返回必需的信息。到目前为止，序列中的所有项都有一个相同的所有者(Mary)，这称为"连续所有权链"。

InvoicesXZ 视图需要 AcctAgeXZ 视图中的信息。SQL Server 检查 AcctAgeXZ 视图的所有权。因为此视图的所有者与上一个对象的所有者不同(是 Sam，而不是 Mary)，所以将检索有关此视图权限的完整信息。如果 AcctAgeXZ 视图具有允许 Alex 访问的权限，将返回所需的信息。

AcctAgeXZ 视图需要 ExpenseXZ 表中的信息。SQL Server 检查 ExpenseXZ 表的所有权。因为此表的所有者与上一个对象的所有者不同(是 Joe，而不是 Sam)，所以将检索有关此表权限的完整信息。如果 ExpenseXZ 表具有允许 Alex 访问的权限，将返回所需的信息。

当 July2003 视图试图从 ProjectionsXZ 表中检索信息时，服务器首先检查 Database 1 和 Database 2 之间是否启用了跨数据库链接。如果已经启用跨数据库链接，服务器将检查 ProjectionsXZ 表的所有权。因为此表与调用视图具有相同的所有者(Mary)，所以将不检查对此表的权限，并且将返回所请求的信息。

16.3 方案设计

按照表 16-5 所示为角色分配不同的权限。

表 16-5 TTS 数据库角色表

用户角色	功能描述	权限
学生	能按学期对其授课教师进行教学评价	只具有评价权限
教师	能按学期查询学生评价结果，能按年度查询教研室主任、系主任对教师本人的评价结果及年度教学质量的系排名和院排名	具有查询本人结果的权限
教研室	具有普通教师的功能 能按年度对本教研室教师进行评价 能按学期查询本教研室教师学生评教分析结果 能按年度查询本教研室的教师教学质量评价结果	具有评价、查询权限(限本教研室)
系部	具有普通教师的功能 能按年度对本系的教师进行评价 能按学期查询本系所有教师学生评教的分析结果 能按年度查询本系所有教师的教学质量评价结果	具有评价、查询权限(限本系)

续表

用户角色	功能描述	权　　限
院领导	具有普通教师的功能 能按学期查询全院所有教师的学生评教分析结果 能按年度查询所有教师的教研室评教、系部评教、企业评教、教师教学质量总评结果 可分系部实现查询，也可查询各系部的统计比较结果	具有查询权限（对所有教师具有访问权限）
企业人员	对参与企业顶岗实习的教师给予评价	具有评价功能
管理员	用户管理 找回密码操作 测评方案管理 督导修正管理	具有最高权限

16.4 项 目 实 施

16.4.1 创建新的登录名

（1）确定登录名，验证方式，密码。

登录名：ZhangMing；

验证方式：SQL Server 身份验证；

密码：ZhangMing。

提示　初始化登录时，可以为用户设置身份证号码、登录名或 111111 等为用户密码，用户在使用中可以自行修改密码。

（2）根据上一步确定的内容编写 T-SQL 语句实现新登录的创建。将 T-SQL 语句填入下面的方框内。

16.4.2 将创建的登录名映射成为教学评测系统数据库的用户

（1）确定用户名。

用户名：ZhangMing。

（2）根据上一步确定的内容编写 T-SQL 语句实现数据库用户的创建。将 T-SQL 语句填入下面的方框内。

16.4.3 创建教师角色，并为之分配权限

（1）确定角色名、角色权限。

用户名：Teacher；

角色权限：具有查询本人评价结果的权限。

（2）根据上一步确定的内容编写 T-SQL 语句实现角色的创建。将 T-SQL 语句填入下面的方框内。

（3）根据步骤 1 确定的权限编写 T-SQL 语句实现权限分配。将 T-SQL 语句填入下面的方框内。

16.4.4 将新用户添加到教师角色中，简化权限管理

1. 使用可视化数据库工具实现

（1）在 SSMS 的对象资源管理器窗口中，依次展开“服务器”、“数据库”、“安全性”、“角色”，右击 Teacher，在弹出的快捷菜单中选择“属性”命令，弹出数据库属性——Teacher 对话框，如图 16-23 所示。

（2）单击“添加”按钮，在弹出的“选择数据库用户或角色”窗口中单击“浏览”按钮，在弹出的“查找对象”窗口中选中数据库用户“b”前的复选框，单击“确定”按钮完成数据库角色用户添加，如图 16-24 和图 16-25 所示。

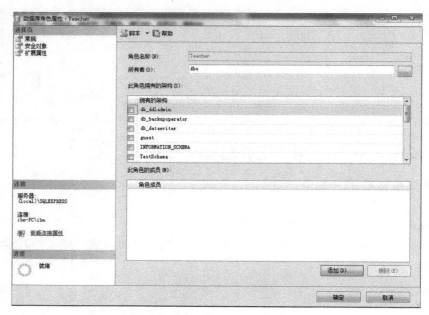

图 16-23 "数据库角色属性"窗口

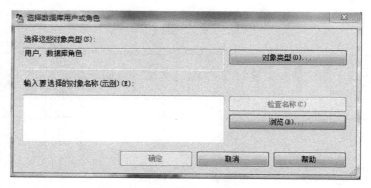

图 16-24 选择数据库用户或角色

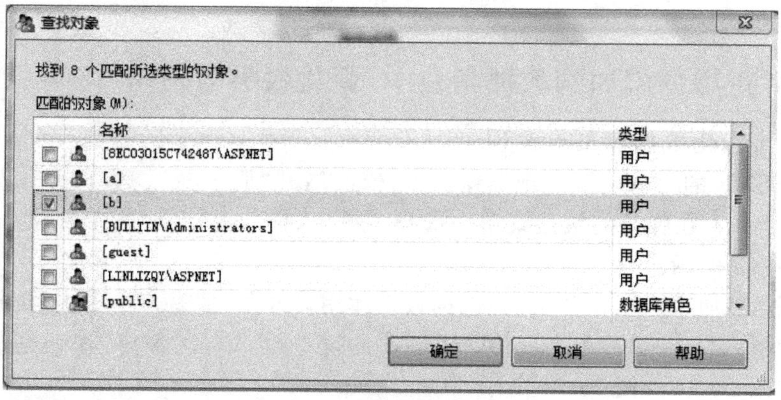

图 16-25 添加数据库角色用户

2. 使用 T-SQL 实现

```
EXEC sp_addrolemember 'Teacher', 'ZhangMing'
```

16.5 小   结

服务器级的安全管理主要是登录名、服务器角色权限的授予。

数据库级的安全管理主要是数据库用户名、数据库角色、架构、权限的授予、撤销、拒绝。

习   题

1. SQL Server 2008 的权限是分层次管理的,权限层次可以分为 3 层,它们分别是_____、_____和_____。

2. SQL Server 2008 登录验证有两种模式,他们分别是_____和_____。

3. 创建新的数据库角色时一般要完成的基本任务是：_____、_____和_____。

4. 关于登录和用户,下列各项表述不正确的是(   )?

    A. 登录是在服务器级创建的,用户是在数据库级创建的

    B. 创建用户时必须存在该用户的登录

    C. 用户和登录必须同名

    D. 一个登录可以对应多个用户

5. 关于 SQL Server 2008 的数据库权限叙述不正确的是(   )?

    A. SQL Server 2008 的数据库权限可以分为服务器权限、数据库权限和对象权限

    B. 服务器权限能通过固定服务器角色进行分配,不能单独分配给用户

    C. 数据库管理员拥有最高权限

    D. 每个用户可以分配若干权限,并且用户有可能可以把其权限分配给其他用户

6. 关于 SQL Server 2008 的数据库角色叙述正确的是(   )?

    A. 用户可以自定义固定服务器角色

    B. 每个用户能拥有一个角色

    C. 数据库角色是系统自带的,用户一般不可以自定义

    D. 角色用来简化将很多权限分配给很多用户这个复杂任务的管理

7. SQL Server 有哪两种身份验证模式? 它们有什么不同?

8. 写出 SQL Server 系统的登录验证过程。

9. 登录用户和数据库用户的关系如何?

10. 数据库角色有哪两种? 固定数据库角色能删除吗?

11. 许可分为哪几种? 分别给予解释。

12. 什么是授权的主体? 在 SQL Server 2008 中如何建立授权的主体?

13. 关于权限控制的 SQL 语句有哪些？它们的作用是什么？

14. 在 Windows 中新建一个登录账户，设置相应的登录模式，尝试登录 SQL Server。

15. 在 SQL Server 2008 中新建一个登录账户，设置相应的登录模式，尝试登录 SQL Server。

16. 赋予账号不同的"数据库角色成员身份"，实验对数据库的操作情况。